世图心理

博客：http://blog.sina.com.cn/bjwpcpsy
微博：http://weibo.com/wpcpsy

意识的起源

[德] 埃利希·诺伊曼 著
杨惠 译

世界图书出版公司
北京·广州·上海·西安

图书在版编目（CIP）数据

意识的起源 /（德）埃利希·诺伊曼著；杨惠译. —北京：世界图书出版有限公司北京分公司，2021.8
书名原文：The Origins and History of Consciousness
ISBN 978-7-5192-8533-3

Ⅰ.①意… Ⅱ.①埃… ②杨… Ⅲ.①意识—研究 Ⅳ.①B842.7

中国版本图书馆CIP数据核字（2021）第077241号

书　　名	意识的起源 YISHI DE QIYUAN
著　　者	［德］埃利希·诺伊曼
译　　者	杨　惠
责任编辑	王　洋　黄秀丽
装帧设计	蚂蚁字坊
出版发行	世界图书出版有限公司北京分公司
地　　址	北京市东城区朝内大街137号
邮　　编	100010
电　　话	010-64038355（发行）　64037380（客服）　64033507（总编室）
网　　址	http://www.wpcbj.com.cn
邮　　箱	wpcbjst@vip.163.com
销　　售	新华书店
印　　刷	三河市国英印务有限公司
开　　本	880mm × 1230mm　1/16
印　　张	27.25
字　　数	365千字
版　　次	2021年8月第1版
印　　次	2021年8月第1次印刷
国际书号	ISBN 978-7-5192-8533-3
定　　价	79.80元

版权所有　翻印必究
（如发现印装质量问题，请与本公司联系调换）

他的视野不能覆盖历史的三千年,
注定要在黑暗的边缘徘徊,活在白昼的边际。

——歌德《西东合集》

一部独特的意识进化史

本书作者诚邀我为之写序，做一些简要的介绍。对此邀请，我不胜荣幸，因为我十分中意他的这部著作。本书开始于本人拙作中的一些"片段"（disjecta membra）。如果有来生，我想我也会收集这些片段，筛选出所有那些"未完成"的事项，再把它们糅合成一个整体。在读本书手稿的过程中，我越来越清楚地意识到先驱工作的弊端：他要么独自一人在未知领域跌跌撞撞；要么被推理引入歧途，永远地失去了阿里阿德涅的线球；要么被新事物和各种新可能搅得不知所措。尽管如此，但最大的弊端还是在于先驱者只有日后才会真正明白他当时应该了解什么内容。相反，后继者具有更多优势。就算他们拥有的画面仍然不够完整，但至少会更清晰。后继者已经深谙某些最本质的事件，在探索新领域的过程中，他们也已经了解了必须知道的事。有了这些预先的警示和准备，后继者的代表便能够发现最遥远的联系；他可以解决问题，把整个研究融会贯通，而先驱者只有在穷尽一生研究的最后时刻才可能这样纵览全局。

作者在完成这项艰难而又具有价值的任务中取得了突出的成就。他将自己了解的事实编织成一个模式，形成了一个统一的整体。这当然是先驱者无法企及的，他们甚至想都不会这样想。好像是为了证明这一点，作者在本书开篇便提到了我许多年前不经意的一个新发现，那就是被我称为"母权象征"的领域，而且作者在这个他所发现的概念框架中运用了一个象征。我在最近关于炼金术心理学的作品中第一次提到它，它就是"乌罗波洛斯"。在这一基础上，作者成功地构建了一个独特的意识进化历史，他同时提出，神话是意识进化的现象学。通过这种方式，他得出了结论，获得了洞见。这些结论和洞见在本领域具有十分重要的意义。

我是一名心理学家，对我而言，本书最具价值的一点当然在于它对无意识心理学的重要贡献。作者把分析心理学中的概念——许多人都对这些概念感到困惑不解——置于一个坚实的进化学基础上，并为它建立了一个综合性的结构。在此结构之上，思维的实证形式得其所哉。从来没有一种体系能够免除全面的推断，因为除了客观数据，推断还取决于作者的气质（temperament）和他的主观假设。这一因素在心理学中尤为重要，因为"个人倾向"会为观察模式染色。对终极真理的发现（如果存在这样一个东西的话）取决于不同的声音的汇集。

在此，我谨向作者的成就表示祝贺。愿这篇简序能表达我衷心的谢意。

C.G.荣格

1949年3月1日

前　言

我在下文中对意识发展原型阶段的概述基于现代深度心理学。这是对C.G.荣格分析心理学的应用。我们致力于拓展心理学领域，尽管也许已经大胆地跨越了其边界。

其他可用和必要的研究方法认为，意识的发展与外界环境因素息息相关。与这些方法论不同的是，我们更关注内部的、心灵的（psychic）和原型的因素，这些因素决定着这一发展过程。

荣格把集体无意识的结构要素称为"原型"或"原始意象"。它们是直观的图像形式，因为无意识通过意象将自己呈现于意识，如在梦中和幻想中，意象就会启动意识反应过程和同化过程。

> 这些幻想（意象）无疑可以在神话中找到与之最接近的类似物。因此，我们可以假设它们通常与某种集体的（而非个人的）人类心灵结构要素相似，而且，它们和人体的形态要素一样，是可以遗传的。[1]

心灵的原型结构要素是心理器官。个体的幸福依赖于这些心理器官的运作，同时，如果这些心理器官受伤也会带来灾难性的后果：

---

[1] 荣格，《儿童原型心理学》（The Psychology of the Child-Archetype），见荣格和凯伦依（Kerenyi），《关于神话科学的随笔》（Essays on a Science of Mythology），第102页。

此外，它们是神经症，甚至是精神分裂症产生的必然原因。它们发起疯来和未被好好照顾的身体器官或被虐待的机体功能系统完全一样。①

本书的任务是，展示一系列原型是神话的主要组成部分，说明它们之间存在着有机联系，以及阐述它们阶段性的②演进决定着意识的发展。在个体发展过程中，个体的自我意识不得不经历同样的原型阶段，而正是这些原型阶段决定了人类生命的意识进化。个体在自己的生命中不得不重走人类已经走过的路，在我们现在正准备审视的神话意象的原型意象的序列中留下其足迹。通常情况下，原型阶段不会受到干扰，意识会在它们之中持续发展，这个过程就和身体在成熟阶段的发育一样自然。作为心灵结构的器官，不同的原型自动连接在一起——这和身体器官极其相似，并且以类似于身体中生物荷尔蒙的成分，决定着人格的成熟度。

除了"永恒性"，原型还具有历史性。自我意识的进化是通过一系列"永恒意象"来完成的，而在这个过程中变形的自我，会不断地体验与原型之间的新关系。它与原型意象永恒性的关系存在着时间上的连续性——也就是说，它的发生具有阶段性。如同自我意识的变化，感知、理解和破译这些意象的能力，在人类种系发展和个体发展的历史中会不断变化。因此，相对于发展中的自我意识，永恒意象会变得越来越显著。

决定意识发展形式阶段的原型只是作为一个整体的原型实相的一部分。但是通过概略地观察自身的发展，我们可以找出一条贯穿集体无意识象征意义的指导路线，这将为我们指明深度心理学理论和实践的

---

① 出处同本书第1页注释①。
② 源于拉丁语形容词"stadium"，指（生物学意义上的）"发展阶段"。

方向。

对原型阶段的研究同样可以让我们更好地理解一些附属学科的心理学取向，如宗教史、人类学、大众心理学等。这一切又可以被归为心理的进化基础，而这一基础能够加深我们的理解。

非常奇怪的是，这些专门的学科至今还没能对深度心理学兼收并蓄，至少对于荣格心理学来说仍是这样。尽管如此，这些学科的心理学的起始点开始变得越来越明显，人们越来越清楚地认识到，人类的心灵是所有文化和宗教现象的源头。因此，对深度心理学的探究已经刻不容缓。

需要强调的是，我们对神话的揭示并非基于专门的科学分支，既不是考古学，也不是比较宗教学，更不是神学。它仅仅来源于心理治疗师的工作实践，而心理治疗师关注的是现代人的心理背景。现代人心灵状态和深层人性的联系始终活跃于他们心中，这也是本书真正的出发点和主题。书中所采用的演绎法和系统化方法最初可能会掩盖研究结果的重大主题和治疗意义，但是每个熟悉深层心理活动的人都将意识到这些联系的重要性和关联性。现代实证资料保留了这些联系的详细说明，以待日后查验。

众所周知，分析心理学的"比较"方法在于，把发现于个体中的象征性的、集体性的材料与宗教历史、原始心理学中的对应产物进行对比，通过这种方式，我们可以确立"背景"，得出解释。现在，我们又在这种方法的基础上加入了进化论方法。进化论会从阶段的角度出发对材料进行思考，这是因为意识发展有阶段之分，所以自我与无意识的关系也有阶段之分。因此，虽然有所改动，但我们的工作仍将与荣格的早期基础著作《无意识心理学》（*The Psychology of the Unconscious*）有所关联。在弗洛伊德的精神分析中，进化论方法只得出了具体而狭隘的力比多人格理论，而分析心理学迄今为止还未能就这一问题进行更深入的研究。

人类集体背景是一种超个人现实，它的出现迫使我们认识到自己位置的相对性。人类心理表现出无限的差异性，文化、价值观、行为模式和由人类心灵结构的活力产生的世界观，必须在总体上被定位。似乎从一开始，这种形式和现象的多样性就意味着这样做是危险的。然而，我们必须做出这种尝试，就算我们知道自己专属的西方取向只不过是众多取向中的一个。意识进化是一种创造性进化，是西方人的独特成就。自我意识的创造性进化意味着，经过几千年的不断发展，意识系统吸收了越来越多的无意识内容，逐渐扩展了其疆域。虽然从远古到近代，我们可以看到文化标准不断地推陈出新，但西方世界还是成功地实现了历史和文化的延续，每种标准都能日趋整合。现代意识的结构存在于这种整合中。在意识发展的每一个阶段，自我都必须吸收过去文化中的精髓，而这些精髓是通过显化于其自身文化和教育体系中的价值观标准传递给它的。

意识的创造性是西方文化标准的主要特征。在西方文化中，甚至在部分远东文化中，虽然断断续续，但是我们仍然可以看到近万年来意识的持续发展。仅仅在这里就存在着阶段发展标准，这些标准共同体现在神话投射中，形成了人类个体发展的典范。也是在这里，创造性的个体化开端被集体所接受，成了所有个体发展的理想范本。不管这种创造性自我意识在哪里发展过，或正在哪里发展着，意识进化的原型阶段始终发挥着作用。在人类文化原始特征保存完好的固定文化里或原始社会中，人类心灵的最初阶段仍然拥有一席之地，个体特质和创造特征也还没有被集体所同化。事实上，创造性个体具有更强大的意识，集体甚至会认为他们是反社会的。①

---

① 米德（Mead），《三个原始社会的性别和气质》（*Sex and Temperament in Three Primitive Societies*）。

宗教或政治极权主义也许会危及意识的创造性，因为标准的专制固着会导致意识的贫乏。然而，这种固着只是暂时的。就西方人而言，其自我意识的同化力或多或少是确定的。科学在进步，无意识力量对人类的威胁也越来越明显。这使得人类的意识，从内或从外，不断地进行自我剖析和扩张。个体是心灵这一创造性活动的载体，因此也是未来西方发展的决定因素。毫无疑问，个体不可或缺，他们互相决定着他们赖以生存的精神民主。

想要从分析心理学的角度勾勒原型阶段，必须先找出个人因素与超个人因素之间的基本差别。个人因素是指那些其他人不具有的、个别的特征，它们有可能是意识的，也有可能是无意识的。而超个人因素是集体的，是超越个人或个体的，它们不是社会的外部条件，而是内在的结构性基础。超个人因素在很大程度上代表了独立于个人并服务于个人的因素，它们既有集体性又有个体性，是进化后期的产物。

因此，每一项历史研究——每一种进化论方法，从这种意义上说都具有历史性——都必须以超个人因素为出发点。无论是在人类历史中，还是在个体的发展中，超个人因素都先于个人，因为个人是在发展的过程中才进入视野、实现独立的。在我们这个时代，个体化的意识体是后来者，他的结构早在人类"前个体"阶段就已经形成，而从那之后，个体意识只不过是在一步步与它自己分离罢了。

意识进化分为不同的阶段，它既是一种特别的个体现象，又是一种集体的人类现象。个体发展因此也被看作改良版的种系发展的重演。

集体和个体的这种相互依赖有两种心理伴生物。一方面，集体的早期历史由内在原始意象所决定，这些意象的投射外化为强大的因子——神、精灵或魔鬼，它们成了人类膜拜的对象。另一方面，人类的集体象征也出现在个体身上，每个个体心灵的正常发展，或不当发展，都受控于同一些原始意象，因此这些意象决定了人类共同的历史。

既然我们想要阐述神话阶段的整体标准，说明它们的顺序，并阐明它们的相互联系以及它们的象征意义，那么我们不但应该，而且必须从不同的文化和不同的神话中找出相关资料，而不用去管所有阶段是否被呈现在同一种文化之中。①

因此，我们没有保留那些随时随处可见、在每个神话中都能找到的意识发展阶段，也没有保留在人类进化过程中一再出现的动物进化阶段。我们保留的是那些排列有序，并由此决定所有心灵发展的进化阶段。我们还保留了一些原型阶段，因为这些原型阶段是无意识的决定因素，并可以在神话中找到。我们只有把人类发展的集体层面和意识发展的个体层面结合起来观察，才能从总体上理解发展，尤其是个体的发展。

同样，在每个人的生活中，超个人和个人的关系起着决定性的作用——就这一点，人类历史早已给出了证明。但是，这种关系的集体性并非意指独特的或具有复发性的历史事件是遗传的结果，因为迄今为止，还没有科学能证实后天获得的特性是遗传的结果。鉴于此，分析心理学认为，心灵的结构由一种超个人的先验优势决定，这就是"原型"。原型从一开始起就是心灵的基本元素和构造，塑造着人类历史的进程。

让我们以阉割主题为例。阉割不是遗传的结果，它与某位原始父亲，甚至是许多原始父亲所散布的无休止的阉割威胁无关。科学还没有找到可以支持这种理论的证据。如果找到了，这种理论倒是可以假定后天特性的获得源自遗传。把诸如阉割威胁、杀父弑母、父母性交的"原始场景"等看作历史内容和人格内容是不科学的，因为这些内容虽然勾画出了人类的早期历史，但也勾勒出了十九世纪父权制资产阶级家庭中

---

① 在文化和神话的个别领域中，对原型阶段的彻底研究非常有趣，因为某些阶段的缺失或某些阶段的过分强调都将使我们得出文化方面的重要结论。

的情况。

本书的任务之一是，就这些"情结"和与之相似的"情结"处理象征、理想形式、心灵类别和基本结构模式。这些内容被以不同的形式呈现，支配着人类和个人的历史。①

在原型阶段的意识发展是一种超个人事实，是心灵结构的动态性的自我表露（self-revelation），而这一心灵结构支配着人类和个体的历史。甚至在偏离进化路径的时候，其符号和症候特征也必须被放在先验原型范式的背景下来理解。

在本书的第一部分"意识进化的神话阶段"中，我们将重点阐述神话资料的广泛分布，并展示象征与意识发展不同层面的联系。只有在这样的背景下，我们才能理解心灵的正常发展及其病理现象。集体问题会时不时地出现在病理现象中，它们是人类存在的基本问题，因此我们必须通过这种方式去了解它。

除了揭示进化阶段和原型之间的联系，我们的研究还有治疗的目的，这个治疗既是针对个体的，又是面向集体的。个人心灵现象与相应的超个人象征的整合将极大地影响意识的进一步发展及人格的整合。②

人类和文化阶段的再发现——象征就源于此——体现了德语"bildend"一词的原始意义"告之"。意识因此获得了意象（bilder），

---

① 我们在全书中使用的"男性"（masculine）和"女性"（feminine）术语，不是与性别相关的个人特点，而是一种象征性的表达。当我们说男性或女性在某个特定阶段、某种特定文化或某种特定类型中占主导地位时，这是一种心理意义上的阐述。这些词语不应该被削减为对话性语言或社会学术语。"男性"和"女性"的象征意义是原型的，因此也是超个人的。在各种不同的文化中，这种象征被错误地投射在人身上，仿佛他们携带了这样的特质。事实上，每个个体都是一个心理混合体。性别象征可能并非来源于这个人，因为它的产生是先于这个人的。相反，性别象征是个体心理的一种混合物。在所有文化中，当它要么被等同为"男性"，要么被等同为与之相对的"女性"时，其人格的整合就受到了阻碍。

② 在这里，我们只强调象征的物质内容。集体无意识中情感成分的治疗作用和"完整性修复"的作用，我们将在第二部分予以讨论。

接受了教育（bildung），拓宽了视野，充实了内容，而这些内容会群集（constellate）为新的心理潜能。新的问题出现后，新的解决方法也会应运而生。随着纯粹个人数据的进入并与超个人因素结合，人类集体现象被重新发现并开始复苏，新的洞见、新的生活的可能性开始进入狭隘的人格和有着病态灵魂的现代人的僵化个性之中。

我们的目的不局限于指出自我和无意识的真正关系，也不局限于指出个人与超个人的真正关系。我们还必须意识到，关于心灵的一切错误的、拟人化的诠释都是无意识规则的表达，而这一无意识规则会处处制约现代人，让他们曲解自己的真正角色和重要性。只有当我们弄清楚从超个人跌落到个人在多大程度上源于一种趋势，我们的任务才算完成。这种趋势曾具有深刻的意义，但现代意识的危机却使它变得无意义和荒谬。虽然自我意识扮演着重要的角色，也一直扎根于超个人之中，但是只有当我们意识到个人是怎样从超个人中发展出来的，让自己从中分离时，我们才可以恢复超个人因素最初的重要地位，找回它的意义。因为如果失去了它最初的重要性和意义，健康的集体生活和个体生活根本不可能实现。

这便为我们展示了一种心灵现象。关于这种心灵现象，我们将在本书的第二部分"人格发展的心理阶段"中详加讨论。我们继续主张，在发展过程中，那些主要是超个人的，而且最初是以超个人形式出现的内容，仍然被看作个人因素。从某种意义上说，原初超个人内容的二次人格化是进化之必需，但是也会给现代人带来极大的危险。对人格结构来说，这一过程是必需的：最初采用超个人神祇的形式，最终却应该被体验为人类心灵的内容。但是，只有心灵本身被看作超人类因素、被看作超越个人世界的神圣世界时，这个过程才不会继续对心理健康构成危害。相反，如果超个人内容纯粹地被削减为人格化的心理状态，那么这不仅会导致个体生活的可怕枯竭——这还可能仅仅是一个私人问题，而且会造成集体无意识的阻塞，给整个人类带来灾难性的后果。

　　心理学在对个体心灵的较低层面进行研究的过程中，已经渗透到了集体层面，因此，心理学面临着发展集体治疗和文化治疗的任务，它必须能够应对正在摧毁人类的大众现象。任何一种深度心理学未来最重要的目标之一，便是它在集体中的应用。它必须运用特定的观点来纠正和防止集体生活的错位和群体的混乱。①

　　自我与无意识的关系、个人与超个人的关系，不但决定了个体的命运，也决定了全人类的命运。人类的心灵是它们邂逅的舞台。在本书中，相当一部分神话都会被看作人类意识成长的无意识自我描述（self-delineation）。意识和无意识之间的辩证关系、它们之间的转换、它们的自我解放（self-liberation）以及从这种辩证关系中产生的人类之人格，构成了本书的第一部分。

---

　　①　参见拙作《精神分析与新伦理学》（*Ttefenpsychologie und neue Ethik*），1949年。

目录 CONTENTS

第一部分 意识进化的神话阶段

第一章 创世神话 ·· 3
 乌罗波洛斯 ·· 3
 大母神 ·· 45
 世界父母的分离：对立原则 ···································· 112

第二章 英雄神话 ·· 138
 英雄的诞生 ·· 138
 杀母 ·· 157
 弑父 ·· 175

第三章 变形神话 ·· 195
 俘虏和宝藏 ·· 195
 变形，奥西里斯 ·· 220

第二部分 人格发展的心理阶段

第四章 原初的统一 ·· 259
 中心化倾向和自我的形成 ·· 259

第五章　系统的分化 ································· 308
　中心化倾向及分化 ······································ 308

第六章　意识的平衡和危机 ························· 348
　分离系统的补偿：平衡中的文化 ···················· 348

第七章　中心化倾向和人生各阶段 ················ 375
　儿童期的延长和意识的分化 ·························· 375

附录一　群体与杰出个体 ···························· 395
附录二　大众和再集体化现象 ······················ 409

第一部分
意识进化的神话阶段

天性享有自然，

天性征服自然，

天性统治自然。

——奥斯坦斯（Ostanes）

第一章　创世神话

乌罗波洛斯

> 中心之物，
>
> 必历久弥坚，
>
> 是为永恒。
>
> ——歌德（Goethe），《西东合集》
> （Westöstlicher Diwan）

在意识进化的神话阶段开始时，自我仍被包含在无意识之中。这时，自我开始做准备，它不但已经意识到了自己的地位，英勇地捍卫它，而且能够通过自身活动带来的变化来扩展它的体验。

最初的神话是创世神话。在此处，心灵材料的神话投射表现为宇宙的起源，表现为创世神话。世界和无意识占据了主导地位，它们是神话的对象。那时，自我和人类只是新生物，它们的诞生、受苦及解放构成了创世神话的各个阶段。

在世界父母（World Parents）的分离阶段，意识自我的胚芽最终坚持了自身。创世神话慢慢淡出视线，神话发展进入第二个阶段，也就是英雄神话阶段。在这个阶段，自我、意识和人类世界开始认识到自己，有了自己的尊严。

鸿蒙之初是完美和完整的。但这种最初的完美具有"局限性"，或者说它只是一种象征性的描述。它的天性使它藐视任何描述，只接受神话。因为在神话中的被描述物，即鸿蒙之初，先于它描述它的自我。因此，一旦自我试图在概念上抓住其对象，将之当成意识的内容时，就会发现"鸿蒙之初"具有不可通约的（incommensurable）特质。

鉴于这一原因，象征永远居于首位，它的多义性、模糊性和不确定性成了它最显著的特征。

起源可以被设定在两个"地方"：它可以被想象成在人类生活中人类历史的肇始时代，也可以被设想为个体生活中的童年最初阶段。在人类历史的肇始时代，我们可以在对仪式和神话的象征描述中看到自我呈现（self-representation）。与人类的发端一样，童年的最初阶段也是用意象描绘的。这些意象来自无意识深处，向已经完成个体化的自我揭示其自身。

鸿蒙之初的状态将自身投射为宇宙形成的神话，表现为世界的开端，也表现为创世神话。起源的神话学记录总是开始于外部世界，因为世界和心灵仍是一体的。因为那时还没有反思的、自觉（self-conscious）的自我——这样的自我可以把一切都看作与自己有关的，也就是说它可以反思。心灵不但对这个世界敞开，而且仍然认同世界，并未与之分化；它认为自己就是世界，它包含在这个世界中，经历着世界的生成，并将之当成自己的生成；它关于自己的意象是繁星密布的天空，它自己就是创造世界的诸神。

恩斯特·卡西尔（Ernst Cassirer）[①]曾解释过，在所有民族和所有宗教中，创世是怎样表现为光的产生的。因此，意识的产生是创世神话的真正"对象"，它显化为光明，与无意识的黑暗形成对比。卡西尔也指出，在神话意识的不同阶段，人们首先需要去发现的是主观现实，即

---

① 《象征形式的体现》（*PhUoaophie der symbolischen Formen*），第二卷。

自我和个体特征的形成。这一发展的开始就是光的出现。光的出现在神话中被看作世界的开端，因为没有光，世界根本不能被看到。

但是，最初的破晓仍然先于光明从黑暗中的诞生，而且被无数的象征围绕着。

无意识独有的表现形式与意识心的表现形式不同。它既不会试图，也没有能力用一系列杂乱无章的解释来抓住和定义其对象，并通过逻辑分析简化它们，使之变得清晰。无意识的方法并不相同。象征会聚集在一件事物周围，需要被解释、被理解和被解读。变得有意识的行为存在于围绕着对象的核心象征中，这些象征聚集在一起，从许多侧面来限定和描述着这一未知事物。每一种象征都使对象的另一基本面向能够被理解，都指出了意义的另一面。只有围绕问题中心而群集的象征，只有契合一体的象征群组，才能导向对象征的理解，使我们明白它们要表达什么。这些关于开端的象征故事遍布于古往今来的神话中，这是人类孩子气的尝试，表现了处于前科学阶段的意识掌握问题和人类对解开谜团的努力。但对我们发达的现代意识而言，大多数这些问题和谜团仍是无法理解的。如果我们的意识被迫认为，起源问题是无法回答的并因此是不科学的，并在认识论上放弃去理解，那么这也许没有什么不对。但是心灵既不能被教导，也不会被意识心的自我批评引入歧途，它总会再三提出这个问题，认为这个问题是必不可少的。

起源的问题也是"从何而来"的问题。这是本源问题，也是决定性问题，对此，宇宙学和创世神话一直试图给出新的、不同的答案。关于世界起源的本源问题，也就是关于人类起源的问题、意识起源的问题和自我起源的问题。"我来自何处？"在每一个人类存有迈入自我意识的门槛的那一刻，都会面对这个问题。

这些问题的神话答案是象征性的，所有答案都来自心灵深处，也就是说无意识的答案都是这样。象征的隐喻本质指出："这是这，那是那。"对身份的陈述，以及建立在它之上的意识逻辑对心灵和无意识来说毫无价值。和梦一样，心灵也会把各种因素混为一体，它们相互交织，相互结合。因此，象征是一种类比，二者不是等价的，而是等同的，其中不但蕴涵着丰富的意义，还包含着它的捉摸不定。只有象征群，由部分矛盾的类比组成的象征群，才可以让那些未知的东西和超越意识理解里的东西，变得更明了，变得能够被意识到。

原初的完美象征之一便是圆圈。与之相仿的还有球体、蛋和"rotundum"——炼金术中的"圆"①。它就是我们一开始会谈到的柏拉图之圆：

> 因此，造物主把世界做成了一个球，赋予它这种形状，是因为这种形状最完美，也最接近于它本身。②

圆圈、球体和圆形是自我包含（self-contained）的，它们包含自身所有的面向，没有开始也没有结束。在其前世界（preworldly）的完美之中，它们先于任何过程存在，它们是不朽的，因为在其形体之中，无先无后，没有时间；无上无下，没有空间。一切随着光和意识而生，尽管那时候，光和意识还没有被呈现；现在，一切都在未显化的神性的支配之下，而神性的象征就是圆圈。

圆形就是蛋，是哲学意义上的世界蛋（World Egg），是起点和萌

---

① 荣格（Jung），《心理学和炼金术》（*Psychology and Alchemy*），索引中关于"圆"的条目。
② 柏拉图（Plato），《蒂迈欧篇》（*Timaeus*），根据康福德（Comford）的翻译。

芽之核，正如人类四处传授的那样，世界从这里出现。①它同样是一种完美状态，在其中，所有的对立面都被统一在一起。这是完美的开始，因为那时，对立面还没有分化，世界也还没有出现；这是完美的结束，因为所有对立面在它之中已再次结合为一个整体，世界再一次处于静止状态。

中国的太极便是一种对立面容器，它是一种包含黑与白、日与夜、天与地、男与女的圆形。老子这样描述它：

> 有物混成，先天地生，
> 寂兮寥兮，独立不改，
> 周行而不殆，可以为天下母。②

每一组对立面构成了一组象征的核心，但我们不可能在这里对这些象征一一详加描述，只能简单地举几个例子说明。

圆是包含"世界父母"的葫芦。③无论是在埃及还是在新西兰，不管是在希腊还是在非洲或印度，世界父母、天与地，都在圆形中交互交叠，无空间地、无声地统一在一起。因为那时候，它们之间还没有任何事物从原始统一中分化出来，创造出二元性。这个男性与女性对立面的容器，是伟大的雌雄同体，是原始的创造要素，是印度教中结合了两极的"原人"（purusha）。

> 鸿蒙初辟时，世界就是一个灵魂（Atman），化成了人的模

---

① 弗罗贝尼乌斯（Frobenius），《陆地的文化领域》（*Vom Kulturreich des Festlandes*）；《百道梵书》（*Shatapatha Brahmana*）；格尔德纳（Geldner），《吠陀教和婆罗门教》（*Vedismus und Brahmanismus*）。
② 《道德经》，亚瑟·威利（Arthur Waley）译。
③ 弗罗贝尼乌斯，《陆地的文化领域》。

样。他环顾四周，却只看到他自己。于是，他首先说道："我是。"……事实上，他的大小如同一男一女紧紧相拥。他把自己分成了两半。从此以后，便有了丈夫（pati）和妻子（paini）之分。①

这里所说的神让我们想起了柏拉图所说的"原始人"（Original Man）。在那里，也有个雌雄同体的圆屹立于开端。

这种存在的完美状态中包含了对立面，它之所以完美是因为它是自成一体的。它自给自足，自我满足，不依赖任何"你"和"他人"。这些都是自我包含、永生不灭的标志。我们在柏拉图的著作中读到如下内容：

> 他将宇宙创建成一个球体。它绕着圆周旋转，形只影单。然而，因为它傲然地与自己为伴，所以它并不需要他人的友谊，也不需要去认识别人。②

不管从哪一方面来说，它自身的完美都与在它之中旋转的完美不冲突。虽然绝对的静止是静态和永恒的，它不会改变，因此也没有历史，但它同时也是创造力的源头和胚芽。环蛇，起点的原始之龙，它咬着自己的尾巴，是自体繁殖（self-begetting）的生物。它的生命周而复始，循环往复。

古埃及象征③有云："Draco interfecit se ipsum, maritat se ipsum,

---

① 《广林奥义书》（*Brihadaranyaka Upanishad*），休谟（Hume）译，《十三种奥义书》（*The Thirteen Principal Upanishads*）。
② 柏拉图，《蒂迈欧篇》，根据康福德的翻译。
③ 戈尔德施米特（Goldschmidt），《埃及炼金术》（*Alchemie der Aegypter*）。

impraegnat se ipsum."① 这句话的意思是：它杀了自己，迎娶自己，让自己受孕。"它"既是男人又是女人，既是父亲又是母亲，既吞噬又给予新生，既主动又被动，既在上又在下。

天国之蛇，乌罗波洛斯，在古巴比伦已家喻户晓②；晚些时候，在同一片区域，诺斯替教曼达派常常会提到它（见图1）；马克罗比乌斯（Macrobius）认为它来源于腓尼基人。③ 它是"万象归一"的原型，是利维坦，是永恒之塔，是海洋之神俄克阿诺斯（Oceanus，见图2、图3）。它也化身为最早的存有。它说着："我是阿尔法，也是欧米伽。"作为古老的科涅夫（Kneph），它是原初之蛇，是"史前世界最古老的神祇"。④ 乌罗波洛斯可被追溯至圣约翰的启示，也存在于诺斯替教中⑤。我们可以在罗马调和论中发现它的端倪⑥，在纳瓦霍印第安人⑦的沙画和乔托（Giotto）的画中找到它的踪迹⑧。人们在埃及（见图4）、非洲（见图5）、墨西哥（见图6）及印度（见图7）都发现过它。它是吉卜赛人的护身符⑨，也被记录在关于炼金术的文献中（见图8）。⑩

---

① 荣格，《关于佐西玛现象的一点评论》（*Einige Bemerkungen zu den Visionen des Zosimos*）。

② 莱泽冈（Leisegang），《蛇的奥秘》（*Das Mysterium der Schlange*）。

③ 爱诺思档案（Eranos Archives）中收集的例证，阿斯科纳（Ascona），瑞士；波林根基金会文档副本，纽约。

④ 基斯（Kees），《古埃及的上帝信仰》（*Der Gotterglaube im alten Aegypten*）。

⑤ 《比斯提苏菲亚书》（*Pistis Sophia*），霍纳（Horner）译。

⑥ 凯伦依（Kerenyi），《女神的本质》（*Die Gottin Natur*）。

⑦ 参看纽科姆（Newcomb）和赖卡德（Reichard）的沙画《纳瓦霍人狩猎歌》（*Sandpaintings of the Navajo Shooting Chant*）。

⑧ 参见他的作品《嫉妒》（*Envy*）。

⑨ 《汽巴杂志》（*Ciba-Zeitschrift*），《吉卜赛人的疗愈迷信》（*Heil-Aberglaube der Zigeuner*）。

⑩ 参见荣格《心理学和炼金术》中的插图及《作为精神象征的帕拉塞尔苏斯》（*Paracelsus als geistige Erscheinung*）。

意识的起源
第一部分　意识进化的神话阶段

图1　衔尾环蛇绕着铭文。（曼达派的碗，美索不达米亚，约公元前500年。现下落不明。）

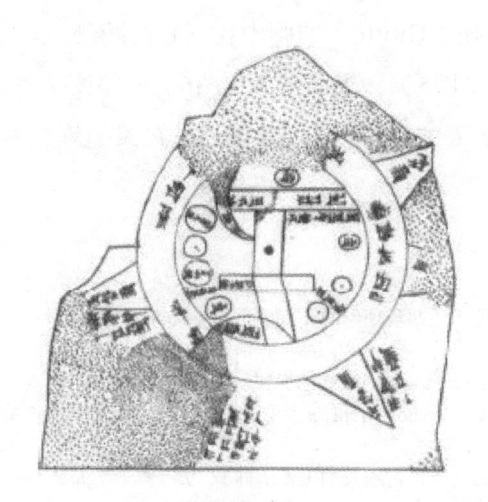

图2　海洋环绕世界，古世界地图，巴比伦位于中心，源自一楔形文字碑。（巴比伦碑匾，楔形文字文本图画，大英博物馆，伦敦。）

图3 世界的四角和环蛇，科普特。（木刻，阿塔纳斯·基歇尔的《埃及的俄狄浦斯》，罗马。）

图4 "蛇环绕着世界以及一艘船。"源自英国工人阶级一个五岁小女孩的图画。（赫伯·里德，《透过艺术的教育》，纽约。）

图5 黄铜盾牌上的蛇图案,贝宁,尼日利亚,西非。(列奥·弗洛贝尼乌斯,《非洲文化历史》,苏黎世。)

图6 墨西哥历石,上有环蛇。(蚀刻版画。)

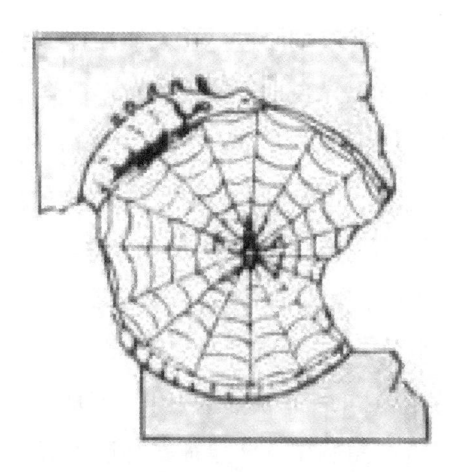

图7 玛雅，永恒旋转，被蛇所环绕。一本婆罗门格言书中损坏的装饰图。（尼古拉斯·穆勒，《古印度的迷信、知识和艺术》，美因茨。）

图8 炼金术中的乌罗波洛斯。（《兰姆斯普林之书》中的一个寓言形象，摘自17世纪的德国作品。）

在这些圆形意象中，人们通过描绘象征性思考来试图理解某些内容。但是我们现在的意识只会把这些内容当作悖论，因为其根本不可能理解它们。如果我们用"全有"或"全无"来命名这个开端，在完整性的联结中，在统一性、非分化和对立缺失背景下谈论它，如果我们更近距离地"孕育"它们，而不只是简单地去思考，就会发现，所有这些"概念"都源自这些基本象征的意象，并被从这些意象中抽象出来。相对于对无限统一和非意象性之完整性的悖论式的哲学构想，意象和象征有其优势，因为它们表达的统一能够被一目了然地看见和理解。

此外，人们一直试图利用这些象征在神话术语中理解完美性的起源。这些象征现在仍和以前一样栩栩如生。它们不但在艺术和宗教中占有一席之地，而且在个体心灵的生命活动过程中，在梦和幻想中也有自己的位置。只要人类存在，完美性就会继续以圆圈、球体和圆形的形式呈现；自给自足的原初神祇，还有超越对立面的自性，也将在圆形意象，也就是曼荼罗中重现。①

这个圆形以及在圆形中的存在物，在乌罗波洛斯中的存在物，是肇始状态的象征性自我呈现，展示了人类和儿童的婴儿期。乌罗波洛斯象征的有效性和现实性依赖于一种集体基础。它对应着一个进化阶段，这个阶段可以在每个人的心灵结构中被"忆起"。它像超个人因素那样发挥作用。在自我形成之前，存有的心灵阶段就存在于那里了。另外，每一个儿童都能够在早期体验到它的现实性，儿童在前自我阶段会重温人类走过的旧路。

胚胎期尚未发展的自我意识的胚芽在这个完美的圆圈中沉睡，并慢慢觉醒。无论我们处理的是这个心灵阶段的自我呈现——将自身显化为一种象征，还是后来出现的自我把这一初始阶段描述为它自己的过

---

① 参见荣格作品，以及他关于曼荼罗在普通人群和病理逻辑人群、儿童（参见图4）等群体中的研究。

去，都是无关紧要的。在胚胎期，自我没有（的确也可以没有）自己的体验，甚至也没有心灵经验。因为它经验到的意识仍在胚芽中沉睡，所以，后来出现的自我会把这一早期状态描述为"胎儿期"。在这一时期，自我对知识有着无限的、象征性的理解。这是存在于天堂的时期，心灵位于"前世界"的处所，处于自我尚未降生、被无意识包裹的时刻，还在未诞生的大海里畅泳。

鸿蒙初辟，对立尚未形成，这个时期应被理解为意识尚未降生的那个伟大时代的自我描述。这就是中国哲学中的无极，它的象征是一个空心的圆圈。[①]一切都处于永恒存有的"当下和永远"状态；太阳、月亮、星星，这些象征着时间和必死性的符号，都还没有被创造出来；白昼和黑夜、昨天和明天、创生和腐烂、生命的流动、生和死，还没有进入这个世界。存有的史前状态没有时间，它是永恒的，正如人类诞生之前，在出生和繁殖之前，时间也是永恒的。

"从何而来"这个问题，虽然既是根源性问题，又是关于根源的问题，却只有一个答案。这个答案却有两种不同的诠释。答案是：圆。两种诠释是：子宫和父母。

每一个心灵，特别是每一个儿童的心灵，都必须理解这个问题以及它的象征意义。

乌罗波洛斯表现为圆形的"容器"，也就是母亲的子宫，但它也是男性与女性两个对立面的联合，即世界父母的永久共栖。尽管根源性问题理应与世界父母的问题相关联，但是我们必须马上意识到，我们论及的是起源象征，而不是性方面的问题，更不是"生殖理论"。围绕这一问题的神话故事反复出现，因为这个问题从一开始就对人类至关重要，它真的涉及生命、精神和灵魂的起源。

---

① 卫礼贤（Richard Wilhelm），《老子关于意义和生活的书》（*Das Buch des Alten vom Sinn und Leben*，《道德经》的德译本）。

这并不是说，早期人类从某种程度上来说就是哲学家。事实上，这类抽象问题与他们的意识格格不入。然而，神话是集体无意识的产物，任何一个熟谙原始心灵的人必定会惊讶于无意识的智慧。这种智慧来源于人类心灵的深处，回答着这些无意识问题。对生命背景的无意识认识，以及人类处理这种背景的无意识知识，表现在仪式和神话中。这些就是被早期人类称作人类灵魂和人类心智所寻找的答案。虽然并没有自我意识来有意地问起这些问题，但它们仍然活跃在人们心中。

许多原始民族的人都意识不到性交和生孩子之间的关系。和原始人一样，他们的性行为从儿童时期就开始了，但是这并不会导致婴儿的降生。因此，人们自然而然地会得出这样的结论：孩子的诞生与男人在性行为中的射精无关。

然而，起源问题必须用"子宫"来作答，因为人类很早就知道每个新生儿都出自子宫，所以，神话中的"圆形"也被称为子宫，尽管这个发源之地只是一种泛指，并不指代具体意义上的子宫。事实上，所有神话都再三提到，这个子宫是一种意象，女人的子宫只是发源地，告诉我们我们是从何而来的原始象征的一个方面。这个原始象征同时代表了许多事物：它并不只是身体的某个器官或身体的一部分，而是一个复合体，它是一个世界或一个浩瀚的区域，许多内容藏身其中，它是它们必不可少的栖息地。"母亲"这个词也并不具体指代某一位母亲。

任何深陷的地方——深渊、山谷、地面，同时还有海洋及洋底、喷泉、湖泊和池塘，大地（见图9）、地下世界、洞穴，房屋和城市——都是这个原型的一部分。任何大而具有包容性的东西，只要它们能够包含、环绕、围绕、庇护、保存及滋养任何更小一些的东西，便属于这个原始的母性范畴。①弗洛伊德认为每一件空心物品都是阴性的。如果

---

① 荣格，《母亲原型的心理面面观》（*Die psychologischen Aspekte des*）。

他只把它看作一种象征，那么这一说法并无不妥。但如果他把它理解为"女性生殖器"，那可就大错特错了，因为女性生殖器只是这个原始母亲原型中微不足道的一部分。

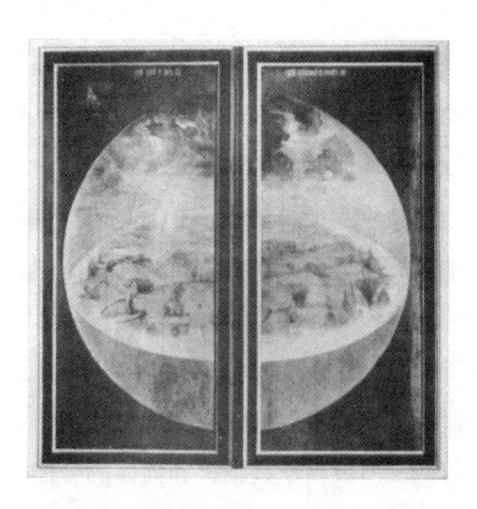

图9 希罗尼穆斯·波希，《人间乐园》，荷兰。（马德里，普拉多博物馆。摄影：罗特。）

与这种母性的乌罗波洛斯相比，人类意识会感到自己还处于萌芽阶段，因为自我还被完全地包含在这种原始象征中。它只是一个微小又无助的新来者。在生命的普累若麻（pleromatic）阶段，自我在圆中四处游动，像一只小蝌蚪。这里除了乌罗波洛斯什么也没有。那时还没有人类，只有神，只有世界。所以，自然而然地，人的自我意识虽然在进化，但是它的最初各阶段却在乌罗波洛斯的控制之下。这些阶段是自我意识的婴儿期。虽然自我意识不再只是萌芽，已经发展成了一个独立的存在体，但它仍生活在这个圆中，还没有从中分离出来，只是刚刚才开始有所分化。在这一最初阶段，自我意识仍然处于婴儿水平，乌罗波洛斯的母性面仍占据着主要地位。

在这包罗万象的世界中，人类把自己体验为一个自性（self），但这种情况只是偶发的和暂时的。婴儿期的自我也会再次经历这一阶段，这时的它会非常脆弱，也极易疲劳，像无意识海平面的小岛，只是偶尔浮出海平面，随即就被海水淹没。这就是早期人类体验世界的方式。他渺小而脆弱，大多数时间都在沉睡，也就是说，他大多数时候都处于无意识状态，像动物一样在本能中游来游去。伟大的自然母亲将他抱在怀里，臂弯轻摇，他也毫无保留地把自己交给她。他不再是他自己，世界就是一切。世界为他挡风遮雨，给他滋养，而他既不表达自己的意愿，也不采取行动。他无所作为，懒洋洋地躺在无意识中，让自己身处在那个无穷无尽的微明世界中。他无须做任何努力，因为这位伟大的哺育者将为他提供所需要的一切——这就是早期的幸福状态。所有积极的母性特质在这一阶段都特别明显。这时，自我仍处于萌芽期，还不能自发地活动。母性世界的乌罗波洛斯是精神和肉体的合体。它提供养料和快乐，给予温暖和保护，予以安慰和宽恕。它是所有苦难的避风港，是所有欲望的目的地。这个母亲，对她将要满足的人来说，将永远是给予者和提供帮助的人。这个伟大的好母亲的鲜活意象始终是人类痛苦之时的庇护者，而且在以后也会一直如此。这种包含在整体中的状态，没有责任也无须努力，没有疑惑也没有一分为二的世界，是天堂般的，而且这种毫无烦恼的生活是成人永远都无法再次企及的。

大母神的积极面似乎就体现在乌罗波洛斯的这一阶段。只有在高出许多的高级层面上，"好"母神才会再次出现，但是那时她已经与萌芽期的自我毫无关系，只拥有被世界之丰富体验催熟的成人人格了。因此，她重新以索菲亚，以"高尚"母神的形象出现，或者化身为"众生之母"，在真正生产力的丰富创意中倾泻出自己的财富。

肇始状态是完美包含和完全满足的，但它从来就不是一种历史状态（卢梭仍把这一心理阶段投射到过去的历史中去，把它当作野人的"自然状态"）。它更像人类某个心灵阶段的意象，其可辨别度与模棱两可的意象相仿。然而，只是因为世界迫使早期人类面对现实，所以他们才极不情愿地有意识地进入这个现实。就算在今天，我们仍可以从原始人那里看到，万有引力定律、惰性心理、保持无知的欲望，仍是人类基本的特质。然而，这也是一种错误的说法，因为好像它始于意识是一件理所当然和不言而喻的事。但是无意识中的固着，其向下拉的特定重力，不能被称作保持无知的欲望。相反，那是一件自然而然的事。作为一种反作用力，拥有意识的欲望，一种真正的本能，把人推向了这个方向。一个人无须希望保持无知，从根本上说，他就是无意识的，他最多只能改变原始状态。那时候，他在这个世界中沉睡，在无意识中不省人事，身处无限性中，像被海水团团围住的鱼儿。向着意识进发是自然界中一件"不自然"的事，它只会发生在"人"这一物种身上。正是由于这个缘故，人类才有理由称自己为智能生物。人是特别的，而自然规律是普遍存在的，正是这两者之间的争斗构成了人类意识发展的历史。

婴儿期的自我意识还很弱小，它感到自己既沉重又压抑，只有睡眠妙不可言，因此它还没有发现自己的真实存在，也不知道自己与他物的区别。如果这种情况没有得到改变，乌罗波洛斯就会作为伟大的生命转轮起着主宰作用。在乌罗波洛斯之中，万物仍是一体，没有分化，它们被淹没在对立的结合之中，虽一动不动，却也甘之如饴。

人类尚未自成一派，不能对抗自然，自我也还没有与无意识发生冲突；做自己仍然是一件劳累而痛苦的事，仍然是一个不得不去克服的意外情况。正是在这种意义上，我们谈及"乌罗波洛斯乱伦"。不必说我们也应该知道，这里说的"乱伦"是象征意义上的，而不具体指代性行为。每当有乱伦主题出现时，它都是"hieros gamos"（神婚）的预兆，是神圣婚姻成功的预示，而这种婚姻形式只会发生在英雄身上。

乌罗波洛斯乱伦是与母亲建立联系的一种形式，是与她结合的方式，它与后来出现的其他乱伦形式有明显的差异。在乌罗波洛斯乱伦中，我们强调的并非快乐和爱，我们强调的更像是一种被融合和被吸收的欲望。某人让自己被带走，被动地沉浸于普累若麻中，在快乐的海洋中化为乌有——一种"liebetod"（爱之死）。大母神让孩子重回自己的怀抱，而乌罗波洛斯乱伦总会被刻上死亡的印记，预示着与母神的最终融合。洞穴、大地、坟墓、石棺、灵柩，都是这种仪式性结合的象征，从石器时期开始，人们就把胎儿埋葬于古坟墓中，直到现代人开始使用骨灰盒，这一仪式性的结合才告一个段落。

从圣贤的"unto mystica"（神秘），到酒鬼对不省人事的渴望，再到日耳曼民族的"死亡浪漫主义"，形式众多的乡愁和渴望无非都是乌罗波洛斯乱伦的回归以及自我融合（self-dissolution）的再次实现。我们所说的"乌罗波洛斯乱伦"是一种自我交付（self-surrender）和退行。它是婴儿期自我的乱伦形式，这时，自我仍然与母亲极为亲近，还没有独立出来。但是，神经症性的病态自我也可能采取这一形式，因此，晚些时候，筋疲力尽的自我，在找到了自我满足感后，会重新潜回母亲身边。

即使乌罗波洛斯乱伦自身能够融合，即使它具有致命的一面，即使它会被彻底击败，萌芽期的自我也不会在乌罗波洛斯乱伦中体验到任何敌意。回归大圆（Great Round）这件事充满了被动的、孩子般的自信。因为婴儿期的自我意识总能感觉到它的再度苏醒，那是死亡之后的重生。就算在自我消失、意识不复存在的情况下，它也会感到自己受到母亲智慧的庇护。人类意识有充分的理由把自己看作这些原始智慧的孩子。因为，不但在人类历史中，意识是无意识子宫的后期产物，而且在每个个体生命中，意识也会在儿童成长的过程中重历它从无意识中出现的过程。每晚在睡梦中，随着太阳的落下，它重新沉入无意识深处，又在早晨重生，开始新的一天。

乌罗波洛斯，这个大圆，不仅是子宫，也是世界父母。世界父亲在乌罗波洛斯式的联合中与世界母亲联结在一起，他们是不能被分开的。他们仍受制于原始规则：上和下、父与母、天与地、上帝与尘世。他们映照着彼此，不能分离。有什么能比世界父母的结合这一象征更能代表对立面的结合这一存在的初始状态呢！

因此，世界父母既是起源问题的答案，也是永恒生命的普遍及最高象征。他们就是完美的状态，万事万物都来源于此。永恒存在既是父亲又是母亲，它自生自灭，又赋予自己新生。世界父母的结合是一种超越而神圣的存在状态，不依赖于对立面的存在——在卡巴拉教中，这是早期的"万物根基"（En-Soph），意味着"无尽的丰富"和"虚无"。乌罗波洛斯这一原始心理象征的巨大力量不仅指的是它超越了对立，将自身包含在未分化的统一状态中，还象征着新的开端的创造冲动。它是"永动轮"，是进化的螺旋式上升中最初的旋转运动。①

这种最初的运动，这种生殖推动力，毫无疑问与乌罗波洛斯的父性面和进化的开始有着密切的联系，而且它远比母性面更难被形象化。

比如，我们会在埃及神学中读到如下段落：

> 阿图姆，在赫利奥波利斯放浪形骸，手握他的阳具获得快感。一个弟弟和一个妹妹由此降生，他们是舒和泰芙努特。②

或者：

---

① 肖赫-博德默（Schoch-Bodmer），《作为生命象征和结构元素的螺旋形》（*Die Spirale als Symbol und als Strukturelement des Leben-digen*）；莱泽冈（Leisegang），《蛇的奥秘》（*Das Mysterium der Schlange*）。

② 金字塔铭文，咒语第1248条。

> 我在我的手中交配，我与自己的影子结合，有东西从我的口中吐了出来。我先吐出了舒，然后又吐出了泰芙努特。①

这些文字清楚地表达出在象征中把握创造性的起源的难度。这里面的含义现在可以被称为"自然发生"或神的自我显化（self-manifestation）。这些意象的原始力量仍然通过我们相当抽象的措辞闪耀着光芒。乌罗波洛斯模式的繁殖，即父母一体，产生了这样的意象：生命能够立即从精液中诞生，没有伴侣，也不具有二元性。

如果我们把这些意象称作"淫秽"，那么这就是一种严重的误解。事实上，与后来的大多数文化相比，这个时候的人类在性上要自律和纯粹得多。出现在原始崇拜中的性象征和仪式具有神圣和超个人的含义，这一点在神话中随处可见。它象征的是创造性元素，而不是个人的生殖力。只有个人层面的误解才使这些神圣内容变得"淫秽"。犹太教和基督教，甚至弗洛伊德也对此插了一手，使这一误解带来了沉重而灾难性的后果。在为了维护一神教信仰及一种意识伦理的斗争中，亵渎异教徒的价值观是必要的，而且从历史的角度说，这是一种进步，但是它会导致对那个时期的原始世界的曲解。在反抗异教信仰中，二次人格化的作用在于把超个人力量削减为个人因素。于是，圣洁变成了色情，崇拜变成了乱伦，这样的事情不一而足。只有在人们的视线再次投向超个人领域的时候，这一过程才能被扭转。

后来的创造象征展示了这些事物是怎样得到更好的论述的。并非所有的压抑都会悄然潜入。人类最初想要表达的内容就不具有性的内涵，它是象征意义上的，但是早期人类还是努力用文字向我们指出了它的意思。

---

① 阿佩普（Apopis），《古埃及人的宗教记录》（*Urkunden zur Religion det alten Aegypten*）。

自体受孕（self-fecundating）的原始神祇意象在埃及和印度经历了新的变化，因为在这两个国家里，这种意象都向着精神化方向在发展。事实上，这种精神化意味着努力去理解创造力的本质，而这种创造力从一开始就已经在那里了。

> 带来这一切、让这一切发生的是心，而重复（表达）心灵想法的是舌头……这就是诸神产生的原因。阿图姆和他的九柱神，以及每一句神祇的言论都通过心灵的思想和舌头来显化其自身。①

或者：

> 造物主创造了诸神，他们的"Kas"（灵魂）在造物主的心中，在造物主的舌头上。②

最后，我们想起了最抽象、最具精神性的象征。在这里，上帝是"生命的气息"：

> 他没有从口中把我吐出来，也没有从手中把我生出来，而是从鼻孔里把我呼了出来。③

在这一创造原则的叙述中，意象已经过渡到了想法，这一点已经非常清楚。正如人们所知的那样，在象形文字中，"思想"一词是用"心"的图像来表示的，而"言语"一词是用"舌头"的图像来表

---

① 莫雷（Moret），《尼罗河和埃及文明》（*The Nile and Egyptian Civilization*）。
② 基斯，《埃及人》（*Aegypten*）。
③ 基斯，《上帝信仰》（*Gotterglaube*）。

示的。

在埃及神话中，在它与创世问题的角力中，我们看到了第一批关于起源的故事。几千年之后，这些故事作为"上帝之道"（Word of God）出现在《圣经》的创世故事以及关于逻各斯的教义中。这种表达方式不能脱离神"自我显化"和"自我表达"的原始意象。

可以理解的是，使世界得以存在的创造原则来源于人类自身的创造天性。正如一个人（我们现在的修辞手法也如是说）在自己的深处创造自己，并"表达"自己，诸神也是如此。毗湿奴就是这样，他化身为野猪，把地球从大海中舀了出来。这位神在他的心中思考这个世界，并用创造性的语言表达它。这些语言是一种更高级的产物，是某人沉入自身，在内心深处的表达。当我们谈到"内省"时，我们说的也是同一个意思。在印度，"苦行"（tapas）、"内在心灵"和"沉思"，都具有创造性的力量。在这些力量的帮助下，万物皆可被造出。内省的这一自我孕育的作用，是具有自我生产能力之大灵（spirit）的基本体验。下面的文字清楚地表达了这一点：

他，生主，开始祈祷并禁食，因为他渴望得到子孙后代，所以他让自己生出许多后代。①

埃及文献中也有记载：

我的名字是"创造自己的人，造诸神的首神"。②

---

① 《百道梵书》（*Satapatha Brahmana*）；加德纳（Geldner），《吠陀教和婆罗门教》（*Vedismus und Brah-manismus*）。

② 阿佩普作品，同前。

同样的"热量"原则也出现在另一本梵书中，它是一种创世方式：

开始时，世界一片空无，无天，无地，也无空间。因为它什么都不是，所以它思考自己：我要存在。于是，它开始散发热量。

在描述完一长串天体演变和自然力量的产生后，这篇文章接着写道：

它在地球上找到了立足之处。在找到一个牢固的支点后，它想：我要自行繁衍。于是它再次散发出热量，使自己受孕。①

正如乌罗波洛斯母性面能无性繁殖一样，父性面也可以在没有子宫的情况下完成生育。母性面和父性面互为补充，并属于彼此。关于起源的原初问题涉及生命的动力。对于这一问题，创世神话给出了一个答案：创世并非仅在性行为的象征中来表现，它们也可以在意象中构建一种不可构建的东西。

创世的话语、创世的呼吸，正是创世的精神。但是这种呼吸只是一种抽象的概念，来自富有生产力的风—灵—精气—阿尼姆斯的意象，因为它能通过"吸气"（inspiration）激活生命。象征着创造元素的太阳生殖器是风的源头，无论是在埃及莎草纸的古文稿中，还是在现代精神科患者的记录中都有这样的记载。②这种风，以圣灵之呼吸的形式，飘入圣母玛利亚的长袍中，经过太阳圣父给她的一根管子，使其完美地受孕。这风是原始人所了解的播种鸟，是先祖之魂，它落在女人身上，也

---

① 《婆罗门书》（*TaitUriya Brahmana*），加德纳译。
② 荣格，《心灵与大地》（*Mind and the Earth*），摘自《分析心理学的贡献》（*Contributions to Analytical Psychology*）。

落在乌龟和雌性秃鹫身上，让它们怀孕生子。①

　　动物是播种者，诸神是播种者，诸神是动物，动物是诸神——创造性的"吸气"所到达的每一处都充斥着生殖之谜。人类询问生命的起源，于是生命和灵魂立刻融为一体，成了活生生的心灵、力量、精神、运动、呼吸和赋予生命的神力。站在开端的"这个人"就是创造力量，它包含在世界父母的乌罗波洛斯联合之中。它的传播、孕育、繁殖、运动、呼吸和说话都源于世界父母。《奥义书》有云："风过之处，万物生长。"②

　　虽然自我把乌罗波洛斯体验为——也必须体验为——无意识的可怕黑暗力量，但人类无论如何也不会把这一阶段的前意识存在仅仅与恐惧和困倦的感觉联系起来。纵然对于清醒的自我而言，光明和意识是联系在一起的，正如黑暗和无意识紧密相连一样，但是人们对另一方仍然不甚了解，因此，他们会把它看作更深的"超尘世"（extraworldly）知识。在神话中，这种启示通常会投射进人生前或死后所获得的认识中。

　　在西藏的度亡之书《中阴闻教得度》中，死者会得到指示。在教义中，这个指示是高潮部分的顶峰。他理应知道自己就是伟大的白色光芒，闪耀着，发着光，超越了生死：

　　　　汝之意识，闪耀着光芒。它就是空，与光之伟大身体不可分割，无生，无灭，它就是永恒的、发光的阿弥陀佛。③

　　一方面，这一认识是后意识的（postconscious），在这个世界之

---

　　① 布里福尔特（Briffault），《母亲》（*The Mothers*）。
　　② 《第十奥义书》（*The Ten Principal Upanishads*），W.B.叶芝（W. B. Yeats），法师世阿弥（Shree Purohit Swami）译。
　　③ 埃文斯-温兹（Evans-Wentz），《中阴闻教得度》（*The Tibetan Book of the Dead*）。

外，也并不关乎这个世界，是死后的知晓，处于完美的状态。但另一方面，它也是前意识的（preconscious），出现在这个世界产生之前，在胎儿期。这就是犹太教的圣经注释所说的，未出生的婴儿在子宫中就拥有知识；婴儿的头顶上有一盏明灯，他可以从中看到地之四极。[①]同样，存在于时间之中的生物在鸿蒙初辟之前也理应具备先见之明。仍存在于圆中的生物分享了世界形成之前的知识，这些知识汇入了智慧的海洋。这一原始海洋同样是一种起源的象征，因为作为一条环蛇，乌罗波洛斯也是海洋。原始海洋不但是创造之源，也是智慧之源。因此，早期文化中的英雄通常都来自海洋，是半鱼人的样子——如巴比伦的俄安内（Oannes）就是这种半人半鱼的怪物，他们把自己的智慧以启示的形式带给人类。

最初的智慧产生于世界出现之前，也就是说，产生于自我和无意识出现之前，因此，神话会说它是胎儿期的产物。但是死后的存在和乌罗波洛斯中胎儿期的存在是同一种东西。生死之环是一个闭合的圆环。它是重生之轮，死者受到《中阴闻教得度》的指引，如果不能获得最高的知识，那么他就会再次出生。因此，对他来说，死后的指引和胎儿期获得的知识完全相同。

预知性的神话理论同样解释了这样一种观点：所有的知晓都被称为"回忆"。人类在世界上的任务是用意识心去忆起意识产生之前的知识。从这种意义上说，这就是人们所说的"萨迪克"（saddik），也就是哈西德派中的"正直的完美之人"，这可以追溯到十八世纪末的卡巴拉运动：

---

① 温舍（Wunsche），《小米德拉西》（*Kleine Midraschim*），第三卷。

> 萨迪克找到了自诞生以来就失去的东西，并将它还予众人。①

这一概念与柏拉图哲学中关于胎儿期思想和记忆的概念相同。儿童仍然是被包裹在理想状态中的人，因此，原始知识在儿童心灵中仍非常明显。出于这一原因，许多原始民族对儿童尊崇有加。集体无意识的伟大意象和原型在儿童身上是活生生的现实，在他们身上是看得见、摸得着的。事实上，他们的许多言语和反应、问题和回答、梦与意象，都表达了他们从胎儿期带来的知识。这是一种超个人的体验，不是个人能够获取的。它是从"另一个世界"获得的财富。人们恰如其分地把这种知识看作先祖传下的知识，并因此把儿童看作重生的祖先。

一般来说，遗传理论——证明儿童能够在生物学上获得祖先的遗传——"就是"指这种遗传，而且有心理学上的理由。荣格因此把超个人的体验——或集体无意识的原型和本能——定义为"祖先经验的沉淀"②。因此，儿童的生命是一个"前个人"（prepersonal）实体，它在很大程度上由集体无意识所决定，实际上是祖先经验活生生的载体。

意识肇始之初，自我还很脆弱，它仍受制于无意识。此时，占统治地位的除我们正试图描述其神话阶段的象征外，还有另外一些象征，这些象征对应着心灵中的神秘身体意象。某一组特定的象征群对应着特定的身体部位。就算在今天，腹部、胸部和头部的原始躯体图式仍被应用于普通心理学中："腹部"是本能世界的简称，"胸部"和"心脏"是感受的区域，"头部"和"大脑"是精神区域。现代心理学和语言一直受到这种原始躯体图式的影响。这种图式在印度心理学中发展得尤为成

---

① 霍拉德斯基（Horodezky），《拉比的布拉兹法》（*Rabbi Nachman von Brazlaw*）。
② 《分析心理学和世界观》（*Analytical Psychology and Weltanschauung*），《文稿》（*Contributions*）。

熟。在昆达利尼瑜伽中，上升的意识被唤醒，并激活了不同的身体—灵魂中心。横膈膜相当于地面，这一区域之上的发展对应"冉冉升起的太阳"，也就是意识的状态。这时，意识已经开始脱离无意识，抛开所有与无意识的关系。

躯体图式是初民的原型，世界正是在它的意象中被创造出来的。躯体图式是所有系统的基本象征，在这些系统中，世界的各个部分与身体的各个区域相对应。这种对应随处可见，无论是在埃及还是在墨西哥，无论是在印度文学中，还是在卡巴拉传统中都是如此。在人类意象中，创造者不只有上帝，还有整个世界。世界和诸神在躯体图式上的关系是关于"人类中心论世界的图像"的最早的具体形式，在那里，人类站到了世界的中央或"心脏位置"。它来源于人类自身的躯体感觉，这种躯体感觉被超自然力量控制并常常被误解为自恋。

最初，超自然力量与属于身体的一切都有关联，它表现为原始人对神秘影响的恐惧，因为身体的每一部分，从头发到排泄物，都可以代表身体的全部并施法于它。同样，在创世神话中，来自身体的一切都具有创造性。创世神话的象征意义来源于后来出现的超自然力量。不但精液具有创造能力，尿液、唾液、汗水、粪便、呼吸、言词和屁同样如此。世界从中而来，所有"出自身体之物"都促成了"诞生"。

对原始人和儿童来说，他们的无意识被过分强调了，重心落在了本能区域和"植物性生命"带来的重负上。对他们来说，"心脏"是最高中心，其意义如同我们所说的思考的头脑。对于希腊人来说，意识的所在地是横膈膜，而对于印度人和希伯来人而言，其所在地却是心脏。在这两种情况下，思考都是情绪化的，与情感和激情紧密相关。然而，情感成分的溶解尚未完成（参见第二部分）。只有当某种想法充满激情，能够摄人心魄时，它才能够到达自我意识并被感知；意识也只受与原型接近的想法的影响。心脏也是道德决策的所在地，它象征了人格的中心。在埃及的死亡判决中，死者心脏的重量会被称量。在犹太神秘主义中，心脏也扮演着同样的角色，① 甚至在今天，我们仍然会说一个人拥有一颗"善良的心"，就好像它是一个道德器官。所有位于心脏位置以下的脏器都属于本能的领域。肝脏和肾脏是心灵生活的重要内脏中心。"上帝察验人的心脏和肾脏"，此人的意识和无意识将被探查。而且，肝脏是肠占卜的占卜中心，肝脏检查也被称为"普罗米修斯的命运"。普罗米修斯盗取了火种，他的意识狂妄自大，过度膨胀，宙斯因此派遣一只老鹰吃掉了他的肝脏，让他受到"良心的责备"。但是所有的本能中心同时也是控制性欲的情感中心，它是一个更高的指令中心。再下面是消化道中的肠道，它同样对应着某种心理层面。吃——饥饿本能——是人类最基本的心理本能之一。在心理学中，腹部在原始人和儿童中扮演着重要的角色。如果一个人的心理状态更多地取决于其口腹之欲是否得到满足，那么他的意识和他的自我的发展水平也较低。对于胎儿期的自我来说，获得滋养是唯一的重要因素。这一点对于婴儿期的自我来说同样十分重要，因为母性的乌罗波洛斯对婴儿来说是食物和满足之源。

称乌罗波洛斯为"食尾者"可谓恰如其分。消化道的象征在整个阶段占据着主导地位。正如巴霍芬（Bachofen）所描述的那样，乌罗波洛斯"吞没"的阶段及早期母权社会，是一个生物互相吞食的世界。吃人现象就是其中之一。在这个层面，性器官还没有发育起来，性还没有发挥作用，两种性别之间的两极张力仍然悬而未决，所以只有弱肉强食。在这个野蛮的世界里，因为性欲的相对缺失，饥饿的本能心理占据着最显著的位置。因此饥饿和获取食物是人类的主要动力。

我们在最初的创世神话中都发现了生殖器发育前的食物的象征意义，它是超个人的，因为它来自象征的原始集体层面。人类的收缩和舒

---

① 比肖夫（Bischoff），《卡巴拉元素》（*Die Elemente der Kabbalah*），第1卷，第234页。

张集中在消化系统上。吃=摄入，出生=产出，食物是唯一的内容，被滋养是植物性的动物存有的基本形式——这就是其座右铭。生命=力量=食物，这一最初获取力量的公式超越了一切，它出现在了最古老的金字塔铭文中。这些铭文谈及复生的亡灵：

  天空云层密布，繁星坠落（？）；山脉摇晃，大地之神的牛群战栗……他们看到了他，他出现在他们面前，他是一位神祇活生生的灵魂。这位神祇依靠他的父辈生活，但会吞食他的母辈。

  将人们吞了下去，依赖诸神生活的正是他……这个头骨捕手……他为他捕抓他们。他为他找寻华美的头部，把他们赶到他的面前（？）……

  他将最大的那些作为早餐，次一些的作为午餐，再次一些的作为晚餐。

  不管他在路上遇到谁，他都将其生啖。

  他已取走了诸神之心。他吃掉了红色的王冠，吞下了绿色的王冠。他吃掉了智者之肺。他依靠心脏和它们的魔力存活，这使他感到很满足。如果他能吞下那些戴红色王冠之人，他会欣喜若狂（？）……他生机勃勃，他们的魔力在他的身体之中，而他的荣耀并未被夺去。他已经吞下了所有神祇的智慧……①

我们在印度也发现了一个与之对应的象征。在一个创世故事中，最先出现的神祇急速落入大海，"饥"和"渴"转化成了原始水域的负面力量。故事继续写道：

---

① 厄尔曼（Erman），《古埃及文学》（*Literature of the Ancient Egyptians*）。

饥和渴对他（自己）说："也为我们俩找个栖息之所吧！"

他对他们说道："我把你们分配到这些神祇之中。我让你们参与他们。"因此，无论哪个神接受供奉，饥和渴都会参与其中。

他再次想道："现在已经有了世界和世界的守护者。让我为他们创造食物吧。"

他在水面上生产。他从中孵出了一种东西。这种东西便是食物。①

食物成了一种需要被抓住和持有的"宇宙内容"，最后，当自己成功地用下行气（apana，消化呼吸）抓住它时，"他便吞下（consume）了它"。在另一个段落中，饥饿象征着死亡。他是吞食者和吞噬者，就像我们看到的乌罗波洛斯致命的吞噬性面向。

就算在今天，语言也不能脱离这些基本的意象。吃、吞、饥饿、死亡都是和胃（maw）联系在一起的。与原始人一样，我们仍会说"死亡的无底洞"（death's maw）、吞噬一切的战争（devouring war）、折磨人的疾病（consuming disease）。"被吞食"是一种原型，这种原型不仅出现在所有与地狱和魔鬼有关的中世纪绘画中，也出现在我们自己所说的"大鱼吃小鱼，小鱼吃虾米"的画面中。我们会说一个人被他的工作、一种活动或一个想法"耗尽"（comsume），或者说一个人被嫉妒"吞噬"。

在这个层面上，乌罗波洛斯与宇宙的起源相对应，世界或被"吸收"的宇宙内容是食物。食物是梵天的一个阶段：

---

① 《他氏奥义书》（*Aitareya Upanishad*），根据休谟和多伊森（Deussen）的译本。

万物生于食物,

万物栖于土地。

依靠食物生存,

又终化为食物。

食物乃万物之首,

因此也被奉为灵丹妙药。

梵天获得所有食物,

也被奉为食物。

食物乃万物之首,

因此也被奉为灵丹妙药。

万物源自食物,

依食物而生,

生物以此为食,食物依赖生物,

此乃食物。①

梵天来自苦行,

食物源于梵天,

从食物——呼吸、精神、真理、世界——中,

在运转中,永生。②

同样的象征意义也出现在《弥多罗奥义书》(*Maitrayana Upanishad*)中。在这本书中,世界和上帝的关系等同于食物与食者的关系。上帝曾经被奉为世界的哺育者,但现在被看作世界的吞噬者,因为世界已然是上帝的祭品了。

正如在原始心灵状态和神话中那样,"滋养的乌罗波洛斯"是一个

---

① 《鹧鸪氏奥义书》(*Taittiriya Upanishad*)。
② 《剃发奥义书》(*Mundaka Upanishad*)。

广阔无边的量，所以关于它的象征同样出现在相对较晚的印度哲学思辨中，以阐明作为"主体"的上帝与作为"客体"的世界（上帝也可以作为客体，世界也可以作为主体）的关系。

在这种联系中，我们必须提到以食物形式提供给神祇并被他吃掉的"祭品"。这既是一种纳入或"内部消化"行为，也是增强力量的豪夺行径。

因此，在印度哲学中，世界是"诸神的食物"。正如保罗·多伊森（Paul Deussen）解释的那样，根据早期的吠陀思想，世界由生主所创造。生主既是生命也是死亡——或饥饿。世界被创造出来是为了被当作祭品吃掉。这是他为自己提供的祭品。这便是把马作为祭品的诠释。①马代表着宇宙，就像在其他一些文化中，牛也代表着宇宙：

> 不论他造出什么，他都决心把它吃掉。因为他什么都吃（ad），所以他被称为无限（aditi）。因此，他知道"阿底提"（aditi）的本质，成了吞食世界的人；一切都变成了他的食物。②

根据上述内容，我们清楚地知道：一个稍晚的时代正确地解释了古老的象征意义，使它精神化，或在"内部消化"了它；吃，消化和同化世界这个行为是拥有和获得控制它的力量的方法。"我们了解阿底提的本质"就是体验这种成为创造者的无限，因为这位创造者"吞"下了他所创造的世界。因此，在原始层面上，有意识的认识被称为进食。当我们谈到意识心"同化"一种无意识内容时，我们暗示的无非就是进食和消化这一象征。

来自印度和埃及神话的例子可以随意增加，因为这种基本的食物

---

① 《广林奥义书》。
② 《广林奥义书》。

的象征意义是在原型意义上的。在酒、水果、药草等以生命和永生之载体——包括生命之"水"和"面包"——出现的地方,在圣餐以及时至今日的各种食物仪式中,我们可以看到人类这种古老的表达方式。我们仍然把物质化的心灵内容称为"心灵的"——如生命、永生和死亡,但它们在神话中和仪式中却表现为物质的形式,并以水、面包、水果等形态出现。它是原始心灵的一个特点。正如我们所说的那样,内在被投射到外在。在现实中,物体会"心灵化":所有外在于我们的都可以被象征性地体验,好像被某种与心灵密切相关的心灵性和精神性内容填满了。然后,这种外在的物质客体会"被吸收",也就是说,被吞食。在营养吸收的基本图式中,有意识的认识就是"付诸行动",而具体进食的仪式性动作是人们所知道的第一种吸收形式。①在所有这些象征意义中,母性的乌罗波洛斯隐约出现于其母亲—儿童这一面向中,在这里,需要(need)是"饥渴的",而满足意味着吃饱喝足。

身体和它自己的"自体性欲—自恋感"——我们将在后面再次提到这一概念——是一个乌罗波洛斯式的封闭圆环。在性器官发育前的阶段,自我满足(self-gratification)不是靠自慰获得的,而是来自存在的自我滋养带来的满足,就像婴儿吮吸手指。"获得"是为了"进食",它并不是想要"受精"、"生产"或"表达",而是想要"排泄"、"吐唾沫"或"排尿"。后来的"说话"当然也不是想要"生小孩"或"当父亲"。从另一方面说,乌罗波洛斯创造的自慰阶段符合生殖器特征,先于世界父母的二元性繁殖阶段。这两个阶段都出现在"滋养的乌罗波洛斯"阶段后面。

---

① 参见盖农(Guénon),《吠檀多学派论人及其形成》(*Man and His Becoming According to the Vedanta*)。他在这里指出,拉丁语中的"sapere"一词,意为"尝、感知、了解",从根本上说源于两组词。第一组是"sap"(精力)、"Spa""savor"(滋味)和"sapid"(味道)等;第二组是"savoir"(知识)、"sapient"(智慧)和"sage"(明智)等,"因为身体的营养吸收与心智和智力中的认知吸收之间存在相似关系"。

上述身体功能都象征着某种心理过程。吃人仪式和丧宴、金字塔铭文中对诸神吞食的记载，还有圣餐的秘密仪式，都代表某种精神行为。

　　对"内容"的吸收和摄取、被吞食的食物，使得内在产生了一种变化。身体细胞通过摄入食物发生了转化，这是人类体验到的最基本的动物性变化。一个疲倦、孱弱、极其饥饿的人可以通过食物变得机警、强壮和满足；一个快渴死的人可以通过饮水焕发精神，甚至完全被一杯醉人的饮料改变。只要人类还存在，这就是一种基本体验，而且它是必须被保留下来的。

　　对应的象征意义的出现并不意味着"退行到口欲区"——在某种意义上，这种退行是一种性快感的"婴儿式反常"，应当被我们克服。事实上，它只是乌罗波洛斯象征意义的回归（见图10），它被无意识浓墨重彩地积极渲染了。吞食繁殖并非暗指对性行为的无知，也不是说它是一种"无知的替代品"。它指的是"全部吸收"，而不仅是"结合"。它与前面提到过的靠风来繁殖不同，它的重点在于身体的摄取，但是在后一种情形中，重点在于赋予生命和受精之中介体的不可见的能力。①

---

①　亚伯拉罕（Abraham）在《力比多的发展史》（*Entwicklungsgeschichte der Libido*）中将它解释为力比多组织化的同类相食的口欲期；琼斯（Jones）在《基督教的心理分析》（*Psychoanalysis of Christianity*）中将它解释为肛欲期的放屁。这些解释为害不浅，会让人误解这些象征性产物，并贬低它们。

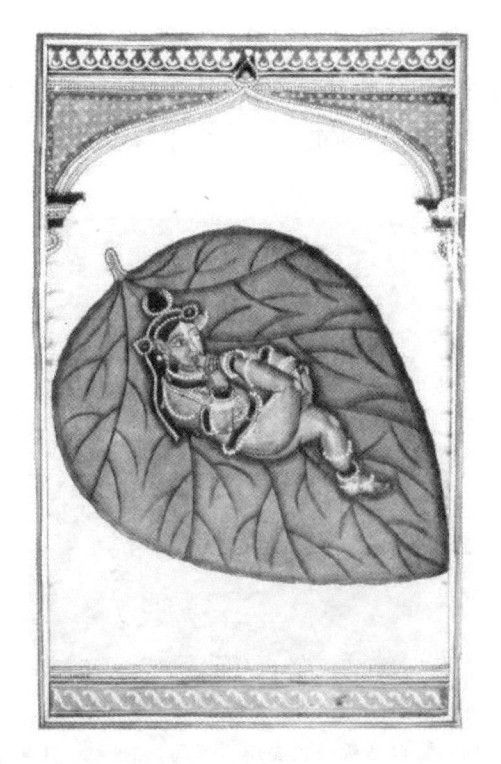

图10 毗湿奴的诞生，印度，18世纪手稿插图。（巴黎，法国国家图书馆。摄影：图书馆。）

相应地，在滋养的母性乌罗波洛斯阶段，乳房会被一再强调。比如，我们可以在神话图像中看到多乳的大莫迪尔（Great Modier，见图11），也可以看到，很多雕像中的女神都紧抱着她们的乳房。在这里，滋养的大母神比生产的女性更具生殖力。乳房和乳汁都是生殖力元素，这个生殖力元素也可以以阴茎的形式出现，因为牛奶也被象征性地理解为繁殖的中介体。提供乳汁的母亲，其最常见的象征就是母牛，她是富有生殖力的，而且基于这一原因，她甚至还可能拥有父亲的特征。她的孩子，作为她的"繁殖物"，不管其性别如何，都是接受性丰饶和女性化的。母性乌罗波洛斯仍然是雌雄同体、没有性别的，就像孩子那样。

因此，母亲通过滋养来繁殖，就像小孩通过进食被繁殖，通过排泄来生产一样。对两者来说，富有滋养的液体都是生命的象征，这一象征没有两极的紧张，是完全无性别的。

图11 以弗所的狄安娜，罗马，2世纪。（那不勒斯，国家博物馆。）

然而，对母亲乳房的强调以及其男性生殖器特征，已经构成了一个过渡阶段。最初的情形是一种在乌罗波洛斯中完全的包含。当乳房的男性生殖器特征出现时，或者当母神被看作阴茎的持有者时，就标志着婴儿期主体开始分化了。主动和被动的努力渐渐有了差别，对立面开始出现。通过吞食怀孕及通过排泄生孩子分化为养分流动中两种不同的行为，自我也开始从乌罗波洛斯中分离出来。这意味着乌罗波洛斯的幸福状态及其完美的、完全自给自足的状态，已经走到了尽头。只要自我——只不过是一个自我的胚芽——还在乌罗波洛斯的腹中畅游，它就可以分享那种天堂般的完美。这种专制在子宫内掌握着绝对的控制权。

在那里，无意识的存在是缺乏痛苦感受的。一切都是自动供给的，任何努力都是不需要的，甚至本能反应也是不需要的，更不用说调节性的自我意识了。一个自身的存有（being）和周围的世界——在这种情况下，是指母亲的身体——存在于一种神秘参与中，这一状态无须依靠其他任何外界关系就可以达到。这是一种无自我（ego-lessness）的状态，不受快乐—痛苦反应的干扰，自然而然地被后来出现的自我意识体验为专制的最完美的形式之一。这一形式带来了无与伦比的满足感。柏拉图用文字描述了世界的形成，这些文字忆起了包含在乌罗波洛斯中的状态：

> 它不需要眼睛，因为它的外面无东西可看；它也不需要耳朵，因为它的外面无声音可听。周围没有可呼吸的空气，它也不需要任何器官来供给和消化食物。没有东西从它之中出去，也没有东西从它外面进来，因为这里什么也没有。它生而如此，它的排泄物就是它的食物，它自成一体，完全在它自己之内行动，因为它的设计者认为一个自给自足的存有本身远比依靠外物的存有更卓越。①

再一次，我们在滋养层面上看到了自体繁殖（self-propagation）的乌罗波洛斯循环。正如乌罗波洛斯通过吞食自己的尾巴在口中自行繁殖一样，"它的排泄物就是它的食物"，这是自主和自给自足不断循环的象征。专制的（autarchic）乌罗波洛斯这一原始意象是炼金术中的"何尔蒙克斯"（homunculus，人造人）的基础，经由元素的循环，它产生于圆圈——烧瓶——中，它甚至是物理学中永动机的基础。

在研究的所有阶段，我们都应该关注专制的问题，因为它与人类

---

① 《蒂迈欧篇》（根据康福德的翻译）。

发展中一个重要的趋势密切相关，即与自我塑造（self-formation）的问题密切相关。迄今为止，我们已经区分出乌罗波洛斯专制的三个阶段。第一个阶段是未出生时天堂般完美的普累若麻阶段。这是自我的胎儿阶段，这种意识与后来世界中非专制的自我之苦难形成对照。第二个阶段是滋养的乌罗波洛斯阶段。它是一个闭合的循环，它的"排泄物就是它的食物"。第三个阶段是生殖器自慰阶段。阿图姆会"在他自己手中交配"。所有这些意象，像一个人通过苦行来自我孵化（self-incubation）一样（这是后来出现的一种精神专制形式），是自给自足的创造法则的意象。

乌罗波洛斯的专制不能被贬低为自淫或自恋，即便在这一专制作为支配性的原型出现时。这两个概念只在发展有误的情况下——乌罗波洛斯控制的进化阶段不自然地持续了很长时间——才是有效的。但是，即便那样，积极面向也会出现在头脑中。专制不但是生活目标和发展的需要，也是适应的结果。自我发展、自我分化和自我塑造都是力比多的发展趋势，和对客体的外倾关系、对主体的内倾关系一样合理。"自淫"、"自闭"和"自恋"等词语所暗示的消极评价只在病理案例中才合乎情理，此时，事物偏离了这种自然的基本态度。因为自我、意识和人格的发展，以及最后个体性自身的发展，实际上是由乌罗波洛斯所象征的专制培育的。因此，在许多情况下，乌罗波洛斯象征意义的出现，特别是在它的形成特征和稳定特征被特别强调时，如在曼荼罗中，暗示着自我向着自性前进，而不是去适应客体。

从乌罗波洛斯中分离出来，进入这个世界，遭遇普遍的对立法则，是人类发展和个体发展的本质任务。外在客体和内在世界达成妥协的过程、适应人类内外集体生活的过程，无论在内在还是外在，都以不同程度的强度支配着每个个体的生命。对外倾型个体来说，重点在于外在客体、人、事物和环境；对内倾型个体来说，重点在于内在客体、情结和原型。甚至内倾型个体的发展——这种发展主要与心灵背景有关——从这种意义上说也"与客体相关联",只是这些客体存在于内在,而不是外在,这些客体是心灵作用力,而不是社会的、经济的或物质的力量。

但是,除此发展趋势之外,还有另一种发展动向。这种发展动向也与自身相关或者说是"中心化的",它也是合情合理的,会促进人格的发展和个体的实现。这种发展同等地从外在和内在获取内容,它既由内倾性又由外倾性产生。然而,其重力中心,并不放在客体或对客体的处理上,也不考虑这些客体是外在的还是内在的,而是放在自我塑造上。也就是说,在建立和充实一种人格时,其重点在于使用内在和外在客体作为建造材料,来建造自身的完整性。这种建造是所有生命活动的核心。这种完整性是它自身的一个结束,是专制的,它不依赖于任何实用价值。它也许会既具有外在的集体性,又具备内在的心灵力量。

然而,在这里,有一项对文明具有决定意义的创造性法则。它将在适当的位置被展示。

荣格把自我塑造在后半生的影响称作"个性化"。[①]自我塑造不仅在前半生具有关键性的发展模式,而且可以追溯到童年。意识和自我的生长,在很大程度上受这种模式支配。自我的稳定性,即它能够抗击无意识和世界分裂倾向的能力,很早就得到了发展。意识的扩张倾向也是如此,它同样是自我塑造的重要先决条件。虽然在前半生中,自我和意识主要专注于适应性,自我塑造的倾向看似悬而未决,但是自我实现的过程早在童年时代就已经开始了——尽管只有在不断成熟的过程中才会变得明显。正是在此时,为自我塑造进行的第一次奋斗被明确下来。所谓的自恋、自闭、自淫、以自我为中心,以及正如我们看到的,以人类

---

① 《心理学和炼金术》。

为中心的乌罗波洛斯阶段，在孩子的专制和天真的自我关注中是如此明显。这一阶段是所有后续自我发展的前提条件。

乌罗波洛斯象征出现在意识的起源之初，先于自我的发展。在最后，当自我被自性的发展或个性化取代时，相同的乌罗波洛斯象征再次出现了。当普遍的对立法则不再占据主导地位，且吞噬或被世界吞噬不再是头等大事时，乌罗波洛斯象征将以曼荼罗的形式重新出现在成人的心灵中。

现在，生命的目标是让自己独立于世界，让自己与它分开，并自成一体。在新的方向，乌罗波洛斯的专制特征会作为一个积极象征出现。神经病患者的乌罗波洛斯乱伦和他的普累若麻固着使他没有能力脱离自己的根源，也拒绝降生到世界上。相反，曼荼罗和乌罗波洛斯象征意义出现在成熟之人身上，意味着，他必须再一次挣脱这个世界——因为现在，他已经对它"心生厌恶"，并苏醒过来。经由一个新的过程，他脱离了这个世界，正如他不得不带着新生的自我进入这个世界一样。

因此，乌罗波洛斯的"完美"形象——仍存在于原始人和儿童的无意识世界中心①——同时是后半生的中心象征，是被我们称作自我塑造或中心化倾向（controversion）的发展趋势的核心。圆形的曼荼罗象征既在开始处又在结尾处。在开始处，它以神话中的天堂形式出现；在结尾处，它又表现为天国中的耶路撒冷。这种环形完美形状的中心辐射出交叉的十字，在其中，对立面处于静止状态。从历史的角度说，它既是很早出现的象征，又是很晚才出现的象征。人们在石器时代的圣殿里发现过它。它是天堂，四条河流以它为源头。而在迦南神话中，它是伟

---

① 参见最早的儿童图画中环形所扮演的角色。

的埃尔神所在的中心点,"在河之源,在两海之源的中心"。①

于是,乌罗波洛斯——在所有时代和文化中都有迹可循——被呈现为个体心灵发展的最新标志,象征着心灵的圆形、生命的完整性和完美性的重新获得。它是变形和启蒙之地(见图12),也是神话的起源之地。

图12 九天使。《认识上帝之道》中的微型画,宾根时期的圣·西尔德加德,一件12世纪的手稿。(前威斯巴登拿骚图书馆,毁于二战期间。摄影:图书馆。)

因此,乌罗波洛斯的大圆拱悬于人类生命之上,环绕着他最早的童年,最后,又变换了形式再次接受了他。同样,在他的个体生活中,普遍统一的普累若麻也可以在宗教体验中被找到。在神秘主义中,乌罗波洛斯的自我重入(self-reentrant)形象被呈现为"神性的海洋",这里

---

① 奥尔布莱特(Albright),《以色列的考古学和宗教信仰》(*Archaeology and the Religion of Israel*)。

通常存在着自我的死亡、一种狂喜的臣服，这与乌罗波洛斯乱伦等同。但是，当"死而复生"（Stirb und Werde）的重生的法则——而不是自我死亡的狂喜——占据上风时，当重生的主题压倒死亡的主题时，这便不是退行，而是一个创造过程了。①我们将在别处详细论述它与乌罗波洛斯阶段的关系，因为创造过程和病理性过程的区别在深度心理学中至关重要。

对这两种过程来说，以乌罗波洛斯作为起源象征都是适当的。在创造现象中，而不仅在宗教现象中，圆形无始无终的形象代表了重生的海洋和高级生命之源。然而，这个形象和那个执着的环形、那个阻止神经症诞生的环形是同一个。于是，它不再是乌罗波洛斯的原始形象，而是在自我发展更充分的情况下，更进一步的阶段，即乌罗波洛斯统治自我的阶段，或者说大母神阶段来临的象征。

---

① 见拙作《神秘的人》（*Der mystiscne Mensoh*）。

大母神

乌罗波洛斯统治下的自我

当自我开始从对乌罗波洛斯的认同中浮现出来，结束与子宫的胎儿期的联结时，它便对世界采取了一种新的态度。个体对世界的看法随着他的发展阶段不断改变，各种各样的原型和象征、神祇和神话，不但表现了其变化，也是这种变化的工具。脱离乌罗波洛斯意味着自我的诞生，它落入了低级的现实世界，而这里充斥着各种危险和不适。初生的自我开始觉知痛并快乐的品质，并从中体验到自己的苦与乐。世界也因此变得矛盾。无意识的自然生命，也就是乌罗波洛斯的生命，结合了最无意义的毁灭和最具意义的、至高无上的本能创造力。因为有机体意义深远的联合就像吞噬它的癌症一样"自然"。上述情况也适用于乌罗波洛斯之内的生命联合。乌罗波洛斯就像沼泽一样，在一个无尽的循环中周而复始地繁殖、生殖和弑杀。人类清醒的自我所体验到的世界就是巴霍芬（Bachofen）所描述的母权世界，以及这个世界里的母神和命运女神。邪恶的吞噬之母与慷慨给予情感的好母亲是伟大的乌罗波洛斯母神的两面性。这个大母神，便是这一阶段的主宰。

这种日益增长的矛盾同样也带来了部分自我对原型的矛盾态度。而自我就蕴含在原型的力量中。

无意识吞没性的力量，即其吞噬和毁灭面向——在无意识之下可能会显现自身——被比喻为邪恶母亲。她们可能被比作嗜血的死亡女神、瘟疫、饥荒、洪水和本能力量，也可能被看作导致毁灭的甜蜜诱饵。但是，作为好母亲，她是丰饶的和丰盛的；她是生命和幸福的施予者，是哺乳宙斯的羊角，是多产的子宫；她是人类对世界之深度和美丽的本能体验，是人类自然母亲的良善的本能体验。自然母亲每天都会兑现救赎和复苏的承诺，给予新的生活和新的生命（见图11、图13、图14）。

图13　马图塔，伊特鲁里亚，公元前5世纪。（佛罗伦萨，考古博物馆。摄影：阿里纳利。）

图14 伊西斯之前的王。埃及，塞提一世神庙，阿布多斯，第十九王朝，公元前14—前13世纪。（摄影：A.斯大利。）

与这一切完全不同的是，自我—意识，即个体，仍然是脆弱而渺小的。个体觉得自己是一颗微乎其微、毫无抵抗力的尘埃，四面受敌，无依无靠，像一个漂浮在无边的原始海域中的小岛。在这个阶段，在无意识存在的洪流中，意识还没有找到任何坚实的立足点。对于原始的自我而言，一切仍然被包裹在深渊中。在这个深渊的涡流中，它随波逐流，没有任何分离感，没有力量对抗神秘存在的漩涡。它一次又一次受到里外夹击，被无情地吞没。

原始人暴露在世界和无意识的黑暗势力之下，因此，他必然会感到自己的生命处于持续的危险中。在原始人的心灵宇宙中，生命充满了危险和不确定性——外部世界很可怕，满是疾病和死亡、饥荒和洪水、干旱和地震，当它被人们称作"内在世界"的东西玷污时，它的可怕还会被过分地夸大。世界由偶然和非理性主宰，而缺乏因果知识会加剧原始人对世界的恐惧感。死者的灵魂、恶魔和诸神、女巫和魔法师使得这些恐怖更加难测。这些存有的作用方式是无形的，它们无所不在的影响力体现在恐惧、情绪失控、狂躁、心理疾病的蔓延中，体现在欲望、杀人冲动、幻象、做梦和幻觉的季节性出现中。然而我们需要知道，就算在今天，西方人的意识发展水平已经相对较高，他们对世界的原始恐惧仍十分巨大。我们也必须去了解原始人对世界的恐惧以及他们的危机感。

儿童同样能感知对这种不可名状的潜伏力量的恐惧。儿童尚不能有意识地定位和辨别，他们与每件事对抗，仿佛这是一次破坏性的创新；他们去探索世界和人类的每一个幻想。在儿童那里，原始恐惧挥之不去。这种恐惧来自外部世界，被内在世界污染，并因为投射而变得神秘，就像我们在精神动力的世界和精灵的世界看到的那样。这种恐惧表现出了意识出现时的情形。那时候，渺小而脆弱的自我意识只身对抗着整个宇宙。客体世界和无意识世界的至高无上是一种不得不被接受的体验。鉴于此，恐惧感在儿童心理中是一种正常现象。虽然随着意识力量的增强，恐惧会不再适用，但它同时为这种发展提供了一种超个人刺激。自我成长和意识进化中的重要成分——文化、宗教、艺术和科学——的驱动力都是对这种恐惧的克服，其方法是赋予恐惧一种具体的表达方式。因此，把恐惧贬低为个人或环境因素并试图以这种方式来消除它，是十分错误的。

因为婴儿期的自我不辨方向，所以痛苦—快乐体验是不可分的，或者说体验对象或多或少染上了两者的色彩。对立面没有分开，自我因此必须充满矛盾地面对所有物体，这会唤起恐惧感和无能感。世界是乌罗波洛斯式的，是至高无上的，无论这种乌罗波洛斯式的至高无上是被体验为世界还是被体验成无意识，是被体验为某人所处的环境还是某人自己的身体。

乌罗波洛斯在自我意识婴儿期的支配作用被巴霍芬描述为母权时期，而且，与这一时期相关联的所有象征仍然会出现在这一心理阶段。我们必须再次强调的是，"阶段"（stage）一词指的是结构层次，而不是历史时代。在个体的发展中，也可能在集体的发展中，这些层次并非按照顺序向上堆积。相反，就像地球的地质分层，早期层次会被堆到顶端，而较晚出现的层次位于最下面。

我们不得不考虑一下，稍后一些时期，男性发展和女性发展之间的差别。然而，有一件事情也是确定的，它是一个基本规律：在女性身上，意识也具有一种男性特征，虽然这种说法似乎是矛盾的。"意识白昼"与"无意识黑夜"的关联性不仅适用于任何性别的人，也不会被这一事实改变：精神——本能的两极性在男人和女人中，是按照不同的基础来安排组织的。意识，就其本身而论，是阳性的。这一点在女人身上也不例外。与此同时，无意识是阴性的，在男人身上也是如此。①

巴霍芬的母权时期代表着自我意识尚未发展的阶段，自我意识仍然嵌入了自然和世界。因此，乌罗波洛斯法则也与土地和植物的象征意义占主导地位有关。

> 不是土地效仿女人，而是女人效仿土地。古人会把婚姻看作一件农事，所有婚姻规则中的术语都源于农业。②

巴霍芬回忆柏拉图的话，说道：

> 在生产和繁殖中，女人并没有为土地树立榜样，相反，土地倒

---

① 这一点与荣格的观点并不矛盾。荣格认为，女人的自我具有女性特征，而她的无意识具有男性特征。女人的英雄斗争的战斗面向——或者用分析心理学的话来说，她的"阿尼姆斯"——得益于她男性化的意识，但是对她而言，这种斗争不是唯一的，也不是最后一个。然而，这里所说的"母权意识"的问题却只能在我关于女性心理的作品中来处理。

② 巴霍芬（Bachofen），《原始宗教和古象征》（*Urreligion und antike Symbole*），第二卷。

是女人的榜样。①

这些说法体现了超个人因素的优先性，以及个人因素的派生性。甚至婚姻——这与性相关并处于其对立面的法则——也源于母权时期的土地法则。

在这一阶段，食物的象征意义和与之对应的器官占据着最重要的位置。这就解释了大母神文化以及她们的神话为什么会与繁殖和成长（特别是与农业）息息相关，为什么会与食物领域（这是物质和身体的领域）密切相关。

母性乌罗波洛斯阶段的特征是母亲与孩子的关系，母亲是孩子养分的提供者（见图11）。与此同时，这也是一个历史时期，人类对土地和自然的依赖在这个时期达到了顶峰。联结这两个面向的是自我和意识对无意识的依赖。"儿童—男人—自我—意识"依赖于"母亲—土地—自然—无意识"，这一顺序表明了个人与超个人的关系，以及彼此之间的依赖关系。

这一阶段的发展受控于母神和圣婴（见图13）意象。它强调了儿童贫乏无助的天性和母亲的保护性。她化身为羊哺育着克里特岛的男孩宙斯，并保护他免受父亲的吞噬；当男孩荷鲁斯被蝎子蜇伤时，是女神伊西斯让他重新苏醒过来；玛丽亚保护还是孩子的耶稣逃出希律王的魔爪；勒托把她与神生下的孩子藏起来，使他们不被心怀敌意的女神所伤。儿童是大母神的陪伴。他是孩子，又是食人鱼卡比尔，他站在她的脚边，是她的附属物。对于年轻的神而言，大母神就是命运。那么，对孩子来说，他的天性就是成为母亲身体的附属物。这种命运是可想而知的。

---

① 柏拉图，《美涅克塞努篇》（*Menexenus*）。

在"前人类"（prehuman）象征中便有对这种关系最生动的呈现。母亲是海洋、湖泊、河流，而孩子是一条鱼，在封闭的水域中畅游。①

小荷鲁斯是伊西斯的儿子，雅辛托斯、厄里克托尼俄斯、狄俄尼索斯和墨利克尔忒斯是伊诺的儿子，除此之外，还有许多爱子也身处万能的母神的保护之下。对他们来说，她仍是仁慈的生育者和保护人，是年轻的母亲，圣母玛利亚。这里没有冲突，因为孩子最初被包含在母性乌罗波洛斯中，是一种不间断的极乐状态。成年自我会把圣母玛利亚和这一婴儿期联系起来，但是婴儿期的自我还不具备中心意识，它仍然能够感受到母性乌罗波洛斯无形的普累若麻特点。

然而，孩子会遭受和他青春期爱人相同的命运：被杀死。他的牺牲、他的死亡和他的重生是所有儿童祭祀仪式的中心。从生到死、从死到重生，儿童对应着植物在一年四季的兴衰循环。化身为母羊、奶牛、母狗、母猪、母鸽或母蜂②的大母神哺育着克里特岛的小孩宙斯。虽然宙斯每年都会诞生，只是为了每年都能再次死去，但是这个男孩不仅是植物，还是光明：

> 有个神话告诉我们，孩子每年都会诞生。虽然这个神话被记录下来的时间稍晚，但就其原始性质来说，它是本源性的。它谈到了光，每年"宙斯诞生，血液流动时"，一个山洞就会放射出光芒。③

虽然小孩的命运是作为祭品被杀死，但是与青春期爱人不同，这

---

① 《剑桥古代史》（The Cambridge Ancient History），第一版。
② 尼尔森（Nilsson），《希腊人》（Die Griechene），出自索塞耶（Saussaye），《宗教史》（Lehrbuch der Religi-onsgeschichte），第二卷。
③ 尼尔森，《希腊人》。

不是悲剧。在重归致命母神——罗马的"mater latum"时，他会找到庇护和安慰，因为大母神会怀抱小孩，无论是在他生前还是死后。①

在意识开始进入自觉意识（self-consciousness）这一阶段，即当自我辨识出自己是一个分离的个体自我时，母性的乌罗波洛斯就会化身为黑暗而可悲的命运夺去它的光彩。感觉到时光短暂和必死性、感觉到无力和孤独，现在，乌罗波洛斯的自我图像已罩上了一层阴影，这与最初的满足形成了鲜明的对比。鸿蒙初辟时，觉醒状态只会让脆弱的自我意识感到疲惫不堪，而睡眠是极乐，因此，它后来会兴高采烈地臣服于乌罗波洛斯乱伦，并回到大圆中。现在，这种回归变得越来越困难，它越来越反感自己这样，因为它自己想要成为一个独立存在的要求已经越来越迫切了。对意识的曙光来讲，母性的乌罗波洛斯变成了黑暗和夜晚。时间的流逝和死亡问题变成了最主要的生命感受。巴霍芬把母亲所生的孩子——他们知道他们源于大地和母亲——描述为有"悲伤的天性"，

---

① 荣格和凯伦依的著作《神话学随笔》（*Essays on a Science of Mythology*）为我们的研究提供了重要的补充。然而，在这里，我们有必要提出几个重要的观点。凯伦依处理科尔—得墨忒尔神话的部分，就我们对女性心理，以及女性心理阶段发展的偏离所做的研究而言，具有极其重要的意义。我们会在这里充分地讨论。我们采取的步骤，是从进化的角度检视一个既定的原型群，但这种"生物学上的"方式正是凯伦依所排斥的。毫无疑问，每种原型都无时间性，因此是永恒的，比如上帝。所以，圣童不会变成神圣的青年人。相反，二者没有任何关联，是并存的，是一种永恒的概念。然而，诸神却"成长变化"着；他们有自己的宿命，并因此有了他们的"个人变迁史"。永恒性的这一进化面向被当作真实性的一方面，我们把儿童阶段称作从乌罗波洛斯到青春期的过渡，并没有阐述其独立的存在。从这种意义上说，荣格和凯伦依的作品极大地丰富了我们的主题。

在儿童原型中，意识自我仍没有完全与无意识自性分离，每时每刻，我们都可以看到它被包含在乌罗波洛斯（也就是原始神祇）中的痕迹。荣格因此提到了"儿童的雌雄同体性"，以及"儿童既是开始又是结束"。"不可战胜的儿童"不仅表达了所向披靡的神性（即乌罗波洛斯）之所在，也表达了新发展的不可战胜性。作为光明与意识，儿童所代表的也正是这种新发展。这两种因素都属于圣童的永恒性。

然而，随着"放弃"现象的出现，我们进入了儿童的历史宿命。在这里，儿童的分离、分化和独特性得到了强调，同样，宿命中与原初父母的对立也得到了强调，因为这决定了儿童的个人发展，也决定了人类的精神进步。

因为腐烂和必死性是乌罗波洛斯的一面，而它的另一面意味着出生和生命。世界之轮、时间的梭子、"命运三女神"和生死之轮，所有这些象征都表达着悲伤，而这种悲伤支配着青春期自我的命运。

在这第三阶段中，自我的胚芽已经获得了一定程度的自主权。胎儿期和婴儿期已然完结。尽管青少年不再以儿童的身份对抗乌罗波洛斯，但他仍然未能摆脱其从属地位。

自我的发展与那个与它产生关联的客体之高度的可塑性表现是相关的。人体有一个形式，而母性的乌罗波洛斯是未成形的。现在，大母神成功地继承了它的样子。

在大母神以雌雄同体的形式受到祭拜的地方，其乌罗波洛斯特征都尤为明显，如塞浦路斯和迦太基的胡须女神。[①]女人如果长了胡须，或长着男性生殖器，那么她的乌罗波洛斯特征也暴露无遗：她的男女特质还未分化。只有在后来，这种雌雄混合体才被有明确性别特征的形象取代，因为其混合与矛盾的特征只代表了最初阶段，此后，对立面将渐渐分化。

因此，婴儿期的意识时常会察觉到它与母体的联结和对母体的依赖，因为它来自这个母体，后来才渐渐变成了一个独立的系统；意识变成了自觉意识（self-consciousness），一个会反思的自我，它会注意到自己是意识的中心。甚至在自我成为中心之前，同类的意识就已经出现了，正如我们可以在自我意识还没出现的婴儿身上观察到意识行为一样。但是只有当自我把自己体验为与无意识不同的存在时，胎儿期才会结束。而且只有这样，一个完全代表其自身的意识体系才能形成。意识—无意识关系的这一早期阶段会体现在母神神话和母神与儿子—情人

---

① 普祖鲁斯基（Przyluski），《母神文化的起源和发展》（"Urspriinge und Entwicklune des Kultes der Mutter-Gottin"）

的关系中。近东文化中的阿提斯、阿多尼斯、塔木兹和奥西里斯形象[①]不仅是母亲的儿子，还是母亲的情人。情人这一面向令儿子的形象相形失色：他们为她所爱，为她所杀，被她埋葬，被她哀悼，并通过她得到重生。儿子—情人的形象是出现在胎儿期和儿童期之后的，这时，他从无意识中分化出来，这再次确定了他的男性特质，他几乎成了母亲无意识的伴侣。他既是她的儿子又是她的情人。但是，他还不够强壮，不足以与她对抗，所以他在死亡中向她屈服，被她吞噬。

于是，他深爱的母亲变成了可怕的死亡女神。她始终与他玩着猫鼠游戏，她甚至左右着他的重生。当这个死去的神再次复苏时，在他与土地和植物的繁殖力联结的地方，大地母亲的至高权力再明显不过了，而他的独立性是可疑的。男性原则还不能成为父性倾向，与母性—女性原则抗衡。它仍然稚气未脱，一场远离起源之地和婴儿期的关系的独立运动才刚刚开始。

巴霍芬这样概括这些关系：

> 母亲比儿子出现得更早。女性拥有优先权，而男性创造力只是在后来才出现的，是一种附属现象。女人先出现，但男人是"变成的"。最初的基础是土地，是基本的母性实质。可见的受造物从她的子宫中被创造出来，随后才有性别的分化，然后男性形式从存在中出现了。因此，男性和女性不是同时出现的。他们出现的顺序不同……女性居于首位，男性仅仅源于她。他是有形却不停改变的受造世界的一部分。他仅以易消亡的形式存在。女人的存在是永恒的、自足的、不可改变的；男人是进化的，受制于不断的衰退和腐败。因此，在物质领域，男性法则是次级的，它从属于女性。女权

[①] 弗雷泽（Frazer），《金枝》（*The Golden Bough*），缩节版，1951。

统治的原型与合理性就在于此；永恒的母亲这一古老的观念也扎根于此，虽然她与终有一死的父亲结合。她亘古不变，但男人世世代代不断繁衍。大母神亘古不变，但与她结合的男人常换常新。

大地母神创造了有形之物，而这个有形之物把自己塑造成了祖先。阿多尼斯，这个每年都会毁灭及复生的自然世界的意象，成了"爸爸"，他是自己唯一的父亲。普图鲁斯也是如此。作为德墨忒尔的儿子，普图鲁斯是有形的受造世界，他不断地更新着自己。但是作为潘妮娅的丈夫，他是父亲和生产者。他既是财神，浇灌着大地的子宫，又是财富的赠予者。客体和主动潜能、创造者和受造物、原因和结果集于一身。但是男性力量最初的显化采用了"儿子"这一形式。我们从儿子推断出父亲。男性力量的存在和本质只有在儿子身上才明晰可见。这就决定了男性原则对母亲的从属地位。男人是作为受造物出现的，而不是创造者；他是结果，而不是原因。母亲的情况则恰好相反。她产生于受造物之前，她是原因，是生命最初的给予者，而不是结果。她不是受造物之果，她有其独立的意义。一言以蔽之，女人首先作为母亲而存在，男人首先作为儿子而存在。

通过自然神秘的变形，男人由女人产生。这个变形不断地在每个男婴的降生中重复。在儿子中，母亲变形为父亲。然而，公羊只是阿佛洛狄忒的附属物，受制于她并为她所用。当一个男人诞生于一个女人的子宫时，母亲自身也会对这个离奇出现的新东西感到惊奇。因为她认出了他是她的儿子，是那个令她产生孕育力量的意象。她兴奋不已地打量着他的四肢。男人变成了她的玩物，而羊是她的坐骑，男性生殖器官是她形影不离的伴侣，因此，西布莉逼疯了阿提斯，狄安娜将维比厄斯变成了侏儒，阿佛洛狄忒也把法厄同偷来看守神庙。母性的、女性的、自然的原则处处占据着优势；男性原则是次要的，靠易腐的形式维持自己，只是一种不断变化的副现象。因此，男性原则必须臣服于女性原则。所以，得到圣盒的是德墨忒尔。

母神选择了这位年轻男子做她的情人，他虽然可能让她受孕，他们甚至可能生出神祇，但是事实上，他们仍然只是大母神的男宠，就像侍奉蜂王的雄蜂，一旦完成受精义务就会被杀死。

鉴于这一原因，这些年轻的伴侣神祇总是以侏儒的形式出现。在塞浦路斯、埃及和腓尼基——在大母神统治的所有地区，受到崇拜的俾格米人，会像狄俄斯库里、卡比利和达克堤利一样展示他们的男性生殖器特征，就连哈尔波克拉特斯也是如此。那条随侍的毒蛇——暂且不讨论它的神圣性——也是富有繁殖力的男性生殖器的象征。这就是大母神常常被与蛇联系起来的原因。蛇也是女人的伴侣，这一现象不仅出现在特里克—迈锡尼文化和其希腊文化分支中，而且可以回溯到埃及、腓尼基、巴比伦，以及圣经故事的天堂中。

人们发现，在乌尔和乌鲁克，在最底层的考古挖掘物中，古老的母神和她的儿子，两者的原始肖像都长着蛇头。①最古老的母神的乌罗波洛斯形式就是蛇——大地、深渊和地府的情人，这也是为什么依附于她的孩子仍然和她一样是蛇。随着时间的推移，两者都变得更像人类，但是蛇头被保留下来。随后，发展路线出现了偏离。人形的圣母玛利亚和她的孩子已是彻头彻尾的人形，在此之前，母亲是人形，而与之相伴的蛇呈现出孩童或男性生殖器的样子。当然也有人类孩童带着蟒蛇的情况。

乌罗波洛斯是一条衔尾蛇，如巴比伦的提亚玛特（Tiamat）和混沌

---

① 威廉二世（Kaiser Wilhelm II），《戈耳戈研究》（*Studien zur Gorgo*）；柴尔德（Childe），《远古东方之新探索》（*New Light on the Most Ancient East*）。

蛇，或者利维坦（Leviathan）。利维坦是海洋，"用他的海浪腰带缠绕住大陆"①，然后分开，或被分开，成了两部分。

当大母神呈现人的模样时，乌罗波洛斯的男性部分——像蛇一样的男性生殖器（魔鬼）——出现在她的身边，它是乌罗波洛斯原始雌雄同体的残留。

现在，这些长着男性生殖器官的年轻人，这些植物神，不仅是繁殖之神。就像土地中长出来的东西一样，他们本身就是植物。他们的存在让土地更加肥沃，但是当他们成熟时，他们就必须被杀死，被收割。大母神和谷穗——她的谷物儿子，就是一个原型。这种原型的力量涉及厄硫西斯（Eleusis）、基督教的圣母玛利亚和谷神的神秘宗教仪式。在这些仪式中，用小麦制成的儿子身体会被吃掉。隶属于大母神的年轻人是春之神，为了让大母神哀悼他，并获得重生，他必须死亡。

所有母神的情人都有某些共同点：他们都很年轻，拥有令世人瞩目的美貌，十分可爱，当然他们还非常自恋。他们是娇美的花朵，以海葵、水仙花、风信子或紫罗兰为象征。如果依照显著的男性—父权心态，我们更愿意把这些花与年轻的女孩子联系起来。对于这些年轻人，我们唯一可以说的是，不管他们姓甚名谁，他们都会利用自己美丽的外表取悦好色的女神。与神话中的英雄人物不同，他们不但毫无力量和特点可言，而且缺乏个性和主动性。从各种意义上来说，他们都是热情体贴的男孩，其孤芳自赏的自我仰慕（self-attraction）是有目共睹的（见图15）。

---

① 贡克尔（Gunkel），《原始及末世的创造与混沌：创世纪第一章及启示录第十二章的宗教历史研究》（*Schopfung und Chaoi*）。

图15 阿佛洛狄忒和安喀塞斯。青铜浮雕，帕拉米夏，希腊，公元前4世纪。（伦敦，大英博物馆。摄影：博物馆。）

那喀索斯（Narcissus）神话很清楚地说明了这种对自己身体的深深迷恋。这一青春期阶段的显著特点是自恋人格以及对男性生殖器的自恋强调，并将之当作身体的象征。

对男性生殖器繁殖能力的膜拜，比如与阳具崇拜有关的性放纵，在各地的大母神中都十分典型。对年轻的男性生殖器官和它生机勃勃的性行为来说，春天的丰收庆典和仪式是神圣的。或者，我们将这句话反过来说会更精确一些：年轻神祇的阳具对大母神来说是神圣的。最初，她对这个年轻的神祇不以为意，却挂念着他身上的男性生殖器官。[①]只有在后来，随着二次个体化的发生，伴随着可怕的阉割仪式，初级的繁殖圣礼才被这种爱的主题替代。但是，可以为社群保障土地繁殖力的非个人和超个人仪式并没有出现，相反，我们有了与人类有关的神话。只有在这之后，我们才听说了男神或女神与凡人一起冒险的故事，最后才有

---

① 此种繁殖节日最早出现在新石器时代西班牙科古尔地区的图像中。出自赫尔内斯（Hoernes），《欧洲原始社会的图像艺术》（*Urgeschlchte der bildenden Kunst in Europa*）。它展示了九个女人围着一个长有男性生殖器官的年轻人载歌载舞。如果不是巧合，那么数字九就是对生殖性的进一步强调。

了更切合现代的人格心理的浪漫小说和爱情故事。

在这些狂欢盛宴中，年轻神祇和他的阳具扮演着核心角色。这些盛宴与随后仪式性的阉割和杀戮形成了残酷的对比。这种对比在原型层面定义了青春期自我的状况——它处于大母神的控制之下。虽然这种状况有其历史性，属于文化范畴，但是我们必须从自我的心理进化角度来理解它。大母神与儿子—情人的关系是一种原型上的状态，就算在今天，这种原型状态仍然在运作，而且，战胜它是自我意识进一步发展的前提条件。

这些花样少年并不强壮，所以他们不能抵御和挣脱大母神的力量。与其说他们是情人，不如说他们是宠物。这位欲火熊熊的女神，为自己挑选出这些男孩，然后挑逗起他们的性欲。主动权从来不在他们身上。他们一直都是受害者，像可爱的花朵那样被采摘，然后死去。青年在这个阶段毫无阳刚之气可言，也没有意识，更没有高级的精神自我。他自恋地认同于自己的男性身体和其显著特征——阴茎。大母神只爱他的生殖器，通过阉割来占有它，让自己变得富饶和多产。他自己也如此认同自己的生殖器官，他的命运完全由他的生殖器官决定。

这些青年的自我是虚弱的，没有个性，因此，他们的命运是集体性的，而不是他们自己的。他们还不能被称为个体。因此，他们还不是个体性的存在，而只是一种仪式性的存在。同时，母神是不会与个体相关联的，她只会和作为原型形象的青年联系在一起。

他们通过大母神重生，这是她的疗愈性和她的正向作用，但就算从这个意义上说，通过大母神获得重生仍然是"不相干的"。获得重生，而且知道自己会重生的不是一个自我，更不是自己或一种人格。重生是一个普遍性的事件，无特色可言，和"生命"一样普遍。从大地母亲或大母神的角度看，所有植物都一样，每个新生命都是母亲的宠儿。它们会出现在每一个春天，它们的每一次降生也并无不同，就像她自己亘古不变一样。但是这仅仅意味着，对她来说，新生物是一种重生物，每个心爱之物都一样，都是被她爱着的。无论女神是与具有繁殖能力的国王、父亲、儿子、孙子，还是与她的大祭司进行仪式性的结合，对她来说都没有分别，因为她的性结合只意味着一件事：无论拥有男性生殖器的是谁，结合才是唯一重要的事。同理，在她的女祭司——这些神圣的妓女——体内，她是一个多重的子宫，但是在现实中，她就是她自己，唯一的女神。

大母神同时是一名处女。当然，这不同于父权社会中所说的处女，在父权社会中，处女被误认为贞洁的象征。但是，恰恰是因为大母神的繁殖力，她才成为一名处女，也就是说，她与任何男人都没有关联，也并不依附于他们。① 在梵文中，"独立的女人"（independent woman）与"妓女"（harlot）是同义词。因此，不依附于男人的女人在古代不仅是一个普遍性的女性典型，而且是神圣的。古希腊亚马孙女战士就以独立著称，代表并负责土地的繁殖力的女人也是这样。她是所有已出生或将出生之物的母亲。她渴望男性，仅仅因为他是达到目的的手段和方法，是阳具的携带者。所有阳具祭礼——它们总是无一例外地由女人来执行——都提到同一件事：繁殖媒介的力量不具有个人特征，阳具是独立的。人类元素，即个体，只不过是其携带者。这个携带者是暂时的、可替换的，但阳具是不会消失的，也不能被替代，因为它从来就是同一个（self-same）阳具。

因此，繁殖女神既是母亲又是处女，这位交际花既不属于任何男人又做好了献身于所有男人的准备。只要是像她一样愿意为繁殖效劳的人，她都愿意接受。他关注她的子宫，为她所用，她就是伟大繁殖原则的神圣代表。"新娘的面纱"应该在这种意义上被理解：它是妓女（kedesha）的象征。她是"不具名的"，也就是说，是无个人特点

---

① 哈丁（Harding），《女人的神秘宗教仪式》（*Woman's Mysterie*）。

的。"揭开面纱"意味着变成裸体，但这只是不具名的另一种形式。女神，这个超个人因素，始终才是真实而有效的要素。

这位女神的个人化身，也就是说，这位特殊的女人，是无足轻重的。对于男人来说，她就是一个"妓女"，一个神圣的妓女（kadosh＝神圣），她是在性行为中唤起他存在的更深层部分的女神。约尼（yoni，阴户）和林伽（lingam，阳具）、女性和男性，是两种法则，它们的结合是神圣的，超越了个体。在这个神圣性中，个人被隐去了，个人是无关紧要的。

这些青年代表着春天，从属于大母神。他们是她的奴隶，是她的财产，因为他们是她产下的儿子。因此，那些被选作母神的牧师和祭司的人都是"去雄花"（阉人）。他们为她牺牲了她最看重的东西——阳具。因此，阉割现象与这个阶段是相关联的，就其本意来说，这一现象首次出现在这个阶段，因为这与生殖器官有明确的关系。阉割威胁伴随着大母神的出现到来，是致命的。对她来说，爱、死亡和阉割是同一件事。只有牧师才能死里逃生，至少在晚一些时候是如此。因为，通过阉割自己，他们心甘情愿地为了她象征性地死去（见图16）。①

---

① 为了避免误解，我们必须强调，当我们在讨论中提及阉割时，指的是一种象征性的阉割。童年阶段不会获得真正意义上的阉割情结，这与具体的男性生殖器官没有关系。

在儿子—情人阶段以及在他与大母神相关联的阶段中，男性生殖器官是被强调的。也就是说，青春期少年的活动以男性生殖器为象征，他的世界受控于繁殖仪式。因此，他被毁灭的危险与一种阉割象征紧密相关，而人们会在仪式中实实在在地实行这种阉割。但是阉割的象征意义必须放在一般意义上来理解，就算在与生殖器相关的青春期（这是这一术语的来源）也是如此。无论是在前生殖器阶段，还是在后来的后生殖器的、男性的和英雄的阶段，我们都发现了这种情况。同样，后期阶段出现的失明也是一种象征性的阉割。负面的阉割象征典型地表现了无意识对自我和意识的敌意，但它又与正面的牺牲象征密切相关。牺牲象征代表着自我对无意识的主动奉献。这两种象征——阉割和牺牲——在"臣服原型"（archetype of surrender）中结合在一起，而臣服可以是主动的，也可以是被动的，可以是积极的，也可以是消极的，并在各个发展阶段支配着自我与自性的关系。

图16 玛格那玛特的祭司。浮雕，罗马，公元前1世纪。（罗马，卡比托利欧博物馆。）

青少年自我阶段的一个最基本的特征是，女性——就其大母神的面向而言——被体验为有着负面的魅力。有两个特点特别普遍，而且经常被提到：第一个是大母神嗜血和野蛮的天性，第二个是她作为女巫和女法师的力量。

从埃及到印度，从希腊、小亚细亚到最黑暗的非洲，大母神都受到崇拜，她总是被看作狩猎女神和战争女神。她的仪式是血腥的，她的节日是放纵的。这些特点从根本上说都是相互联系的。这一"血腥层次"深植于伟大的大地母亲，这个说法使人更容易理解为什么她所爱的青年会惧怕阉割。

土地的子宫大声呼喊着需要施肥，血腥的祭品和尸体是她最爱的食物。这是一个可怕的面向，是土地特征中致命的一面。在最早的生殖祭礼中，受害者被当作祭品杀死，他们血淋淋的碎片被当作珍贵的礼物分发给大家，也供奉给土地，以使其更加肥沃。人类作为生殖祭品，这种事发生在世界各地——如在美洲或东地中海的仪式中，在亚洲或欧洲北部的仪式中，都曾出现过——虽然它们彼此独立。血液在各地的繁殖仪式和人祭中都扮演着主要角色。"未有死，焉有生"，这个伟大的生存法则早已被人们了解，而且早些时候的仪式已经表现出这种倾向，这意味着只有以死亡为代价才能"买下"生命。但是到后来，"买下"一词被虚假地合理化了。屠杀和牺牲、肢解和以鲜血祭奠，都是土地繁殖力的神奇保障。我们说这些仪式残忍无比，其实是一种误解，因为对早期的文化而言，甚至对受害者本身而言，这一系列事件都是必要的和不证自明的。

　　女人与血液以及繁殖力的关联，十有八九表现在孕期的停经中。在古老的观点中，这意味着胚胎已经成形。[1]这一凭直觉感知到的联系是血液和繁殖力关系的基础。血液代表富饶和生命，正如流血代表生命的逝去和死亡一样。因此，流血最初是一件神圣的事，无论流血的是野兽，还是家禽，或者是人类。土地想要变得肥沃就必须啜饮血液，因此，人们用鲜血来祭奠，以增强土地的力量。但是，女人的血更具效力。她有某种"血液魔法"，能够促进生命的成长。因此，这个女神通常也是繁殖、战争（见图17）和狩猎的能手。

---

[1] 这一观点在古代极为盛行，甚至存在于后来的各文化阶段中，比如犹太人的传说中和印度教文献中。

图17 战神伊希塔。阿鲁巴尼尼王的朱印,哈扎−格里,巴比伦王国,公元前2500—前2000年。(雅克·德·摩根,《波斯语研究》。)

如果不考虑印度,大母神的矛盾性格在埃及表现得最为突出。埃及的伟大女神们——她们被称作尼斯(Neith)或哈索尔(Hathor)、巴斯特(Bast)或穆特(Mut)——不仅是给予和维持生命的滋养女神,而且是野蛮女神、嗜血女神和毁灭女神。

尼斯是天国中的奶牛,也是首位生命的给予者,是"太阳的母亲,她创造了生命,是生命的起源"。厄尔曼(Erman)发现,值得注意的是她"在远古时候就特别受女人的尊敬"。① 她是战争女神,是战斗中的引领者。也是这位尼斯神,卷入了与荷鲁斯的争论中,威胁着说:"或者我应该大发雷霆,让天国进攻凡间。"②

无独有偶,身为母亲的哈索尔也是奶牛和乳汁的提供者。她还是太阳之母,特别受女人的崇拜。她还是爱神和命运女神。跳舞、唱歌、

---

① 厄尔曼(Erman),《埃及宗教》(*Die Religion der Agupter*)。
② 厄尔曼,《埃及宗教》。

撞击叉铃、拍打项链、击打手鼓,都适合在她的庆典中进行,这些也证明了她挑衅和纵欲的天性。她是战争女神,或者说是一位嗜血者,她疯狂地掠夺人类。"当你活着时,我胜过人类,这是我心灵的安慰。"① 当她被派来宣判人类的命运时,她这样说道。诸神为了把人类从彻底的毁灭中拯救出来,只好准备了大量鲜红的啤酒,她错把这些红啤酒当作鲜血。"她把这些啤酒喝了下去,味道很不错,然后她醉醺醺地回到家中,不省人事。"

她和友好的猫脸女神巴斯特一样著名。巴斯特发怒时就会变成狮神塞赫美(Sekhmet)。由此可见,狮子崇拜并非如基斯(Kees)②认为的那样盛行于埃及上流社会。狮子是伟大女性神祇之伤害性最美丽和最明显的象征。

同样,塞赫美也是战争女神,她能够喷火。与友好的巴斯特一样,在她的仪式上,人们也用舞蹈、音乐和叉铃来庆祝。但是,她的爪子抓住了一个狮头,"好像在展示这个可怕的头颅同样适合她"。③

在这种联系中,我们会提及母狮神泰芙努特(Tefnut)的故事。智慧之神透特(Thoth)接受了把泰芙努特从沙漠带回埃及的任务。当他责骂她,说她因生气而遗弃了埃及,埃及于是变得荒凉时,她开始哭泣,像"一场暴风雨",但忽然,她转哭为怒,变成了一头狮子。"她的鬃毛燃了起来,冒着浓烟,她的背部像鲜血一样红,她的面容像太阳一样绚丽夺目,她的眼中闪烁着火焰的光芒。"④

陶尔特(Taurt)是一只身怀六甲的巨兽,用后腿跳跃,人们对它

---

① 罗德尔(Roeder),《古埃及的宗教标志》(*Urkunden zur Religion des alien Aegypten*)。
② 基斯,《上帝信仰》(*Gdtterglaube*)。
③ 厄尔曼,《埃及宗教》。
④ 厄尔曼,《埃及宗教》。

的崇拜可以追溯到史前。①陶尔特被描述成一只河马，却长着鳄鱼的后背、狮子的脚和人类的手（见图18）。虽然她作为恐怖母神的一面十分明显，但是她也是女人生育和哺乳时的保护神。后来，她化身为赫莎穆特（Hesamut），对应着母性特征尽人皆知的大熊星座。

图18 河马女神陶尔特，手握前方的保护象征。埃及，托勒密王朝时期，公元前332—前330年。（纽约，大都会艺术博物馆。摄影：博物馆。）

血液在女性禁忌中同样扮演着决定性的作用。从最早的阶段起，直到父权文化和宗教兴起，男人都会因为禁忌而避开所有与女性有关的事项，好像它们是什么神秘事件。月经中流出的血、处女膜破裂流出的血、生产时流出的血都向男人证明了女人与这个领域有着天然的联系。

---

① 基斯，《上帝信仰》。

但是人们隐约能感受到大母神与血液之间的关系，知道大母神掌管着生死，她需要鲜血，也对流血充满了依赖。

我们知道，从史前时期开始，神圣君王所扮演的角色是什么。当权力沦陷，他们不能为国家的繁荣富足提供保障时，他们要么自杀，要么被杀。用于仪式的尸体都被奉献给大母神，为她的繁殖服务。弗雷泽就曾描述过这些仪式的重要意义和广泛分布。在当今非洲，如果神圣的国王集唤雨巫师（rainmaker）、雨水和植物为一体，[①]那么从一开始，他就是大母神的儿子—情人。弗雷泽说道：

> 我们有理由相信，在早期，阿多尼斯会由一个活人假扮，而且这个活人会以神的身份横死。[②]

这是一种保守的说法，因为一切都指向一个事实：古时候的人牲，无论是神、国王还是祭司，都是用来保证土地的肥沃的。

最初，人牲都是男性，他们是繁殖的媒介，因为只有用储藏着生命的鲜血来完成祭奠，繁殖才可能实现。具有女性特征的土地需要男性具有繁殖能力的血液作为种子。

与其他地方不一样的是，我们可以在这里看到女性神祇的意义。对男人和他的意识而言，女性情绪化的、热情的、野性的、放纵的天性是一件可怕的事。女人好色的危险面，虽然在父权时代遭到了抑制、误解和轻视，但在更早的时期，却是一种鲜活的体验。实际上，在青春期进化阶段，对女人好色的恐惧仍然深藏在每个男人心中，每当错误的意识态度将这一层实相压抑进无意识中时，它就会像毒药一样

[①] 塞利格曼（Seligman），《埃及和撒哈拉沙漠以南的非洲》（*Egypt and Negro Africa*）。

[②] 《金枝》，缩节版，1951。

发生效力。

然而，神话告诉我们，女人的野性和杀戮欲从属于更高的自然法则，那就是繁殖法则。纵欲的元素不仅出现在性节日——也就是繁殖庆典——中，也出现在女人自己举行的狂欢仪式中。我们只可能从后来神秘的宗教仪式中了解到这些仪式。在大多数仪式中，人们围绕着被肢解的献祭动物或动物神祇进行狂欢，然后，人们会吞食它们的血。它们为了女人的生殖力而死，进而服务于土地的丰产。

死亡和肢解，或者阉割，是阳具的拥有者——年轻神祇——不可避免的命运。无论在神话中，还是在仪式中，这一点都表现得十分清楚，两者都与大母神崇拜中的血腥狂欢相联系。肢解"季王"（Seasonal King）的身体然后埋葬它，是一种古老的生殖魔法。但是只有把这种"碎片"（disjecta membra）看作一个整体，我们才可以抓住它的本来含义。把阳具保存下来，并进行防腐处理，以保障生育力，是仪式的另一个方面。它们是阉割的补充，并且与阉割一道构成了象征的全部。

在可怕的大地母神原型背后，死亡体验隐约可见。此时，土地拿回了它死亡的后代，分开或分解它们，以使自己更肥沃。这种体验一直被保留在恐怖母神的仪式中。恐怖母神——具体化的形式是土地——变成了食肉者，并最后成了石棺——人类古老的、经年累月的生殖崇拜的遗迹。

从这个层面上说，阉割、死亡和肢解并无二致。它们对应着植物的腐烂，对应着庄稼的收割和树木的砍伐。阉割和树木的砍伐在神话中紧密相关，从象征意义上说，它们是相同的。在弗里吉亚（Phrygian）的西布莉（Cybele）和英俊少年阿提斯（Attis）的神话中，在叙利亚的司爱情和生育的女神阿施塔特（Astarte）的神话中，在希腊的月亮和狩猎女神阿耳忒弥斯（Artemis）的神话中，在几内亚巴塔（Bata）的奥西里斯（Osiris）重生的神话故事中，两者都出现过。它们具有某些相似的特点，比如，阿提斯在一棵松树下阉割了自己，变成了一棵松树，挂在一棵松树之上，并作为一棵松树被砍伐，其意义在这里无法被阐释清楚。

僧侣剃光头发也是一种阉割的象征，而茂密的头发会被当作性功能强盛的标志。男人剃光头是祭司制度的古老标志（见图16），从埃及的大祭司到基督教牧师，再到佛教僧侣，都是以光头示人。虽然各种宗教在观点上存在着巨大的差异，但剃光头发这一点都与禁欲和独身主义相关，也就是说，与象征性的自我阉割相关。在大母神崇拜中，剃发正式扮演着这一部分角色，而绝不只是哀悼阿多尼斯的象征。因此，在这里，砍伐树木、收割农作物、植物腐烂、剃去头发和阉割全都代表着同一个含义。女人牺牲贞操也具有同样的意义。经由交出自己，男信徒成为大母神的私有物，并最终变形并进入她。加迪斯（Gades）的祭司和伊西斯（Isis）的祭司一样，都要剃发，而且，在某种意义上，理发师其实就是阿施塔特的侍从，这一点并不为我们所知。①

在叙利亚、克里特岛、以弗所等地的加里（Galli），被阉割过的大母神祭司们经常穿着女性的服装，这种着装传统也在当今的天主教神父身上保留下来。经由这种方式，他们同样成了祭品（见图16）。男性不但成了大母神的祭品，还变成了她的代表——一位穿上她衣裙的女性。不管是在阉割中，还是在成为她的男宠之后，他都牺牲了他的阳刚之气，这二者只有形式上的差异。如同牧师，阉人也是男圣宠，因为"kedeshim"和"kedeshoth"或女圣宠都是这位女神的代言人，而这位女神的性放纵特点超越了她的生殖力。这些被阉割的祭司在青铜器时代的叙利亚、小亚细亚，甚至美索不达米亚的祭仪中扮演着领头角色。在这些地方，我们发现，这一预设在与大母神相关的所有领域中都发挥着

---

① 皮奇曼（Pietschmann），《腓尼基历史》（*Geschichte der Phonizier*）。

作用。①

死亡、阉割和肢解很危险。这些危险威胁着年轻的情人，不过这一点并不能充分地表现年轻情人和大母神之间的关系。如果她仅仅是可怕的，是一位死亡女神，那么她华美的形象就缺少了让她显得更可怕的某种东西。她同样是极富魅力的。她还是让人发疯和神魂颠倒的女神，是魅惑者和提供快乐的人，是至高无上的女巫。性的魅力和纵酒狂欢在无意识中达到顶点，死亡不可避免地与她结合在一起。

乌罗波洛斯乱伦意味着融合和消亡，因为它有一个总体性的而非生殖器的特征。青春期层面的乱伦与生殖器有关，甚至完全被限制在生殖器官上。大母神变成了子宫，年轻情人就是男性的阳具，所有过程完全是性层面的。

因此，阳具及阳具崇拜是与青春期阶段的性行为相匹配的，这一阶段的致命面向也表现为阳具剥夺，也就是说，表现为阉割。阿多尼斯、阿提斯和坦穆兹（Tammuz）崇拜的特征是纵欲的，更不用说狄奥尼索斯崇拜了，它们都是性行为的一部分。这位年轻的情人体验到性的狂欢，体验到自我在性高潮中溶解，这超越了死亡。从这个层面上说，性高潮和死亡结合在一起，就像性高潮和阉割结合在一起一样。

对这位年轻的神来说，他的自我还很脆弱，因此，对他而言，性的积极面和消极面只有一线之隔。在如痴如醉的状态中，他会交出他的自我，重回大母神的子宫，退回到前自我（pre-ego）状态。此时，他没有完成最早阶段的幸福的乌罗波洛斯乱伦，但是性乱伦的死亡兴奋属于晚一些的阶段，这个阶段的格言是："性交后，所有动物都会郁郁寡欢"。这里的性意味着失去自我，被女性压制。这是一种典型的，或者说是一种原型意义上的青春期体验。因为性被体验为无所不能的、超个

---

① 奥尔布莱特（Albright），《从石头时代到基督教》（*From the Stone Age to Christianity*）。

人性的阳具和子宫，所以自我消亡了，屈服于非自我（nonego）的至高无上的魅力。母神的伟大不容置疑，无意识仍然离得很近，自我在对抗中涌出鲜血。①

恐怖母神是一名女巫，她扰乱理智，让男人发疯。没有一个青春期的少年能抵御她，他会为她献出自己的阳具。不管是被逼迫还是出于其他原因，他都会被大母神俘虏。这些失去理智的年轻人会把自己的身体弄得残缺不全，并把自己的阳具作为祭品贡献给她。

发疯就是个体的肢解，就像在生殖巫术中身体被肢解一样，发疯象征着人格的解离。

鉴于人格和个体意识的解离涉及母神的领域，所以精神错乱是一种周期性发作的症状，表现为被母神或被她的代言人附体。因为在这之中蕴涵着她的魔力和可怕力量，所以就算这位青年受到死亡的威胁，就算欲望的实现伴随着阉割的痛苦，他仍然欲火焚身。因此，大母神是女巫，她会把男人变成野兽——喀耳刻（Circe）就是这样，她是野兽的主人，把男人当作祭品然后撕碎。诚然，男人如同野兽一样侍奉着她，因为她统治着本能的动物世界，而本能会主宰她和她的繁殖力。这就解释了大母神为什么有兽形男宠，以及她的祭司和牺牲者为什么是这样。这也就是为什么献身于大母神的男性信徒被称作"狗"（kelabim）②，并穿着女人的服装。

---

① 青春期的成人仪式总是以这样的形式开始：男性团结一致削弱大母神的力量。在这一阶段，纵欲元素在女性心理中具有不同的意义，但是我们不能在这里谈到这个问题。

② 皮奇曼，《腓尼基历史》。虽然另一些研究者［比如A.耶利米亚（A. Jeremias）的《发生在古老东方的旧约故事》（*Das Alte Testament im Lichte des Alten Orients*），F.耶利米亚（F. Jeremias）的《西亚地区的闪米特人》（*Semitische olker in Vorderasien*），索塞耶（Saussaye）的《宗教历史教科书》（*Lehrbuch der Religionsgeschichte*）］没有将这个词与"kelev"（狗）联系起来，但是"祭司"一词在《以塞亚书》（*Isaiah*）被用来指代作为祭品的狗，这使得祭祀以犬类形式出现成为可能。

对大母神而言，青年神祇虽意味着快乐、荣耀和繁殖力，但她对他永远都是不忠实的，她带给他的永远只是不幸。下面是伊希塔（Ishtar，见图17）"垂涎于吉尔伽美什（Gilgamesh）的美貌时"，强大的吉尔伽美什对她的诱人诡计给出的回答：

与你成婚后，我将给你什么？
我应该为你的身体涂油，或者为你穿上衣服吗？
我应该给你面包和食物吗？
食物彰显神性，
饮品映衬王权，
（如果我）将你带入婚姻殿堂会怎样？
你是一盆熄灭的火，被人冷落；
后门（没能）阻止狂风暴雨；
宫殿中挤满了勇士；
头巾的顶部；
树脂（弄脏）它的承木；
水袋（浸透）它的表面；
石灰（炸开）石头城墙；
碧玉（……）敌人的土地；
鞋子（挤压）主人的脚！
你会永远爱谁？
哪个牧羊人会一直讨你喜欢？
来吧，我将称你为恋人：
……
塔穆兹，你年轻时的恋人，
注定年复一年恸哭不止。

你爱过有斑点的牧羊鸟,

却侵袭了他,折断了他的翅膀。

他在小树林中哀号"我的翅膀"!

然后你爱上了一个英雄,他力大无穷,

你却为他挖下七个坑。

然后你又爱上了一匹千里马,他在战斗中声名鹊起,

你却鞭打他。

你令他疾驰二十里,

你令他饮下混浊之水,

他的母亲,斯莉莉,你令她哀泣!

然后你又爱上了牧羊人,

他为你堆起灰饼;

你却侵袭了他,将他变成一只狼,

他的同伴驱逐他,

他的狗儿也来撕咬他的大腿。

然后你又爱上了伊苏拉努,你父亲的园丁,

他将一篮篮的枣子献给你,

日日为你的餐桌添彩。

你的眼睛望向他,你向他走去:

"哦,我的伊苏拉努,让我们试试你的活力!

你举起你的'手',表现出你的'谦逊'!"

伊苏拉努对你说道:

"你想要我怎样做?

我的母亲没有烘烤,我也没有吃过,

我应当尝尝进攻和诅咒之食吗?

芦苇能够提供抵御寒冷的掩蔽吗?"

> 当你听到他的话时,
> 你重击他,将他变成了一只蜘蛛。
> 你将他置于……之中;
> 他不能上,也不能下……
> 如果你爱上了我,我的命运(就会)和他们相同。①

男性化的自我意识变得越强,它就会对大母神阉割、迷惑、置人死地和麻痹人心的天性越有察觉。

恐怖母神的影响范围

为了说明大母神原型、恐怖母神原型和其儿子—情人原型的主要特点,我们可以以奥西里斯和伊西斯(见图14)的伟大神话为例。这一神话的父权版本清楚地展示了从母权到父权的转变轨迹。虽然这一神话被重新整理和修改,但是我们仍然可以看到它原来的腔调。这一神话同时被当作世界文学中最古老的神话故事——也就是巴塔的故事——被保存下来。虽然在从神话到神话的改写中,二次个体化不可避免,但在这个故事中,保留下来的关系和象征是清晰和可以阐释的,可以揭示原初的意义。

在神话中,伊西斯、奈芙蒂斯、塞特和奥西里斯四人组成了两兄弟和两姐妹的四元体。甚至在子宫里,伊西斯和奥西里斯就是粘在一起的。在这个神话的最后阶段,伊西斯成了婚姻之爱和母爱的积极象征。但是,伊西斯除了是姐妹—妻子,她在与奥西里斯的关系中还保留着某种魔力和母性。奥西里斯死后,当他被他的敌人兼兄弟塞特肢解时,正是他的姐妹—妻子伊西斯,让他重生。因此,她同时也是其兄弟—丈夫

---

① 《吉尔伽美什史诗》(*The Epic of Gilgamesh*),斯派泽(Speiser)译,摘自《古近东文献》(*Ancient Near Eastern Texts*),普里查德(Pritchard)编。

的母亲。在这个神话的后续发展中，伊西斯从很大程度上丢弃了大母神的特征，扮演着妻子的角色。然而，伊西斯还是在寻找、哀悼，找到并认出她死去的丈夫，使他获得重生，所以，她仍然是被青年敬仰的伟大女神。无论在哪里，伟大女神的仪式都以这一系列的死亡、哀悼、寻找、重新发现和重生为特点。

"放弃她的母权统治"是"好"伊西斯的基本职能。这种母权统治在埃及女王的原始母权社会中十分突出。这种放弃——向父权社会体系转变的典型特征——是伊西斯为了使她的儿子荷鲁斯得到诸神承认所进行的斗争。在"子宫系统"①——莫雷（Moret）这样称呼它——中，儿子始终都是其母亲的儿子。与之不同的是，伊西斯努力让诸神认识到奥西里斯是荷鲁斯的父亲，而荷鲁斯将继承家长制的父系血统。埃及法老的谱系也由此承袭而来，因为每个法老都会称自己为"荷鲁斯之子"。奥西里斯"在这两片土地上建立了司法体系"，"他让儿子继承自己的位置无可厚非"。②

一个显著且有些前后矛盾的特点被保留下来，证明了伊西斯作为妻子与母亲的好品质只是假象。荷鲁斯接替了他的父亲，继续与塞特交战，伊西斯当然也鼓励他这样做。但是，当塞特被伊西斯的矛击中时，他哭嚷着恳求她的怜悯：

"你怎么能够与自己的兄弟为敌呢？"她的心一下子就软了，她向矛喊道："放过他，放过他吧！看，他是我一母所生的兄弟呀！"矛于是离他而去。荷鲁斯王愤怒地对抗他的母亲——伊西斯。她就像一只埃及的黑豹。当伊西斯被指派与生事者塞特作战时，她居然在荷鲁斯面前逃走了。荷鲁斯砍掉了伊西斯的脑袋。但

---

① 莫雷（Moret），《尼罗河与埃及文明》(*The Nile and Egyptian Civilization*)。
② 莫雷，《尼罗河与埃及文明》。

是透特运用魔法将她的头变了样，又安回她的脖子上。于是，她现在成了"奶牛始祖"。①

塞特在指责姐姐伊西斯时称，他毕竟是她一母所生的兄弟，因此，她不应该爱一个"陌生人"而不爱他。②这个陌生人可能指奥西里斯，他在这里不是伊西斯的兄弟而是她的丈夫，也可能指其他人，就像厄尔曼认为的那样，指的是她的儿子荷鲁斯。也就是说，塞特的观点是纯粹站在母权立场的观点，来源于异族通婚的年代，那时候，儿子会远走他乡，而舅舅是家族的首领。父权观点与母权观点正好相反，一位神祇在争论荷鲁斯的合法性时，经典地阐述道："在母亲的儿子尚在的情况下，权力怎么可能交给母亲的兄弟呢？"对此，塞特辩解道："在我尚在的情况下，你会将权力交给我的幼弟吗？"③

因此，伊西斯明显退行了，退回到兄弟姊妹的关系中。我们从巴霍芬那里知道，这是一种优先于丈夫—妻子关系的关系。伊西斯要保护塞特，因为他是她一母所生的兄弟，虽然他杀死了她的丈夫奥西里斯，并将奥西里斯碎尸万段。荷鲁斯，作为其父的复仇者，却犯下了弑母罪。俄瑞斯忒亚（Oresteia）问题——我们在后文中会谈到这个问题，这是儿子究竟忠于父亲还是忠于母亲的冲突——出其不意地在这里与伊西斯建立了某种关联。伊西斯的基本功能在于架起了从母权社会秩序到父权社会秩序的桥梁。

我们可以在伊西斯干预荷鲁斯与塞特战斗这一奇怪的事实上进一步追踪其最初的"恐怖"特质，因为她居然首先把矛掷向了儿子荷鲁斯。这是一个错误，她也立即修正了。伊西斯的恐怖面向还表现在其他几个

---

① 基斯，《埃及人》（Aegypten）。
② 厄尔曼，《宗教》（Religion）。
③ 厄尔曼，《宗教》。

次要特征中，虽然这些特征不是伊西斯—奥西里斯剧情的原创部分，但是它们十分重要。在寻找奥西里斯的过程中，她变成了比布鲁斯（Byblos）"阿施塔特皇后"（Queen Astarte）的奶妈。她将皇后的孩子置于火焰中，以便让他长生不老，但是这一尝试失败了。看到她大哭着跳入奥西里斯棺材，国王的小儿子就死了。然后，她将国王的大儿子带回了埃及。这个男孩亲吻她流泪的脸，却看到了死去的奥西里斯的脸，这时，她对他大发雷霆，露出了一副可怕的表情，这个男孩也被当场吓死了。①这清楚地证明了她隐藏了自己的巫术。这是一个次要细节，她悄悄地害死了阿施塔特皇后的孩子。然而，伊西斯又始终等同于阿施塔特。善良的埃及伊西斯，荷鲁斯的"模范"母亲，与恐怖母神并无二致，她就是在比布鲁斯杀死她的孩子，即阿施塔特的孩子的恐怖母神。

阿施塔特和她的替身之一亚拿特，在埃及居民阶层的神殿中都被供奉为伊西斯，这证明了两位女神之间的紧密联系。②阿施塔特—亚拿特的形象对应着母权社会的伊西斯，而伊西斯与她的兄弟塞特有密切的关联。在关于荷鲁斯的诉讼中，亚拿特作为"赔偿物"被交给了塞特。③当伊西斯在父权社会中完全发展成一个好妻子和母亲时，她的恐怖母权面向就转移到了荷鲁斯的舅舅塞特身上。

另一个引人注目的事实是，荷鲁斯与他的母亲伊西斯一起孕育了四个儿子。这仅仅重复了大母神领域中处处都在发生的事。男人世代更替，而她亘古不变。

伊西斯的恐怖面向也表现在下列情况中：虽然奥西里斯在她的帮助下得到了重生，但他已经被阉割了。他的这一器官已经永远消失了，一条鱼吞下了它。肢解和阉割不再由伊西斯来实施，塞特取代了她。然

---

① 厄尔曼，《宗教》。
② 厄尔曼，《宗教》。
③ 厄尔曼，《宗教》。

而,结果是相同的。

我们还应注意,伊西斯与死去的奥西里斯一起,孕育了荷鲁斯——希腊的哈尔波克拉特斯(Har-pocrates)。儿子—神只有在奥西里斯死后才能被孕育,这一特征颇令人困惑。这一象征性同样出现在巴塔的故事中,他的妻子也是在巴塔树倒下成为碎片之后才受孕的。如果我们能够意识到男性死亡是大母神受精的前提,而且大地母神只能通过死亡、杀戮、阉割和牺牲才会变得更肥沃,这样的事情就容易理解得多了。

被死去的奥西里斯孕育的荷鲁斯,一方面,他的腿很虚弱,另一方面,他象征着男性生殖器官。他将手指举到嘴边,这意味着吮吸。在通常情况下,他位于一朵花的中心,他的显著标志是一缕长长的卷发,除此之外,他还拿着羊角和瓮。他象征着年轻的太阳,他的意义毫无疑问是与生殖器官相关的。用作崇拜物的阳具、手指和发卷都是明显的证据。同时,他具有女性的属性,是所谓的真正的母亲的宠儿。说来也奇怪,就算他伪装成一位老者,他也会带着一个篮子。这位哈尔波克拉特斯代表乌罗波洛斯中的存在物的婴儿阶段。他就是婴儿,身处母亲的环绕中。他的父亲是风之灵——死去的奥西里斯,因此,他属于乌罗波洛斯的母权阶段,因为此处没有个体的父亲,只有伟大的伊西斯。

后来,人们认为奥西里斯被肢解、其男性生殖器被盗走是塞特所为,但这实际上是繁殖仪式最古老的部分。伊西斯用一块木制阴茎代替了丢失的器官,并因此怀上了死去的奥西里斯的孩子。我们可以这样重现这一仪式:奥西里斯被肢解的肢体洒满土地,以保证是年的丰收,但生殖器遗失了。人们抢走了奥西里斯的生殖器,对它做了防腐处理并将之保存下来,直到下一次繁殖的盛宴到来。伊西斯正是通过这个被保存下来的生殖器受孕,怀上荷鲁斯的。因此,对这个荷鲁斯,同时对这个儿神—荷鲁斯来说,更为重要的是伊西斯是他母亲,而不是奥西里斯是他父亲。

事实上，比布鲁斯的皇后就是长着奶牛头的哈索尔，而且，伊西斯通过背叛荷鲁斯和奥西里斯得到了她的奶牛头。故事发展到这里，我们便能够看清其全貌了。《埃及亡灵书》（The Book of the Dead）中包含了对恐怖的伊西斯的提醒，它提到了"伊西斯切荷鲁斯的肉的屠刀"①，也提到了"伊西斯的斧头"②。再一次，当我们被告之荷鲁斯摧毁了"他母亲的洪水"③时，这仅仅是确认了她吞噬的特质。

我们在哈索尔身上也看到了相同的情况。她化身为一头河马和一头奶牛。河马最初是塞特的圣物，但是关于奥西里斯的神话叙述了它是怎样归附奥西里斯——荷鲁斯一派的。同样，这里的问题也是战胜伪装成受孕河马的大恐怖母神，以及她转变成的好母亲——奶牛。

只有当荷鲁斯，作为他父亲的儿子，砍下恐怖的伊西斯（即塞特姐妹）的头颅时，她的致命的面向才会被毁灭和转化。然后，智慧之神透特将奶牛头——好母亲的象征——赋予她，她因此变成了哈索尔。就这样，她成了父权时代的贤妻良母。她的力量被委托给她的儿子荷鲁斯——奥西里斯的继承人，然后再通过荷鲁斯传递给埃及的法老。她的恐怖面向受到抑制，进入了无意识。

我们可以在另一些埃及神话人物身上看到这种抑制的证据。在称死者心脏重量的天平两边，坐着"亡灵的吞食者"怪兽阿曼（Amam）或阿米特（Am-mit）。那些没有通过测试的死者将被这只"雌怪"④吞下，永远地消失。这只怪兽身形非凡，"她前段是鳄鱼，后段是河马，中段是狮子"。⑤

---

① 巴奇（Budge），《埃及亡灵书》（The Book of the Dead）。
② 巴奇，《埃及亡灵书》。
③ 巴奇，《埃及亡灵书》。
④ 巴奇，大英博物馆，埃及馆第一、第二、第三馆指南。
⑤ 巴奇，《埃及亡灵书》。

同样，陶尔特①也是河马、鳄鱼和母狮的混合体。只有在这里，女狮神塞克迈特的特点才被极大地强调。因此，亡灵的吞食者是死亡和地府的恐怖母神，虽然她呈现的并不是其光辉的最初模样。她被"抑制"了，像鬼怪一样藏在审判天平之侧。厄尔曼②说，她"不是大众喜欢追逐的对象"。

《埃及亡灵书》提供了进一步的证明，书中提到了死神的代表阿曼：

他中止了雪松的生长，也让合欢树不再长大。③

用这些话来描述恐怖母神再合适不过了，因为我们不要忘了，从象征意义上说，雪松和合欢与奥西里斯紧密相关，它们能够表现出其生命力和不朽。

伊西斯的恐怖面向在《两兄弟的故事》（The Tale of the Two Brothers）中得到了进一步证实。人们普遍认为，这个故事和伊西斯—奥西里斯神话是有关联的，这也得到了比布鲁斯新近考古发现的证实。④

首先，我们应当简要地列举一下奥西里斯神话与巴塔故事的联系。伊西斯四处寻找死去的奥西里斯，终于在黎巴嫩的比布鲁斯找到了他，但是他已经变成了一棵树。也就是说，他被禁闭在树干中。他被带回了埃及。奥西里斯的主要象征为"节德柱"（djed pillar），作为被崇拜物的树，就其本身来说在缺乏树木的埃及足够引人注目。同样，在比布鲁

---

① 巴奇，《埃及亡灵书》。
② 厄尔曼，《宗教》。
③ 巴奇，《埃及亡灵书》。
④ 费罗弗洛德（Virofleaud），《伊希塔、伊西斯、阿施塔特及阿娜特—阿施塔特》（Ischtar, Isis, Astarte）。

斯，人们会用亚麻布把树包裹起来，涂上油，然后将它当作"伊西斯之木"①来膜拜。从黎巴嫩进口树木符合埃及文化的基本情况，对死者的膜拜更是如此。我们知道，早在公元前2800年，埃及就向比布鲁斯皇后朝贡。毫无疑问，埃及和叙利亚文化中心的紧密联系可以追溯到更早的时候。

　　作为阴茎崇拜物的树被当成年轻爱人的象征，这种情形在很多神话中都很常见。谷物的收割象征着死去的儿子在大地母亲的怀抱中重生，但从更广泛的意义上说，砍伐树木也是一种仪式行为。以树的形式出现的儿子，其神力使得牺牲更加意味深长，引人瞩目。我们前面已经讨论过将儿子—情人—祭司吊死在树上的意义，指出他们被阉割相当于树木被砍伐。②与砍伐的过程相反，在赛德节的加冕仪式上把奥西里斯的节德柱立起来，象征着法老力量的重生。这个事实证明了我们的观点是正确的。

　　《两兄弟的故事》发生在比布鲁斯附近的雪松谷。女主人公，巴塔的嫂子企图引诱巴塔。这是一个很古老的主题。巴塔抵制了她的诱惑。于是，这位妻子在丈夫面前反咬一口，其丈夫一气之下想要杀死自己的弟弟。为了证明自己的清白，巴塔割下了自己的生殖器。诸神立刻为被阉割的巴塔造了一位绝佳的妻子，作为他的伴侣。巴塔警告她说——这一点值得注意——大海很危险，他说道："不要靠近大海，以免被它卷走。我不能保护你，因为我和你一样是女人。"③

　　这一关于大海的警告尤为有趣。我们会想起奥西里斯的生殖器是被

---

① 厄尔曼，《宗教》。
② 弗雷泽，《金枝》。
③ 《两兄弟的故事》，摘自厄尔曼，《文学》（*Literature*）。

一条鱼吞下去的,而埃及人把这类鱼看作神物,他们不会吃这类鱼。①对古乌加里特(今叙利亚的拉斯沙姆拉)的考古发现使我们知道了大海的女主人阿施塔特,而且我们对她的熟悉程度丝毫不逊于从泡沫中诞生的阿佛洛狄忒。原始海洋——犹太传说中的"深层水域"——一直都是恐怖母神的地盘。比如,吃孩子的莉莉斯是人类的敌人,她拒绝服从亚当,退到一个叫"海之峡谷"②的地方。巴塔的妻子面临着被海浪卷走的危险,也就是说,她面临着被其负面的阿施塔特控制的危险。阿施塔特最初就是一条鱼,但那时候她还叫阿塔伽提斯(Atargatis)。与德塞托(Derceto)一样,阿施塔特类似于一条鱼或水精灵,而且在许多神话中,她被注入了本土元素。

在巴塔的故事中,巴塔害怕的事正是可怜的、阴柔的阉人不能阻止的自然事件。他的妻子成了埃及国王的皇后,并让人把雪松砍掉,因为

---

① "丑行"一词是一个鱼形字符。基斯说道:"在古王朝时期(埃及的第三至第六王朝),在大多数情况下,这一仪式性的不洁之象征的象形符号,就是所谓的拜尼氏鲵,或者河鲃。它们长得像古代的皮齿鱼,因此,人们常常觉得这类鱼是神圣的。"

十分重要的一点是,在大多数早期鱼类崇拜中,中心形象是女性神祇,男性神祇只是一种例外。哈索尔皇冠上的群鱼图像就证明了这一点。

俄克喜林库斯鱼既惹人反感又受人景仰。人们认为,就是它吞下了奥西里斯的生殖器,并从他的伤口中长了出来。斯特拉波(Strabo)说,皮齿鱼和俄克喜林库斯鱼都深受埃及人的爱戴。基斯也提到,罗马人关于埃及发雍地区的鱼行的记录也证实了斯特拉波说法的正确性。

在阿比多斯,奥西里斯呈现出鱼的样子,这就证实了母性因素的基本意义是包含鱼类的海洋。水域赋予生命的力量就像繁殖力量一样,也可以用鱼类来代表。鱼类就是男性生殖器官和儿童。母性乌罗波洛斯在叙利亚女神的意象中以海洋的形象出现,而这位女神被描述为"鱼之屋"。希腊—维奥蒂亚的大母神,伊俄尔斯科斯地区的阿耳忒弥斯(《剑桥古代史》图版卷),在第三王国时期是野兽的女主人。她穿着一条长裙,很明显,这是水域的特征,而水里就有一条大鱼。

善良母神是庇护鱼儿们的海洋。她是赋予生命的鱼母,无论这些鱼是儿童,是具有繁殖能力的男性,还是活生生的个体。相反,恐怖母神是毁灭性的海洋,是吞噬的深渊,是洪水,是地狱之水。

② 宾·葛立安(Bin Gorion),《犹太人的产生》(*Saeen der Juden*),第一卷《史前时代》(*Die Urzeit*);肖勒姆(Scholem),《苏哈尔的修士会》(*Ein Kapital aus dem Sonar*)。

雪松就是巴塔，他的"心脏安睡在雪松的花朵中"。然而，巴塔的哥哥让他活了过来，而且使他变成了一头公牛回到埃及。他再一次被杀掉。无花果树从他滴血的地方长出来，于是，他的妻子再一次命人将无花果树砍掉。但是这一次，巴塔变成了小木屑钻入她的嘴里，她怀孕了。就这样，他经由恐怖母神成为自己的儿子，获得了重生。埃塞俄比亚国王收养了他。后来，他成了埃及国王。在登基之时，他杀死了也是他姐姐的妻子，封他的哥哥为皇位继承人。

在这里，我们不关注两兄弟或自体繁殖（self-propagation）主题，也不关注这个神话故事在某种程度上是否属于晚些时候的与龙作战的阶段，以及它是否与男性原则冲突，我们只想指出它与奥西里斯神话和与恐怖母神的联系。在伊西斯贤妻良母的面目之后，隐藏着恐怖母神。

我们可以在巴布鲁斯文化中清楚地看到，巴塔是大母神的儿子——情人。老生常谈的主题诸如大树被砍伐、自我阉割、受害者化身为一头公牛成为祭品、作为繁殖原则的血祭会使树木生长、但树木只能再一次被砍掉，这一切都大同小异。在每个地方，女性都是"恐怖的"。她是诱惑者，是阉割的刽子手，造成了两棵树被砍伐和公牛的死亡。但是，她不仅代表恐怖，她也是多产的母神。木屑使她受孕，这样一来，被引诱的、被杀死的、被作为祭品的巴塔就能作为她的儿子得以重生。

和巴塔一样，奥西里斯也是一棵树，一头公牛。被砍掉的树是其象征。不但雪松是从比布鲁斯运到埃及的，而且神话明确地讲述了伊西斯在比布鲁斯找到了变成树的奥西里斯，并把他从这里带回了埃及。整个神话清晰地把奥西里斯当作一个阿多尼斯、阿提斯和塔穆兹那样的植物神。对他的崇拜也是对死亡和复活之神的崇拜。①

但是正如我们看到过的那样，母性乌罗波洛斯的力量在伊西斯身上

---

① 见前文的不同解释。

已逐渐衰落。恐怖的阿施塔特、比布鲁斯的女神形象,清楚地出现在巴塔神话中,她就是好母亲伊西斯的前身。但是她身边出现了塞特这一反面人物,他代表男性原则,是双生子中扮演杀人者角色的那一个。在阿提斯传说中,雌雄同体的乌罗波洛斯母神的负面的男性面向只以一头野猪的面目出现,它杀死了阿提斯。而在奥西里斯神话中,这一形象已是一个独立的实体,它不但装扮成奥西里斯,还在最后扮成了伊西斯。

巴塔的故事把大母神的恐怖特性笼统地表现为女性特征。但是,随着埃及女王母权统治的衰落和代表父权的太阳神荷鲁斯在法老中的崛起,伊西斯逐渐变成了掌管父权家庭(见图14)的善良母神的原型。她的魔力虽然能够使自己的兄弟和丈夫再生,却已经失去了光芒,变得不再重要。

新近发现的迦南神话为这一切提供了重要的证据。拉斯沙姆拉的考古挖掘让这些神话重见天日。我们应当把这些特点看作乌罗波洛斯和大母神象征意义的一部分。

奥尔布莱特[①]已经发现,相对其邻国的宗教而言,迦南宗教更加原始和简单。他指出这样一个事实:众神的关系,甚至是他们的性别,都是多样化的。他进一步提到,迦南神话有将对立面相结合的倾向,这样一来,死亡和毁灭之神也是生命和治愈之神。就像女神亚拿特(Anath),她既是毁灭女神,又是生命女神和繁殖女神。对立面的乌罗波洛斯似的共存,表现为正面特征和负面特征、男性特质和女性特质被并置在一起。

亚舍拉(Asherah)、亚拿特和亚斯他录(Ashtaroth)这三位女神是大母神原型的三种显化,她们虽然有所不同,却无法被清楚分辨。亚舍拉是英雄巴力(Baal)的死对头,也是沙漠怪兽的母亲,正是沙漠怪

---

① 《以色列的考古学和宗教》(*Archaeology and the Religion of Israel*)。

兽杀死了巴力。同时，她又是巴力女神的姐姐亚拿特的仇敌。但是在这里，像伊西斯一样，亲爱的母亲和姐姐、毁灭者和帮助者，是不可分割的面向。原型尚未分割成泾渭分明的女神。

和伊西斯一样，亚拿特也救活了她死去的兄弟—丈夫，战胜了其邪恶的弟弟莫特-塞特（Mot-Set）。奥尔布莱特把亚斯他录的名字翻译为"放养人"。在关于她的故事中，我们可以看到母羊拉赫尔（Rahel）这一原始形象。但亚斯他录和亚拿特都既是处女又是人们的母亲，她们是"无性生育的伟大女神，也就是说，她们虽然能够持续不断地生产，却不会失去童贞，她们因此既是母神又是神妓"。除此之外，她们三人都是性与战争的邪恶女神，其嗜血性堪比哈索尔和印度教中的卡莉（Kali）女神。女神赤身裸体，骑马疾驰，挥舞长矛的画面生动地出现在后世对巴力史诗的描绘中。她杀光了人类。"血流成河，一直漫到了她的膝盖处，不，是她的颈部。她的脚下全是人头；她的头顶上，人手像蝗虫一样泛滥；她高兴地将这些头和手装饰在她的腰部。"描述她在屠杀时快乐无比的语言更加残忍："她的肝脏在笑，她的心充满了快乐。亚拿特的肝脏在狂喜。"①

血液是这类女神的甘露，也是大地的雨露。大地必须饮下血液才会变得肥沃富饶。在亚斯他录身上，我们同样可以看到海洋女主人的原始意象。她是海神阿佛洛狄忒的前身，却更加残忍。在一则埃及神话中②，遭到大海威胁的诸神将叙利亚的阿施塔特带到了埃及，希望对她的敬奉能平息她的怒气。

在迦南神话中，不仅生与死被联系在一起，乌罗波洛斯原始雌雄同体的形式也再一次出现在男性晨星阿斯塔尔（Astar）或阿塔尔

---

① 《以色列的考古学和宗教》。
② 厄尔曼，《文学》。

（Attar），与女性夜星美索不达米亚的伊希塔（Ishtar）的关系中。①神祇的雌雄同体是一种原始特征，因此，它也是女神的童贞和繁殖力的结合以及男神的繁殖力和阉割的结合。女性的男性特质仍然与男性的女性特质并存。如果女神一手紧握象征女性的百合花，那么她的另一只手上必然会有象征男性的蛇，这完全符合这一事实：侍奉她的阉人是男宠、舞者和祭司。②因此，我们在迦南发现了这一准则——由大母神的乌罗波洛斯形象所决定，也由男性原则的不完全分化所决定——的所有特点。

克里特—迈锡尼文化也是大母神的典型势力范围。我们在埃及和迦南，在腓尼基、巴比伦、亚述，在近东赫梯文化和印度文化中所看到过的相同象征性和仪式性特征也出现在这里。爱琴海文化一方面连接了埃及和利比亚，另一方面连接了希腊与小亚细亚。对我们的主题来说，文化在历史上的发展趋势是怎样的并不重要，而原型形象的纯粹性远比文化的孰先孰后重要得多。

在很大程度上，我们不得不信赖克里特—迈锡尼宗教的图像表征，因为它们的文献尚未被破解。但是，对象征的比较诠释再一次证明了其价值，把我们带向了大母神原型。克里特—爱琴海文化由作为自然女神的大母神统辖。最初，她被供奉在洞穴里，而且她的祭司都是女人。她是山脉和野兽的主人。蛇和地下生物是她的圣物，但是同样，鸟类也象征着她的存在。鸽子最能代表她的特质，所以她还是一位鸽神，既是阿佛洛狄忒又是玛丽亚（圣灵之鸽）。很明显，人们对她的崇拜可以追溯到石器时代，其表现是在仪式中穿上羽毛制成的衣服。她的大母神特征表现在女神和其女祭司的着装上，以及女人普遍的穿着上——这些衣服都会将乳房露出来。我们同样可以在许多存活至今的母兽身上看到这一

---

① 奥尔布莱特，《石器时代》（*Stone Age*）。
② 奥尔布莱特，《石器时代》。

点。人们在陶器上绘上怀着小牛的母牛，带着小羊的母羊①，其神话意义很显然与从希腊经由克里特岛流传下来的神话息息相关。我们之前已经提到，年轻的宙斯是克里特岛宙斯（Cretan Zeus）的孩子，他由一只母羊、母牛、母狗或母猪哺养长大。这里的这些母兽代表了大地母神盖娅，他正是受到了她的照料。②

克里特岛伟大繁殖祭礼的核心是公牛。它既是繁殖的雄性工具，又是繁殖的受害者。它是狩猎和节日游戏中的主角；它是祭牲的血液；除了双刃剑或双刃斧（一种神器③），它的头和角也是克里特神殿中的典型象征。公牛象征着年轻的神，大母神的儿子——情人，而大母神统治着克里特岛，是希腊神话中的欧罗巴（Europa）。她是以克里特岛的公牛形象出现的宙斯的配偶，被宙斯诱拐。

正如伊施姆（Eshmun）用双刃斧将自己阉割，以逃离阿斯特罗诺（Astronoe，也就是阿施塔特—阿佛洛狄忒）一样，泰坦也用双刃斧杀死了扎格列欧斯—狄奥尼索斯（Zagreus-Dionysus）。④双刃斧是神圣阉割的工具。后来，当公牛成为狄奥尼索斯的替代品时，也是被双刃斧所杀并成为祭品的。其在新石器时代的形式为燧石刀，小亚细亚的加利人也用它们来阉割自己。这种燧石刀也被认为是塞特的。晚些时候，牺牲、阉割和肢解不再施加在人类身上，而是施加在动物身上。野猪、公牛和山羊被用来代表狄奥尼索斯、扎格列欧斯、奥西里斯、塔穆兹等神灵。砍掉牛头随后取代了对生殖器的切割，同样，牛角也成了生殖器的象征。在埃及，圣公牛奥西里斯—埃皮斯（Osiris-Apis）的头是不能吃的，人们会把它抛入尼罗河。这与神话中的描述相吻合。神话里说，在

---

① 奶牛和牛犊的象征意义在埃及早期就有发现，是伊西斯所在地的标志（基斯，《上帝信仰》）。
② 尼尔森，《宗教历史教科书》（Lehrbuch）。
③ 梅列日科夫斯基（Merezhkovsld），《西方之秘》（The Secret of the West）。
④ 格罗兹（Glotz），《爱琴海文明》（The Aegean Civilization）。

被肢解之后，奥西里斯的生殖器就消失在尼罗河中。生殖器和头的关系在意识发展的神话阶段具有非常重要的意义。[1]在这里，我们可以肯定地说，它们是可以互换的，而且，正如其特征所表达的那样，公牛头象征着人类的生殖器。如果我们知道公牛仍然会作为原型意义上的性行为和繁殖象征出现在现代人的梦中，我们便可以更好地理解它的这种替代作用了。

我们认为，同样地，在克里特岛，繁殖仪式最初是在大母神和她的儿子—情人之间进行的，并以儿子—情人的牺牲告终，但是随后祭品由公牛代替。许多证据都支持这一说法。个别的细节只有适应整体的画面即大母神的原型优势时，才有意义。与在其他地方一样，克里特岛的大母神，即希腊的德墨忒尔（Demeter），也是地府的主人，是死神。[2]普鲁塔克（Plutarch）称死去的人为"德墨忒尔的"（demetrioi），因为他们是德墨忒尔的财产。她的大地子宫是死亡的子宫，但它也是繁殖的场所，所有生命都起源于此。

摩普绥提亚的提奥多（Theodore of Mopsuestia）进一步证实了塔穆兹、阿提斯、阿多尼斯、伊施姆就是克里特岛的宙斯。

克里特岛人提到宙斯时会说，他是一位王子，但公猪咬死了他，于是，人们安葬了他。[3]

公猪是被诅咒的儿子—情人的典型象征。在神话中，杀死公猪是献祭大母神的表现。在一面伊特鲁里亚的青铜浮雕上，大母神被雕刻成她最初的模样，也就是戈耳工（Gorgo）。她的双臂紧紧地扼住狮子，

---

[1] 见前文。

[2] 赫德（Heard），《克里特岛和埃莱夫西斯的大母神》（*Die Grosse Mutter von Kreta bis Eleusis*）。

[3] 库克引用，《宙斯》（*Zeus*），第一卷；在他之后，梅列日科夫斯基引用，同上。

双腿也大大地张开，展现出一种仪式性的裸露。①这块浮雕碎片上还刻有捕猎野猪，一如我们在克里特绘画和希腊克里特封建君主时期看到的那样。

杀死公猪是我们所知的最早关于杀死大母神的儿子—情人的象征。在这里，繁殖女神是一头母猪。同样，伊西斯，以及后来埃莱夫西斯的德墨忒尔都是这样。当母猪—女神被奶牛取代时，哈索尔—伊西斯不再呈现出猪—伊西斯的样子——她与猪形塞特有关，公猪同样被公牛取代了。

正如我们看到过的那样，收割和砍树等同于繁殖仪式中的死亡、肢解和阉割。在克里特岛，树枝的折断和水果的采摘，就像狂欢的神圣舞蹈和哀悼一样，在仪式中占据着重要的位置。②后来的阿多尼斯庆典的规则也因此建立。在庆典上，祭司们必须穿上女人的长袍。此外，克里特岛的王权以八年为限，每隔八年便是王权进行仪式性更新的"大年"（Great Year）。这一情形与埃及人的塞特节极为相似。

王权的更新被理解为替代原来一年一度作为祭品的国王，因此，同样，在克里特岛，当王权需要更新时，我们可以看到这样一条轨迹：国王代表人类被阉割，每年赴难。后来，受难者变成了动物，最后演变成了更新节日。这就可以解释为什么希腊传说里会提到人类以七个童男童女作为克里特岛牛头国王弥诺陶洛斯（Minotaur）的祭品了。这也可以解释弥诺陶洛斯的母亲帕西法厄（Pasiphae）皇后，为什么会对公牛如此热情。

在非洲和亚洲，甚至在斯堪的纳维亚，我们都可以看到很多证据表

---

① 豪森斯坦因（Hausenstein），《伊特鲁里亚雕刻艺术》（*Die Bildnerei der Etrusker*），插图2，插图3。

② 《剑桥古代史》。

明人们相信人祭可以保证和延续国王的力量。[①]与埃及一样，在克里特岛，父权的崛起使得权力集中到国王和贵族手上。很明显，这打破了母神的神圣宗主地位。在这个过程中，最初，每一年国王都会被另一个经由斗争延长了王权的人取代，但是后来，替代性的祭品和一年一度的更新和复兴仪式保证了王权神圣的连续性，使其变得完整。

我们已经呈现过信奉大母神崇拜的克里特—迈锡尼地区与小亚细亚、利比亚和埃及之间的联系，但是现在人们对它与希腊神话和历史传说的联系有了新的见解。这些神话再一次证明了自己的历史精确性。只有在遗失了关于爱琴海文化的知识的年代，其真实性才会被怀疑。这一次，又是巴霍芬独具对神话的慧眼，甚至在爱琴海文明的史料被真正发掘出来之前，他就从历史记录中找出了克里特岛文化的真正内容。

从欧罗巴及她与公牛的联系、她与克里特岛和多多那（多多那，希腊古城，宙斯最早的神谕的遗址。——编者注）的宙斯的联系、她与狄奥尼索斯的联系中可以看出，神话源自阴郁的克里特王朝：米诺斯、拉达曼迪斯和萨耳珀冬。卡德摩斯（Cadmus）是欧罗巴的哥哥，关于他在希腊的故事，我们不得不好好探究一番。他们都是腓尼基国王阿革诺耳（Agenor）的孩子。阿革诺耳的祖先是厄帕福斯（Epaphus）之女利比亚（Libya）。他们的母亲是伊娥（Io），流浪的迈锡尼雪白月亮奶牛（milk-white moon-cow）。在埃及，厄帕福斯被奉为神牛阿匹斯，而伊娥被敬为伊西斯。

利比亚、埃及、腓尼基、克里特岛、迈锡尼和希腊之间的历史联系形成了一个家族体系。同样，我们可以看到象征和神话的顺序：雪白的月亮—奶牛，即迈锡尼的伊娥是埃及的伊西斯和克里特岛的欧罗巴，而与之对应的是克里特岛的公牛宙斯—狄奥尼索斯，也就是埃及的神牛阿

[①] 弗雷泽，《金枝》。

匹斯,以及弥诺陶洛斯。

卡德摩斯的来历同样非常重要。他是欧罗巴的哥哥,离开腓尼基寻找底比斯城。希罗多德(Herodotus)认为他就是把奥西里斯—狄奥尼索斯神话从埃及传到毕达哥拉斯的人。换句话说,希罗多德追溯了晚期希腊神话的起源及其毕达哥拉斯(Pythagoras)和俄耳甫斯(Orpheus)的先驱者们的经历——他们经由腓尼基回到了埃及。他还把多多那的宙斯、赫耳墨斯(Hermes)和位于萨莫色雷斯岛的卡皮里的前希腊或皮拉斯基族的宗教崇拜与埃及的奥西里斯和利比亚的阿蒙神(Ammon)联系起来。最初,科学界并不承认这些联系,但是现在看来它们实在是太明显不过了,因为大量事实可以证明文化的连续性是这样的:从利比亚和埃及出发,经由迦南腓尼基和克里特岛,最后传到了希腊。

作为底比斯城的创建者,卡德摩斯是雅典娜的盟军,但是他与阿佛洛狄忒和其丈夫阿瑞斯(Ares)的关系却异常矛盾。他杀死了神秘的原始龙,也就是阿瑞斯之子,却又迎娶了阿瑞斯和阿佛洛狄忒之女哈耳摩尼亚(Harmonia)。弯月刀奶牛带他离开克里特人建造的德尔斐,来到底比斯城所在地,于是,他在这里建造了底比斯城,并以这头奶牛作为祭牲。事实上,这头奶牛是前希腊时期的远古母亲和月亮女神,掌管着他和他孩子的生命,而且比他的帮手雅典娜更为强大。①

古老奶牛—女神阿佛洛狄忒突破了卡德摩斯女儿的形象,并在她们之中呈现出母神的恐怖神话力量。塞墨勒(Semele)是卡德摩斯的女儿之一,也是狄奥尼索斯的母亲。虽然她是宙斯在凡间的情人,被他以闪电击中而亡,但她仍然被看作女神,是神的母亲。卡德摩斯的二女儿是伊诺(Ino)。在她疯癫不能自持之时,她跳入了大海,怀里还抱

---

① 家系诠解的一个重要贡献参见菲利普逊(Philippson)的《家系的神秘形式》(*Genealogie als mythische Form*),见《希腊神话研究》(*Untersuchungen über den griechischen Mythos*)。

着她的儿子墨利克耳忒斯（Melicertes）。墨利克耳忒斯代表着母神的儿子—情人，所以，他将在狂欢的仪式中被毁灭、杀死并受到悼念和祭拜。卡德摩斯的三女儿是阿加弗（Agave）。她是彭透斯（Pentheus）的母亲。她也是一位恐怖的母亲，因为她在发疯时杀死了自己的儿子，并将他的尸体撕成碎片，还耀武扬威地把他血淋淋的头当作战利品。彭透斯自己变成了狄奥尼索斯—扎格列欧斯，那个他试图与之对抗的被肢解之神。卡德摩斯的四女儿是奥托诺厄（Autonoe），阿克泰翁（Actaeon）的母亲。阿克泰翁这位年轻的猎人无意中看到阿耳忒弥斯（Artemis）的处女之身，他感到很害怕，试图变成雄鹿逃走，却被自己的猎犬撕成了碎片。在这里，动物变形、肢解和死亡的因素再一次出现了。森林女神，处女阿耳忒弥斯是恐怖母神在前希腊时期的形式，她同样呈现为以弗所的阿耳忒弥斯、比奥夏的阿耳忒弥斯等形象。

这就是卡德摩斯的女儿们。我们在她们身上看到了恐怖的阿佛洛狄忒的可怕影响。卡德摩斯只有一个儿子，他就是波吕多罗斯（Polydorus）。波吕多罗斯的孙子是拉伊俄斯（Laius），而他的曾孙便是——俄狄浦斯（Oedipus）。甚至在他的孙辈中，母亲—儿子的关系仍然会导致灾难。只有俄狄浦斯最终打破了大母神与儿子—情人之间的宿命枷锁。

这些神话发源于利比亚（伊诺），经过腓尼基最终到达了希腊，欧罗巴和卡德摩斯形成了神话中的一条副线。另一条副线也发端于利比亚，却流向了达那伊德斯（Danaides）姐妹和阿尔戈斯城。阿尔戈斯是希腊克里特岛文化的一个重要区域，在传说中，它与引入阿波罗崇拜的达那伊德斯姐妹有关联。希罗多德指出，他的女儿达那伊德斯姐妹把德墨忒尔节，即塞斯摩弗洛斯节（地母节）从埃及带到了希腊。塞斯摩弗洛斯节及其仪式与繁殖有关，其主要特征是一个代表地母子宫的深坑。人们把祭品，也就是松果，大树儿子的生殖器官扔进这个子宫（坑）

中,而活猪,是大地母亲即母猪的子孙后代。坑里会出现许多蛇,因为它们时常陪伴在大母神身边。人们会将散发着恶臭的死猪从坑里重新拉上来,并根据古老的繁殖仪式郑重其事地将它们切成碎片然后洒在土地上。

巴霍芬曾十分肯定地指出,达那伊德斯姐妹是"被解放的"处女母亲,因为她们杀死了她们被迫接受的新郎。许珀耳涅斯特拉(Hypermnestra)是唯一违背她们的共同协议而没有将丈夫杀死的人,所以,从她开始,神话中的爱情关系变成了个人的决定。因此,她成了像珀耳修斯(Perseus)和赫拉克勒斯(Herakles)等众英雄的首位母亲,而正是这些英雄打破了大母神的负面力量,建立起了一种男性文化。珀耳修斯和赫拉克勒斯属于同一种英雄,因为他们的父亲都是神,而且他们都得到过雅典娜的帮助。珀耳修斯神话是一个英雄神话,这个英雄战胜了利比亚戈耳工母权统治的象征,就像后来忒修斯(Theseus)战胜了弥诺陶洛斯一样。

因此,在伊诺的后世中——虽然不只是在神话的这一分支中——父权世界与母权世界的冲突表现为史诗历史。在希腊,英雄神话被个体化,变成了家族历史。毫无疑问,今天的历史和宗教科学研究会把它简化为民族学上的分组,但是从心理学——关注人类意识发展——的角度来看,大母神和其儿子—情人阶段被新的神话阶段所代替并不是一种偶然的历史现象,而是心理上的一条必经之路。我们现在也可以清楚地看到,用种族群和民族群准确地对应这个新阶段是不可能的。就像母亲原型在希腊—印欧文化中被战胜一样,在希伯来—闪米特文化中也存在着同样激进的对应物。

战胜母亲原型在英雄神话中有其作用,这一点我们将在后文中讲到。现在,我们将进一步审视大母神阶段以及她对儿子—情人的控制。

克里特—爱琴海区域与希腊在神话和历史上的联系很明显是希腊神

话的变形。赫卡忒（Hecate）这位冥界女神是恩浦萨（Empusa）和拉弥亚（lamias）的母亲。恩浦萨是吃人恶魔，而拉弥亚会吸干年轻男子的血，吞食其肉。但是这位有着三个身体、乌罗波洛斯式的赫卡忒却是三界——天空、大地和地府——的主人，也是喀耳刻（Circe）和美狄亚（Medea）实施巫术和毁灭艺术的导师。她拥有所有月亮女神的魔力，能够迷惑男人并将之变成动物，使他们发疯而死。大母神的神秘仪式由女人们来操作，埃莱夫西斯（Eleusis）祭礼尚且温和，但是在狄奥尼索斯祭奠中，方式就变得血腥起来：人们会疯狂地切碎牛羊，生啖其肉，当成繁殖的象征行为。在奥西里斯、狄奥尼索斯—扎格列欧斯、俄耳甫斯、彭透斯和阿克泰翁的祭礼上也都是这样。对此，有句俄耳甫斯的谚语说："祭品必将被撕烂和吞下。"①无论母神化身为克里特岛和小亚细亚的公牛捕手陶罗波鲁斯（Tauropolos），或捕蛇者、猎鸟人和捕狮者，还是将人类变成猪的喀耳刻，她都是野兽的主人。

对大地和死亡女神的崇拜常常与沼泽地区联系在一起。对此，巴霍芬解释说，沼泽象征着存在的阴湿层面，而从乌罗波洛斯角度说，龙就生活在这里，并在这里把它自己刚生下的孩子一口吞进肚子。战争、鞭笞、血祭和狩猎无非是其祭礼的较温和的形式罢了。不仅大母神的这种特性被发现存在于史前时代，而且日后她也将支配古希腊埃莱夫西纳的神秘仪式。欧里庇得斯（Euripides）仍把德墨忒尔看作愤怒女神。她坐在一辆狮子驾驭的战车上，所到之处锣鼓齐鸣。她是阴暗的，与亚细亚的阿耳忒弥斯和西布莉（Cybele）相仿，也与埃及女神极为相似。斯巴达的阿耳忒弥斯需要人类作祭品，鞭打童男；金牛宫的阿耳忒弥斯也需要人类作祭品；女人们会在夜晚跳舞来祭拜主星阿耳忒弥斯，还会将泥土涂在脸上。

---

① 梅列日科夫斯基，《西方之秘》。

在这里，人们不会用"肉欲的"和"亚细亚的"方法来祭拜"野蛮"女神。这一切都只是大母神崇拜的更深层面。她是爱神，控制着肥沃的土地、男人、牛群和农作物；她还掌管着所有的生死，所以她也是命运女神、智慧女神、死亡女神和冥界女神的合体。她的仪式在每个地方都是狂热而放纵的。作为野兽的主人，她控制着所有雄性生物，而这些生物也化身为公牛和熊，被印刻在她的宝座之上。

不计其数的女神在仪式中裸露出她们的生殖器①，无论是在印度还是在迦南都是如此，比如，埃及的伊西斯和希腊的德墨忒尔和鲍波（Baubo）就是这样。赤身裸体的女神会"睡在地上，并委身于爱情"。她是大母神的早期版本，而更早一些的版本可见于新石器时代巨大的女性雕像上。她的标志是一头猪。猪是一种繁殖能力极强的动物。在它之上，或在一个篮子中——这是类似丰收角的女性象征，女神会张开双腿坐于其中，即便在至高无上的埃莱夫西斯秘密仪式里也是如此。②

作为大母神的原始符号，这头猪不仅是一种繁殖的象征，也存在于宇宙投射的最早的阶段：

> 天空——女人的异教意象是一头猪，会将星星——孩子吞入口中，就像母猪吞下她的幼仔。我们可以在很早的戏剧文本中找到这种意象，它被保存在伪造的塞里一世坟墓里，在阿比多斯的奥西里斯神

---

① 皮卡德（Picard），《安纳托利亚的以弗所》（*Die Ephesia von AnatolienF*）；同时参见皮奇曼（Pietschmann），《腓尼基历史》（*Geschichte der Phoniziar*）。

② 皮卡德，《克里特岛和埃莱夫西斯的大母神》（*Die Grosse Mutter von Kreta bis Eleusis*）。犹太教徒的异教邻居腓尼基人所崇拜的老鼠，极有可能是因为与猪一样的高产子率才成为神圣的繁殖动物的。弗雷泽注意到，在《以赛亚书》中，有一个段落描述了以色列人秘密地庆祝一个吞食猪肉和老鼠肉的异教节日。这很明显与迦南人对母神的崇拜密切相关。老鼠出现在公认的大女神迦太基女神身边这一事实更证实了这一点。老鼠的消极面在于它是黑死病的载体，《伊利亚特》（*Iliad*）、希罗多德和《旧约全书》都指出过这一点。

庙中。①

伊西斯和处女神努特（Nut）②一样，外形是一头"白色的母猪"③，而旧神塞特的头也被看作猪的头④。在特洛伊，施利曼（Schliemann）发现了用星星点缀着的猪⑤，这很明显便代表着天空——女人是一头母猪，而且无数证据都证明了人们把母猪当成母神来祭拜。

或许，女性的生殖器与猪有着最原始和最古老的联系，它们甚至在希腊语和拉丁语中就被称为"猪"，尽管这种联系还可以追溯到更早的时候，在那时，这是贝壳的古称。从克里特岛到小亚细亚，再到希腊，伊西斯的形象都是大张双腿坐在一头猪上。在克里特岛，米诺斯王就是被一头母猪抚养长大的，对此，法内尔（Farnel）说道：

> 克里特岛人认为这种动物极其神圣，不会食其肉。弗兰索斯人会用母猪进行秘密祭礼，把它当作最重要的祭祀品。⑥

在圣卢西安节那一天，希拉波利斯的叙利亚人会辩论猪到底是神圣还是非神圣的，这只是一种无知和堕落的迹象。在比布鲁斯⑦发现的母亲—母猪的浅浮雕证实了其神圣性，可能这是阿多尼斯祭礼的一部分。腓力基人也有不吃猪肉的习俗，他们还用猪来祭奠阿多尼斯之死。

---

① 基斯，《上帝信仰》。
② 同上。
③ 梅特涅石柱，罗德尔，《古埃及的宗教标志》。
④ 巴奇和霍尔，《大英博物馆埃及藏品指南》（Introductory Guide to the Egyptian Collections in the British Museum）。
⑤ G.E.史密斯（G. E. Smith），《龙的演变史》（The Evolution of the Dragon）。
⑥ 《希腊各城邦的教派》（Cults of the Greek States）。
⑦ 勒南（Renan），《腓尼基的使命》（Mission de Phtnicie）。

弗雷泽[①]指出了阿提斯、阿多尼斯和奥西里斯的身份，以及他们与猪的关系。在猪肉被禁食的地方以及在猪被认为不干净的地方，我们似乎都可以肯定其最初的神圣性。猪与繁殖及性象征的关联一直延续到了今天，因为有些地方仍把性交贬称为"swinishness"［源于词根"swine"（猪）。——译者注］。

凯伦依早就注意到猪作为土地的"子宫动物"与德墨忒尔和埃莱夫西斯的联系。[②]我们必须记得，当埃莱夫西斯被获准造币时，猪被选择作为这一秘密仪式的象征。[③]

在阿尔戈斯的阿佛洛狄忒盛宴上，女人化装成男人，而男人像女人一样戴上面纱，在与猪祭品产生关联后，这被称作"歇斯底里"。

> 在这些周年庆上，阿佛洛狄忒的女祭司们呈现出一种发狂的状态，于是，"歇斯底里"一词便等同于与这种纵欲相关的精神错乱……"歇斯底里"一词与性欲炽盛（Aphrodisia）一词意义相仿，指的都是这位女神的庆典。[④]

我们也会提到，正是阿佛洛狄忒的大母神的原始特性造就了"性欲躁狂"（Aphrodisia mania）。

这不仅强调了大母神原型与性行为和"癔病"的关系，而且更重要的是，这种雌雄不分的庆典互换了性别和男女所穿的衣物，被称作"杂交"（Hybristica）。这种杂交状态，也就是乌罗波洛斯状态被父权制的

[①] 《金枝》。
[②] 荣格和凯伦依，《神话学随笔》。然而，作者对希腊神话的特别关注，使他不能充分关注这一现象背后的原型特征。
[③] 荣格和凯伦依，《神话学随笔》。
[④] 黑斯廷斯（Hastings），《宗教与伦理学大百科》（*Encyclopaedia of Religion and Ethics*）。

希腊拒斥。现在，这种否认通过与之同源的"放纵"（hybris）一词呈现了出来。

所以，猪象征着女性，象征着多产和具有包容能力的子宫。作为"子宫动物"，它属于土地。在塞斯摩弗洛斯节（地母节）上，人们会把猪作为祭品抛入一个巨大的坑中，以使土地更肥沃。

在这些关于吞噬性深坑的象征中，我们必须提到子宫的可怕一面：戈耳工与美杜莎（Medusa）的头、长着胡须和男性生殖器的女人，以及专食男人的蜘蛛。张开的子宫是乌罗波洛斯母亲吞噬性的象征，特别是当它被与男性生殖器象征联结在一起时。美杜莎犬牙交错的嘴巴和她的獠牙就再清楚不过地展现了这一点，而她吐出的舌头很明显与男性生殖器有关。开合的——也就是说阉割性的——子宫呈现为地狱的入口，而缠绕在美杜莎头上的蛇不是人的阴毛，而是具有攻击性的男性生殖器元素，乌罗波洛斯子宫的恐怖面是其特征。蜘蛛也属于这一类象征，这不仅因为雌蜘蛛会在交配后生啖其伴侣，还因为它是女性的普遍象征，会结网俘获毫无防备的男性。

结网布线的元素大大地增强了这一象征的危险性。编织生命之线的命运三姐妹（Weird Sisters）就是这样。诺伦三姐妹（Norns Sisters）也是如此。她们会编织世界之网，把女人生下的男人都缠起来。最后，我们还可以看到摩耶（Maya）的面纱，男人和女人都指责它像"幻觉"，像吃人的潘多拉盒子。

在大母神之危险性占统治地位的地方，或在其危险性与积极性及创造性相当的地方，以及在其毁灭面——男性生殖器因素——与她多产的子宫同时出现的地方，乌罗波洛斯仍然在背后发挥着作用。在上述这些情况下，自我的青春期阶段还没有被克服，自我也还没有从无意识中独立出来。

儿子—情人与大母神的关系

我们可以把年轻的情人与大母神的关系区分出几个阶段。

在最早的阶段，其特征是对宿命、对母亲或乌罗波洛斯力量的自然屈服。在这个阶段，苦难和悲哀仍是无个性特征的。花朵一般的年轻植物神注定会灭亡，他们与作为祭品的儿童相差无几。这个阶段暗含着这一自然生物体不切实际的希望。他希望自己能像自然一样从大母神那里获得重生，诞生于她丰盈的恩典之中，而不愿依靠自己的努力和自身的价值。在这一阶段，与乌罗波洛斯母亲以及压倒性的命运之力的斗争完全是徒劳的。希腊悲剧，特别是俄狄浦斯这一人物就说明了这一点。男性特质和意识还没有获得独立，而乌罗波洛斯乱伦也已让位给了青春期的母权乱伦。性乱伦的死亡狂喜代表着青春期的自我还不够强大，还不能抵御大母神所象征的力量。

到下一阶段的过渡是"斗士"造就的。他们心中对大母神的恐惧是中心化倾向、自我塑造和自我稳定的最初迹象。这种恐惧表现为各种形式的战斗和抵抗。虽然最初的战斗仍然完全在大母神的控制之下，但其最主要的方式已经表现为自我阉割和自杀。然而，此处反抗的态度、对爱的拒绝，正是恐怖母神渴望的，这意味着男性生殖器官的献祭，即使这种献祭是消极意义上的。这些因恐惧和发疯而逃离大母神的年轻人，在自我阉割行动中把他们永恒的依恋出卖给了大母神崇拜的中心象征，即男性生殖器官。他们将自己的男性生殖器官奉献给她，否定了自己的意识，也不顾自我的抗议。

我们可以在那喀索斯（Narcissus）、彭透斯和希波吕托斯（Hippolytus）身上清楚地看到这一对大母神的逃离，它是中心化倾向的表现形式。这三人都抗拒大母神炽热的爱，并且受到了她们或其代表的惩罚。比如那喀索斯，他反抗这种爱，然后因为迷恋自己的倒影而亡。在这里，转而关注自身，以及对吞噬一切的客体的背离，是非常明显的。但是，这并没有得到独一无二的强调，对自己身体的爱也还不足够突出。一个"我"的意识逐渐觉知自己的倾向，从镜子里看到自己的所有自我意识、所有反射，是这一阶段所必要的，也是其基本特点。当人类的意识开始发展为自我意识（self-consciousness）时，自我塑造（self-formation）和自我认识（self-realization）就正式开始了。内省（self-reflection）不仅是人类青春期阶段，也是个体青春期阶段的典型特征。它是人类认识的必经阶段，而且只存在于这个具有致命影响的阶段。通过内省打破大母神的固着的，不是自慰这一象征，而是中心化倾向这一象征。

水泽仙女宁芙（nymphs）对那喀索斯的追求完全是徒劳的，因为她们仅仅是阿佛洛狄忒式（性欲的）力量的个人表达形式，而对她们的抗拒就是对大母神的抗拒。稍后我们将再一次检视这一原型破裂对意识发展的意义。在希腊神话中，我们可以看到这一破裂是怎样进行的。大母神的恐怖面几乎完全被抑制了，而只有在阿佛洛狄忒的性感撩人中，我们才可以惊鸿一瞥。阿佛洛狄忒自身不再呈现为超人类的最高权威；她被分裂了，并被个人化为宁芙、海妖塞壬（sirens）、水妖、树精，或者她以母亲、继母、爱人等形式呈现的其他人物，如海伦（Helen）或菲德拉（Phaedra）。

这并不是说这一过程在宗教历史中一直按照清晰无比的路线进行着。我们的出发点是原型及它与意识的关系。然而，按时间顺序而言，宁芙——也就是说，原型的某一面——既可以出现在母亲原型的历史崇拜之前，也可以出现在母亲原型的历史崇拜之后。从结构上说，虽然历史学家指出宁芙崇拜的出现先于大母神崇拜，但她们仍然是原型的某一方面，而且是其心理碎片。在集体无意识中，所有的原型都是同时发生的，它们同时存在着。只有随着意识的发展，我们才渐渐地在集体无意识之中划分出层次结构（参见第二部分）。

那喀索斯是大母神阿佛洛狄忒的真正受害者，因为他被自己的影子引诱，他屈服于她的致命规则之下。他的自我系统被爱之恐怖本能力量俘虏，而这种爱正是在大母神的控制之下。事实上，她借他的影子实施引诱，这一点正说明了她的阴险狡诈。

彭透斯是这种"斗士"的另一个代表，但是他没能成功地实现英雄的解放行为。虽然他的斗争直指狄奥尼索斯，但他的宿命展示了他真正的敌人是大母神。众所周知，狄奥尼索斯与对大母神的纵欲崇拜和她的儿子—情人（如奥西里斯、阿多尼斯、塔木兹等）有密切的关系。我们不能深入研究狄奥尼索斯之母塞墨勒这一问题人物，但是巴霍芬找出了狄奥尼索斯与大母神之间的对应关系，现代研究也证实了他的说法：

> 狄奥尼索斯在特尔斐备受景仰，他被看作摇篮中的婴儿或丘比特。对他的崇拜是对地府神的崇拜，如同对月亮女神的崇拜。因为他来自色雷斯地区，并生活在小亚细亚，所以这里融入了对玛格那玛特（大母神）的崇拜。很可能……与原始的前希腊（pre-Grecian）宗教有关的、广泛的原始崇拜就寄身于他。[①]

英雄的彭透斯王为他的理性而自豪，在他母亲——狄奥尼索斯的血亲的帮助下，试图对抗放纵的欲望，但两者都被狄奥尼索斯式的（非理性的）狂热吞没。他遭遇了与所有大母神受害者相同的宿命：他发起疯来，并穿上了女人的衣服，加入狂欢的队伍，而他的母亲说着疯话，错把他当作"爱人"（Hon），将他撕成了碎片。随后，她带着他血淋淋的头回到家中（这暗示着原始的阉割行为），她肢解了他的尸体。通过这种方式，他的母亲违背了其意识心的指令，变成了大母神，而对于儿

---

① 伯努利（Bernoulli），巴霍芬的《原始宗教和古象征》（UrreUgion）。

子而言，虽然他的自我做出反抗，却仍然成了她的儿子——情人。发疯、穿上女人的衣服，以及后来变成动物、被肢解或阉割——一系列原型的宿命在这里实现了。彭透斯藏在松树之巅，成了狄奥尼索斯—阿提斯，而他的母亲则成了玛格那玛特（Magna Mater，大母神）。

希波吕托斯也与彭透斯和那喀索斯相仿。出于对阿耳忒弥斯之爱，出于自身的圣洁和对自我之爱，他蔑视阿佛洛狄忒，因此他对其继母菲德拉的引诱不屑一顾。但是，他的马儿奉他父亲之命，并在海王波塞冬（Poseidon）的帮助下，把他给拖死了。

在这里，我们不能深入讲述希波吕托斯对他母亲亚马孙女王的爱、他对继母即阿里阿德涅（Ariadne）的姐姐的爱之间的深层次冲突，以及他反抗菲德拉和忠于阿耳忒弥斯的原因。我们只能简要地分析与我们的主题有关的神话。由于二次个性化，这个神话在欧里庇得斯戏剧中，变成了一种带有人性细节的个人宿命。但显而易见的是，它的起源仍可以被追溯。

受到蔑视的阿佛洛狄忒和被鄙视的继母是相互关联的。她们代表着大母神，会一往情深地追求儿子，并在儿子反抗时杀死他。希波吕托斯与处女阿耳忒弥斯捆绑在一起——她并不是原始的处女母亲，而是一个精神角色，类似于雅典娜的"女性朋友"。

希波吕托斯身处反抗大母神的阶段，他已经意识到他自己是一个年轻男人，需要为自己的自主和独立而战，于是，他拒绝了大母神的求爱，以及她纵欲的生殖器性行为。然而，他的"圣洁"远远超越了对性的抗拒，它意味着代表"高级"男性特质的意识与"低级"男性生殖器的对立。从主体层面来说，它是对"阳性的"（solar）男性特质的有意识认识。巴霍芬认为，这种特质是与"阴性的"（chthonic）男性特质相对立的。这种高级男性特质与光明、太阳、眼睛和意识相关联。

希波吕托斯对阿耳忒弥斯之爱以及天性的圣洁被他的父亲贬称为

"自命不凡"和"自恋"。①正是因为这些特质，希波吕托斯才属于被我们称为年轻人的团体。稍后，我们会提到男性法则如何透过男性友谊被巩固，以及"精神性"姐妹在男性化意识发展中的重要性。然而，在希波吕托斯这里，年轻人的反抗却以悲剧告终。从人格角度分析，这意味着阿佛洛狄忒已经报了仇。他鄙视这位继母，他的父亲忒修斯相信了她中伤他的话。她自杀了，而他的父亲认为这应该归咎于他，并因此诅咒了他。于是，波塞冬满足了忒修斯的愿望，将希波吕托斯置于死地。这一阿佛洛狄忒的复仇故事并无多大意义，因为就我们的思维方式而言，它并无可悲之处，但是我们可以看到，从心理学角度分析，它所代表的内容完全不同。

俄狄浦斯不能承受其与母亲的英雄般的乱伦，希波吕托斯却能坚持自己的蔑视态度。大母神的力量，阿佛洛狄忒带来的疯狂的爱，比他意识自我的阻抗力要强得多。他被他自己的马儿拖着走——也就是说，他已经沦为其本能世界的受害者，沦为他征服之物的受害者。很明显，这些马儿是雌性，完成了阿佛洛狄忒置他于死地的愿望。如果我们知道大母神在神话中是怎样复仇的，那么就可以看到这种安排的合理之处。阿提斯、爱斯曼（Eshmun）和巴塔自戕或自杀，那喀索斯因迷恋自己而死，阿克泰翁与许多年轻人一样变成一只动物并被撕成碎片，这一切都是密不可分的。无论是艾顿（Aithon，火马）被它自己的热情点燃，还是达佛涅斯（Daphnis）因为不爱阿佛洛狄忒送给他的女子而陷入无法满足的欲望之中，希波吕托斯无论是被拖死还是发疯了，是爱还是报应，其实都是大母神的复仇，即地下秘密力量对自我的颠覆。

同样，就其特性而言，尽管波塞冬没有直接动手，却成了阿佛洛狄忒的工具，而阿佛洛狄忒的背后就潜伏着恐怖母神。从大海里调派

---

① 欧里庇得斯，《希波吕托斯》（Hippolytus）。

巨型公牛使希波吕托斯的马发疯并使它们拖拽主人的正是波塞冬。我们在这里再一次邂逅了撼地神牛（Earth-Shaker）和深海之王（Lord of the deep），他们是大母神的圣宠，是与男性生殖器有关的角色。阿佛洛狄忒寻求报仇的机会，因为希波吕托斯的自我意识越来越强，从而"看不起"她，并宣称她是"天神中最低级的那一个"①。我们在吉尔伽美什反抗伊希塔的故事中看到的也是这种发展。但是，与希波吕托斯——一个非常负面的英雄——完全不同的是，吉尔伽美什是一个真正的英雄，因为他有着发展程度更高的男性特质。他得到了自己朋友恩基杜（Engidu）的支持，他过着英雄那样的生活，完全摆脱了大母神。而对希波吕托斯而言，尽管他的意识心在藐视她，否认她，但在无意识中，他与她仍是紧密相连的。

这位年轻人为获得自我意识的斗争开始了。他成了一个个体，有了个人的命运，而大母神变成致命的且不忠的母亲。她选择了一个又一个年轻的爱人，然后将他们——毁灭。就这样，她变成了"妓女"。事实上，大母神是神妓，是繁殖的工具。但这个神妓扮演着一个负面角色，是薄情之人，是毁灭者。于是，女性开始被重新评估，其转变是负面的。那之后，西方的父权宗教走向了极端。自我意识的发展和男性特质的加强把大母神的意象推到了幕后。父权社会将其分裂，以至于只将好母亲的意象保留在意识之中，而其恐怖面却被压抑进无意识之中。②

---

① 欧里庇得斯，《希波吕托斯》。
② 大母神分裂为一个意识的"善良"母亲和一个无意识的"邪恶"母亲，这是神经症的基本心理现象。于是，情况变成了这样：神经症患者有意识地与母亲保持"良好的关系"，但是在这种爱的姜饼屋中也藏着一个女巫，她会吞食小孩，并准许他们没有自我，做一个被动的不负责任的存在——这是对他们的奖赏。分析揭示，恐怖母神的伴侣是一个令人敬畏的角色，用威胁和恐吓来禁止性行为。其结果是自慰、真实的或象征性的阳痿、自我阉割（self-castration）、自杀，等等。无论恐怖母神的图像是无意识的还是投射，都毫无区别；在两种情况下，交媾的想法、与女性发生关系的想法，都将激起阉割恐惧。

这一分裂的结果使得作为杀手、凶猛动物如公牛或熊的大母神，不再与作为一个悲天悯人的好母亲的大母神并列。巴霍芬[1]指出，熊是母亲的象征，而且他强调它等同于西布莉。我们今天知道，熊作为母亲的象征，是一种具有共性的原型，在欧洲和亚洲都能找到。[2]巴霍芬同样指出，狮子后来代替了熊，这正好对应着父亲崇拜代替了母亲崇拜。[3]温克勒（Winckler）的发现也证实了这一点：在占星学中，太阳神位于大熊星座之中，而且被称作"公猪"（Boar）。[4]鉴于星座意象是心理意象的投射，正如在神话中发现的，我们在这里也发现了相同的联系。因此，在稍后的发展中，大母神形象分裂成一半是负面形象，由一只动物代表；一半是正面形象，有着人的形式。

阿提斯和克里特岛的宙斯都被一只公猪所杀。它是阉割主题的变形，而这一主题同样与阿提斯祭礼中吃猪肉的禁忌以及大母神的猪形有关。公猪是嫉妒的父神派来的复仇者，其作为父亲的重要性是后来才发展起来的。在这一年轻神祇注定一死的阶段，父亲无足轻重。事实上，虽然他并不知情，但这位年轻人是其父的另一种表现形式。在这里，只有儿子自己，不存在父系起源。母系乌罗波洛斯统治的特征是，稍后归因于父亲的"男性化"特征仍是大母神之乌罗波洛斯天性中不可或缺的部分。格里伊三姐妹（Graeae）那共用的一颗牙齿，以及其他与命运三女神、女妖和女巫相关的明显男性化因素，也可能出现在这里。正如胡须和男性生殖器官是她雌雄同体本性的一部分，她既是会生育的母猪，又是会杀戮的公猪。

大母神神话中出现了男性杀手，这是进化性的发展，因为它意味着

---

[1] 《古宗教》（*Urreligion*），第一卷。
[2] 布莱西希（Breysig），《原始居民》（*Die Volker eurtger Urzeit*）。
[3] 弗罗贝尼乌斯（Frob enius），《非洲艺术史》（*Kulturgeschichte Afrikas*）。
[4] 温克勒，《巴比伦的天象图和世界地图》（*Himmels- und Weltenbild der Babylonier*）。

儿子已经在很大程度上赢得了独立。一开始，公猪只是乌罗波洛斯的一部分，但是最后，他变成了儿子自己的一部分。于是，公猪等同于自毁（self-destruction），也就是神话中提到的自我阉割（self-castration）。男性杀手身上没有父系特质，他只是毁灭倾向的象征。在这种自我牺牲（self-sacrifice）中，他转而与自己为敌。我们可以在敌对的双生兄弟——自我分裂（self-division）——原型中，看到这种分裂。虽然弗雷泽和耶利米亚（Jeremias）[①]都没有提供解释，但他们都提供了大量证明，证实杀死他的英雄和野兽代表的是同一个东西。

敌对双生兄弟的主题是大母神象征意义的有机组成部分。它出现在男性通过将自己分成两种对立因素——毁灭性和创造性——而获得自我意识的时候。

斗士阶段标志着意识自我与无意识的分离，但这时自我尚不稳定，还不足以与初始父母分离，也不足以取得英雄斗争的胜利。正如我们强调过的那样，中心化倾向的表现形式最初是消极的，会假扮为恐惧、逃离、蔑视和抵抗。然而，自我的这种消极态度，并非像英雄一样直接对抗客体——大母神，而是自我毁灭、自我戕害和自杀，与自己为敌。

在那喀索斯的神话中，自我虽然试图通过自我反射打破无意识力量，但还是屈服于阉割式的自爱（self-love）。他把自己淹死，这象征着自我意识的溶解。同样的事也发生在现代，如魏宁格（Weininger）和塞德尔（Seidel）也是在年轻时就自杀了。无论是在塞德尔的著作《意识宿命》（*Bewusstsein ah Verhangnis*）中，还是在厌恶女人的魏宁格的作品中，都可以清楚地看到大母神情人的印记。他们都因迷恋她而面临丧失生命的危险，而且他们的反抗也都是徒劳的，他们的原型宿命根本不可

---

① 耶利米亚，《古东方精神文化手册》（*Handbuch der atiorientalischen Geisteskultur*）。

更改。①

斗争的原型情境和不情愿的爱人在现代神经症患者的自杀心理中扮演着重要的角色，并且在青春期心理中有其合理性，因为斗士正是青春期的原型代表。否定、自我否认（self-denial）、悲观主义，以及在这一阶段渐渐累积的自杀倾向，在这里并没有什么不当，因此女性身上的魅力——它既迷人又危险——也是如此。正如成人仪式证实的那样，青春期的结束以英雄斗争的胜利为标志。这些在青春期死于自己之手的年轻人代表着那些屈服于斗争危险的人，他们不会成功，而是会因为经不起考验而灭亡。当然，时至今日，成人仪式还是在发生，却是在无意识中。他们的自我毁灭以及悲剧般的自我分裂无疑是英雄行径。斗士可能会被描述为消极的、劫数难逃的英雄。在毁灭倾向背后发挥作用的男性杀手仍然是大母神的工具，虽然自我并不知道这一点。和过去一样，杀死阿多尼斯的公猪只是戈耳工的獠牙。尽管如此，与情人的软弱不堪和悲伤无奈相比，一个杀死自己的自我仍然更为主动，更为独立，更具独特性。

男性对手从雌雄同体的乌罗波洛斯中分裂出来，大母神也分裂成了两个：好母亲与她毁灭性的男性配偶。从这些现象中，我们可以识别出意识在某种程度上的分化以及原型的分解。这一分离和因此出现的双生兄弟的冲突标志着一个重要的阶段即将到来，它会最终分解乌罗波洛斯，分裂世界父母，并使自我意识得到巩固。

在这里，我们需要考虑原始的、神话的意象，它们能够勾勒出这一

---

① 奥托·魏宁格（Otto Weininger），1880年生于维也纳，于1903年饮弹自尽。其主要著作《性与性格》（*Sex and Character*）断言女人是精神上和道德上的劣等人群。参见亚伯拉罕森（Abrahamsen）的《一个天才的精神与死亡》（*The Mind and Death of a Genius*）。他在书中对魏宁格进行了详尽的描述。阿尔弗雷德·塞德尔（Alfred Seidel）的《意识宿命》（*Bewusstsein als Verhangnis*）1927年在波恩出版，但这时，塞德尔已经死了。塞德尔，生于1895年，自杀于1924年。——英编者按

事件。双生子主题是埃及奥西里斯和塞特神话的决定性因素,并在迦南神话中扮演着重要的角色。同样,我们也会在巴力和莫特、瑞舍夫和沙尔曼的冲突中,在关于雅各布和以扫的圣经故事中,在犹太传说中,发现这一因素。

有趣的是,这里的确存在着这一象征群的图像。奥尔布莱特早就注意到了这一点,他写道:

> 在伯珊(巴勒斯坦)一个约公元前12世纪的祭台的浮雕上展示了一幅不同寻常的画面:一位裸体女神手捧两只鸽子,双腿大开地坐着,以展示自己的性感;在她之下是两位男性神祇,他们的双手缠绕在一起,仿佛是在争斗。其中一个脚下也停着一只鸽子。在他们之下,盘旋着一条蛇,而另一边是一头狮子。[①]

狮子与蛇之间的斗争——生死之争——在稍晚的密特拉教中也可看到,而且它们的意义是相同的。这一宗教已经是父权性质,其引入了某些变化。但是我们发现,在公牛作为祭品的崇拜意象中,在公牛之下也有这两种动物——蛇和狮子,它们象征着夜晚和白昼、天空和大地。它们在整体上被分成两部分,分别代表生与死。两个手拿火炬的年轻人,一个站得很高,另一个却很低。在这里,大母神的子宫——最初便包含着对立面——呈现出一种象征形式:双耳喷口杯。这是重生的保障物,还有两只动物急匆匆地向它跑过来。像密特拉教这样的男性化宗教不再容忍女性神祇直接体现。

不幸的是,在目前的情况下,我们不能指出原型如今是怎样在无意识中运作的,就像以往在神话中的投射一样。我们只能指出,这个来

---

① 奥尔布莱特,《从石器时代到基督信仰》。

自伯珊的原始意象无意识地出现在一位现代作家罗伯特·路易斯·史蒂文森（Robert Louis Stevenson）的作品中，并保持着千百年来始终不变的意义。在史蒂文森的《化身博士》（Dr.Jekyll and Mr.Hyde）一书中，孪生兄弟塞特和奥西里斯之间的斗争又以人格的形式在现代重演。①化身博士在他的日记中写下了下面的话，这段文字正好说明了这个故事的主题：

  人类受到了诅咒，于是，那些不和谐的人才会被紧紧地绑在一起。在受尽折磨的意识子宫里②，这些两极分化的双胞胎不得不继续斗争。他们要怎么样才能分开呀！

  直到今天，对这一心理问题的有意识认识才出现在弗洛伊德的精神分析中。弗洛伊德设想，生本能与死本能的对立存在于无意识之中。同样地，这一问题表现为荣格分析心理学中的对立原则。在这里，心理原型是相同的：双生兄弟被锁在大母神的子宫中进行生死之争，这可以是一个神话，一个原始意象，一个短篇小说的主题，也可以是一个心理学概念。

  当我们检视"恐怖男性"与"恐怖父神"的不同时，我们应当总结一下这一问题对男性特质发展的重要性。③在这里，我们只能说，男性不再与大母神至高无上的力量对抗，而开始和与他敌对的男性斗争。因此，一种冲突的情境得到发展，在其中，自我防御（self-defense）第一次成为可能。

---

  ① 同样的主题也出现在史蒂文森（Stevenson）的《巴伦特雷少爷》（Master of Ballantrae）中。——英译注
  ② 无意识的意义。
  ③ 见后文。

这一心理发展与原始繁殖仪式的变化相吻合，而原始繁殖仪式构成了这些神话的背景。①一开始，年轻的繁殖国王会被杀死，他的尸体被切成碎片后洒到土地上，他的生殖器官会被制成木乃伊以保证来年的丰收。大地母神的女性代表是否也会被杀死，这一点还没有定论，不过十之八九会这样。然而，随着母神的崛起，她的代表，大地女王（Earth Queen）仍然存活了下来，以便庆祝她与年轻国王的结婚周年。稍晚一些时候，祭品似乎被战斗取代。"年度国王"需要巩固他的地位，他被获准与他的继承人一决高下。如果他战败，他就像往年一样作为牺牲品去献祭；如果他胜了，他的对手就会代他而死。后来，当母权社会过渡到父权社会时，人们每年或每隔一段时间都会举行一次复兴仪式，而国王会一直活下来，因为另外的人或动物会代替他成为祭品。这在埃及被称为"立节德柱"，国王就没有必要死去了。最初发生在女王—女神身上的情况也是如此。

我们应当看到，在自我意识与无意识斗争的最后阶段，也就是发展的稍后阶段，女性被父权社会排斥，她们仅仅是一个容器，而男性，却通过再造自己，成了他自己重生的动因。

然而，在过渡阶段，母亲的创造魔力，即重生力量，继续与男性法则并存。它不停地休整和更新，把碎片结合在一起，给腐烂之物以新的形式与新的生命，超越了生死。但是，男性化人格的核心仍然受到母亲重生力量的影响。它不毁灭，似乎能够预见重生。某种残留物，类似于犹太传说中的"重生骨"②，会被死亡摧毁。它之中蕴藏着使自身重生的力量。在乌罗波洛斯的致命乱伦中，处于萌芽期的自我会像盐一样被水完全溶解。与之形成对照的是，这时候强壮的自我已经启动了生命之

---

① 拉格兰勋爵（Lord Raglan），《伊俄卡斯忒之罪》（*Jocasta's Crime*）。
② 人们相信，最后一块脊骨（os coccygis）是坚不可摧的，也是身体复活的地方。参见奥西里斯的骶骨，它成了节德柱的一部分，见下文。——英译注

舰，超越了死亡。虽然生命是母亲给予的，但是它同时不可思议地于受制于残余的自我核心。《梨俱吠陀》（Rig-Veda）中有诗云：

> 慢慢地爬向大地，这位母亲，
> 爬进辽阔、广大、最神圣的大地之中！
> 软如羊毛，充满智慧。
> 愿她保护你去下一趟轮回之旅。
> 拱起你宽阔的后背，切勿向下，
> 轻轻地打开自己，让他毫不费力地进来；
> 她是母亲，她的儿子就藏在她的长袍里，
> 那么，哦，大地，请盖住他。①

死亡不是结局，而是一种穿越。它是一个休憩的时刻，也是母亲提供的庇护所。当垂死的自我发现自己"重回"母亲怀抱，不再存在时，它不会感到快乐。它发出的生命意志超越了死亡，来到下一个轮回之旅，一段新的旅程之中。

在这一发展中，死亡不再是注定的结局，个体的必死性也不再是生命唯一的面向。这一发展也不可能在旧有的背景中完成，也就是说，不可能发生在年轻情人与大母神的关系中。男性法则现在已经足够强大，已经拥有自己的意识。自我意识不再是母性乌罗波洛斯的附属品，受制于强大的无意识，相反，它已经真正地取得了独立，能够独当一面了。

就这样，我们来到了意识进化的下一个阶段，也就是说，世界父母的分离阶段，或者说对立法则阶段。

---

① 《梨俱吠陀》中的诗歌，格尔德纳（Geldner）译，《吠陀教和婆罗门教》（*Vedismus und Brahmanismua*）。

世界父母的分离：对立原则

兰奇和巴巴（Rangi，Papa）[1]，天与地，被看作万事万物、诸神和人类的源头。世界曾是一片黑暗，因为兰奇和巴巴仍在一起，不愿分开。他们生养的孩子也不知道黑暗与光明之间的差别。他们只知道"存在"不断繁殖，不断增加，但光明还从未显露，黑暗仍将继续。因此，古老的"祷告"（karakia）中有这样的祷告词："从第一次时间分裂以来，世界就充满了黑暗。这样过去了几十年，几百年，几千年……"也就是说，这种黑暗的状态持续了很长时间，它被看作一种存在，都被称为"Po"（毛利语中的夜）。那时还没有光明的光亮世界，"存在"们只能存在于黑暗之中。

最后，兰奇和巴巴繁殖的后代厌倦了黑暗中的沉闷，他们询问彼此，说道："让我们决定应当怎样处置兰奇和巴巴吧！不管是杀了他们，还是将他们分开，我们都在所不惜。"这时，兰奇和巴巴最凶残的儿子战神图（Tu-matauenga）说："这很好，那我们就杀死他们吧！"

但是，森林之父塔尼（Tane-mahuta）——栖息在森林中或源

---

[1] 新西兰毛利人创世纪故事中的人物。——译者注

于树木的所有生物的父亲——说道："不，不要那样做！我们还是把他们分开吧。我们可以高举兰奇在天，深踩巴巴在下。我们可以不理会兰奇，但我们仍需要靠近大地，我们仍需要她的滋养。"

除了风神塔希利（Tawhiri-matea），众兄弟都赞同这一提议。因为塔希利担心自己的王国被推翻，一想到父母即将被分开就很难过。

因此，古老的祷告中也有这样的祷告词："黑暗，黑暗，光明，光明，寻找，找寻，在混沌中，在混沌中。"这说明了兰奇和巴巴的子孙是怎样想尽办法对付自己的父母，以使人类繁衍生存的。"数量，时长"这一说法也表明他们想法的数量和他们进行思考的时长……

他们的计划达成了一致，于是谷神龙戈（Rongo-ma-Tane）接受了分开兰奇和巴巴的任务。他努力地试图分开他们，但是没有成功。接着，鱼神和爬行动物之神塔卡罗阿（Tangaroa）站出来接受了分开兰奇和巴巴的任务。同样地，他努力地试图分开他们，但是也失败了。接着是郝米亚（Haumia-tikitiki），野生食物之神，但他的行动也以失败告终。接着便是战神图站出来并努力想要完成任务，但他同样无功而返。

最后，森林、鸟类和昆虫之神塔尼站出来与他的父母做斗争。他想要用手将他们拉开，却是徒劳。他停了下来，将自己的头深深地扎进母亲巴巴——大地——之中，然后用他的双脚顶起他的父亲兰奇——天空。他挺直腰背，四肢发力。现在，兰奇和巴巴终于被分开了。他们一边责骂，一边发出痛苦的呻吟。他们大叫道："你们想这样杀死自己的父母吗？为什么要犯下这样深的罪行，分裂自己的父母？"但塔尼没有停下来。他无视父母的哭喊和呻吟，深深地，深深地，将大地巴巴压在他之下，高高地，高高地，将天空兰奇顶在他之上。因此，古语有云："塔尼用他的神力撕开了天与地。由此，黑暗显现了，光明也显现了。"①

这一毛利创世神话包含了人类意识进化在此阶段——它出现在乌罗波洛斯占支配地位的阶段之后——的所有元素。世界父母的分离，对立面从统一中的分裂，天与地、上与下、日与夜、光与暗的创造，是巨大的罪行和罪恶，所有在其他神话中单独出现的特征在这里被统一了起来。

当谈到世界父母的分离时，弗雷泽指出：

原始人普遍相信天空与大地最初是合为一体的，天空要么平躺在大地上面，要么与大地距离咫尺，它们之间的距离不足以使人直立行走。在这些信念流行的地方，人们认为，天空与大地之所以现在离得那么远，极有可能是因为某位神祇或某个英雄猛地推了一下天空。从那之后，天空才高高地待在了现在的位置。②

在其他地方，弗雷泽也把原始父亲的阉割解释为世界父母的分离。在这里，我们可以看到原始乌罗波洛斯状态的参照物，也就是说，天与地被认为是"两个母亲"。

我们一而再，再而三地回到基本象征，也就是光明之中。光是创世神话的核心。光明，是意识和启蒙的象征，是所有民族起源学说的本原对象。相应地，"几乎在所有民族和所有宗教的创世传奇中，创世过程都与光的出现相结合。"③正如毛利文献所记载："光明，光明，寻找，找寻，在混沌中，在混沌中。"

---

① 安德森（Andersen），《波利尼西亚的神话和传说》（*Myths and Legends of the Polynesians*）。
② 《自然崇拜》（*The Worship of Nature*）。
③ 卡西尔，《象征形式的哲学》（*Philosophie der symbolischen Formen*），第二卷。

只有在意识之光中，人才能知晓。这一认知行为，这一有意识的辨识行为，使世界分成对立的两面，因为体验这个世界只能通过对立来实现。再一次，我们必须强调，神话的象征意义虽然可以帮助我们理解相对应的人类阶段，但它不是哲学和思辨。同样，艺术作品、梦的所有意义，以同样的方式来自心灵深处，只对独具慧眼的人才有意义，然而，在很多情况下，艺术家和做梦者自己都不能充分理解它们。同样，神话的表达形式是对人类心理过程的朴实演示，尽管人类可能将神话体验为完全不同的东西并传递下去。我们知道，仪式——一些典礼和活动——十有八九先于神话的构想，而且很明显，行动必须先于知识发生，无意识行为也总是先于人们口中说出的内容。因此我们的构想是抽象的总结——否则，我们就不要指望能够审查那些先于我们的多样化材料了——而不是诸如"原始人能够有意识地制造这些"这样的陈述。只有了解到占支配地位的意象——这些意象指出了人类发展的方向——之后，我们才能够理解这些簇拥在主线周围的变体和副线。

意识等于驱邪：这是一个口号，铭刻着人类所有的努力——努力让自己从原始乌罗波洛斯龙的环抱中解放出来。一旦自我认为它就是中心，并把它看作自我意识，原初的情境就会被打破。只有当我们忆起由乌罗波洛斯的无意识支配的神秘参与（participation mystique）状态时，我们才能看到觉醒中人格的自我认同（self-identification）到底意味着什么。认同的逻辑陈述——"我就是我"——对我们来说虽然似乎是老调重弹，但它是对意识的基本陈述，实际上是一个巨大的成就。这个行为假定了一个自我，人格也认同这个自我（然而，这是靠不住的，这一认同日后可能被证实等同于孤独），这使一个能定位的意识得以产生。在这种联系中，我们可以再一次引用《奥义书》中的段落：

> 鸿蒙初辟，这个世界只有灵魂（Atman，阿特曼），他长得和

人一样。他环顾四周却只看见自己。他首先说道："我是。"……事实上，他的个头曾经和一男一女相拥时一般大。他让自己分成了两部分。从此，丈夫（pati）和妻子（patni）产生了。①

正如我们先前看到的那样，如果乌罗波洛斯中的存在是神秘参与中的存在，这就意味着自我中心还没有得到发展，世界与它还没有联系，它也无法与这个世界产生关联。相反，人即万物，他的变化能力几乎无所不包。他既是个体，也是群体中的一部分，是一只"红鹦鹉"②，一个有形的先祖灵魂。所有内在也是外在，也就是说，他所有的想法来自外界，是灵魂或魔法师或"神鸟"发出的指令。但是同样，所有外在也是内在。被猎杀的动物和猎人的意志之间存在着一种神奇而又神秘的关联。这种关联同样存在于创伤的疗愈和制造这个伤口的武器之间，如果武器是热的，伤口就会恶化。缺少分化就是自我软弱和无防御能力的原因，而虚弱的自我又反过来强化了这种神秘参与。因此，鸿蒙初辟之时，万事万物都是双重的，具有双重含义，正如我们在乌罗波洛斯中所看到的那样，男性和女性、好与坏是一个混合体。但是乌罗波洛斯中的生活意味着，在最深层，人既与无意识，又与自然相连，而且，它们之间存在着一种流动的连续体，像生命的电流一般通过人体。他置身于这一循环流动中，从无意识来到世界，再从世界回到无意识。在他生命的节奏交替中，这一循环流动的起伏运动猛烈地推动着他前进和后退，他暴露于这种节奏中，却浑然不觉。自我的分化、世界父母的分离、原始龙的肢解，使人像儿子离开父母一样获得了自由，将自身暴露于光明之

---

① 《广林奥义书》（*Brihadaranyaka Upanishad*），休谟译，《奥义书的十三原则》（*The Thirteen Principal Upanishads*）。

② 人与动物之间"神秘参与"的一个著名例子，引自冯·史坦南（Von den Steinen），《古巴中部的原始人》（*Unter den Naturvdlkern Zentral- BrasUiens*）。

中,也只有这样,他才作为一种具有稳定自我的人格降生于世。

在人类的原始世界画面中,世界是完整无损的。乌罗波洛斯状态活跃于万事万物中。万事万物都孕育着意义,或者至少可以变得如此。在这个世界连续体中,经由他们不断变化的、唤醒奇迹的能力,单个的生命片段变得可见,并作为超自然内容感染他们。这种"易感性"很普遍,也就是说,世界的每个部分都能够给人留下深刻的印象,每一个事物都有变得"神圣"的潜力,或者,说得更准确一些,能够让人吃惊,并因此充满超自然力量。

只有光明的到来才会促成世界的发端(见图19)。光明群集了天空与大地之间的对立,而它们是所有其他对立面的基本象征。在此之前,如毛利神话所说,"无尽的黑暗"占据着统治地位。随着太阳升起,或用古埃及语说,苍穹被创造出来,天与地分开了,人类生活开始了,宇宙中的万事万物都变得可见。

图19 米开朗琪罗,《上帝把光明从黑暗中分离出来》。西斯廷教堂天顶画,罗马。(摄影:阿里纳利。)

就人与其自我而言，光明的创造和太阳的诞生，都与世界父母的分离以及将他们分开的英雄所要承担的积极与消极的后果有密切的关系。

然而，人们对创世也有其他诠释。它被看作一种无关联的宇宙现象，是世界自身进化中的一个阶段。即使在我们引用的这段话中（来自《奥义书》），我们也可以看到个人能动性在进化过程背后发挥的作用，尽管这一文本并未有意强调这一点。

> 太阳就是梵天——这就是教义。解释如下：
> 开始时，世界并不存在。但这一不存在慢慢地变成了存在。它得到了发展。它变成了一个蛋。它静置了一年。它忽然爆炸，化为碎片。一部分蛋壳是银色的，另一部分是金色的。
> 银色的部分是大地，而金色的部分是天空……
> 从蛋中诞生的，是天边的太阳。当它诞生时，欢呼声四起，所有生物和欲望都起来迎接它。因此，随着它的每一次升起和落下，我们总能听到欢呼声，所有的生物和欲望都起来迎接它。①

卡西尔用大量的支持性资料，展示了光明与黑暗之间的对立是怎样启迪所有民族的精神世界，并将它塑造成形的。神圣世界的秩序和神圣空间——教堂围地或圣殿——通过这一对立来"定位"。②不仅人类的神学、宗教和仪式来源于这一辨识行为，而且后来从中发展出来的法律和经济秩序、国家的形成方式以及世俗生活的整个模式，乃至所有权概念及其象征意义，都来源于这一辨识行为。光明的到来使设置边界成了可能。

世界的建立、城市的建设、寺庙的布局、罗马军队的安营扎寨，以

---

① 《多雅奥义书》（*Chhandogya Upanishad*）。
② 《象征形式的哲学》。

及基督教教堂的空间象征意义，都是原始神话和黑暗的反映，都是在一系列连续的对立中对世界进行分类和排列。

正如埃及神话所言，只有当空气之神舒（Shu）踩在天与地之间使它们分开之后（见图20），空间才得以形成。正是因为他介入了光明的制造和空间的创造，才会出现天在上，地在下的情况，才会有前有后，有左有右。换句话说，直到那时，空间的组织才与自我相关。

图20 天与地的分割。舒将努特和盖布举了起来。埃及，一具棺材上的画面。（都灵，埃及博物馆。根据A.耶利米亚《发生在古老东方的旧约故事》中的描述进行的绘画，莱比锡，1904。）

最初，世上并不存在抽象的空间构件。它们全都与身体保持着某种神奇的关联，拥有一个神秘的、情感性的特征，并与诸神、色彩、意义和典故相关。[1]渐渐地，随着意识的发展，事物和空间被组织成一个抽象的系统，二者开始分化。事物和空间最初在一个连续体中结合在一起，与一个永远不停变化的自我保持着流动的关系。在这种初始状态中，没有你我之分、内外之别，也没有人与物的差别，正如人与动物、人与人、人与世界之间没有明显的分界线一样。万物互相融合，人生活在万物与无意识世界相互交织的状态中，如同生活在梦中的世界。事实

---

[1] 丹策尔（Danzel），《巫术和神秘学》（*Magie und Geheimwissenschaft*）。

上，这种早期状况仍然反映在我们梦中编织的意象和象征性存在中，表现了人类生活最初的混乱。

不但空间如此，时间和时间的流逝也由神秘的空间图像来定位。定位由光明和黑暗的交替来完成，于是，意识的范围被拓宽了，人对现实的理解也扩大了。这种能力从原始社会的阶段性组织扩展到现代的"生命各阶段心理"，也可以按照年龄段来划分。因此，在所有文化的实践中，世界一分为四。昼与夜的对立，扮演着极其重要的角色。

因为光明、意识和最初的乌罗波洛斯龙，常常都表现为混沌之龙。从有序的意识光明—白昼世界的角度来看，之前存在的是夜晚、黑暗、混沌和混乱。文化的内部和外部发展，都发端于光明的降临和世界父母的分离。日与夜、前与后、上与下、内与外、我和你、男与女，都来自对立面的发展和它们从原始混乱中的分化。不仅如此，像"神圣"与"世俗"、"善"与"恶"这样的对立，现在也在世界上各司其职了。

自我胚胎包含在乌罗波洛斯中。从社会学上说，这对应着集体思想盛行的状态，群体和群体意识在其中起着支配作用。在这种状态中，自我不是一个拥有知识、道德、意志力和活动能力的自发的、个体化的实体。它只能作为群体的一部分来运作，具有更大力量的群体才是唯一的真正主体。

当这个"儿子"建立自身为一个自我，分离世界父母时，自我的解放便从几个不同的层面实现了。

在意识发展之初，我们面临着这样的事实：万事万物仍然交织在一起，转化的每一个原型阶段都使当前的任务异常艰巨，如世界父母的分离总是向我们揭露出行动的不同层面、不同效应和价值观。

"与众不同"的体验是新生自我意识的基本现实，它出现在辨别力产生的曙光中。人类在史前迷雾中是一种模糊的存在，跟随其后的是对时间和空间的定位。这会把世界分为主体和客体，形成人类的早期历史。

自我已经把与其对立的非自我（nonego）视为另一种经验数据，它除了将自己从自然和群体的融合中解脱出来，还开始群集其天性中的独立性，将此视作身体的独立。随后，我们将不得不回到"自我和意识怎样通过将自己与身体区分开，以此体验它们自身的现实"这一问题上来。这是基本事实之一，人类大脑发现它与自然是不同的。早期人类面临着与婴儿相同的情况：他的身体、他的"内在"是一个陌生世界的一部分。自主肌肉运动的实现，也就是说这一事实——自我发现，就它"个人"而言，它的意识能够控制其身体——是所有魔法的基础。自我有了自己的位置，虽然在脑袋中，在大脑皮层里，它把身体的下部区域体验为不熟悉的东西、一种陌生的现实，但它渐渐地意识到下方物质世界是基本的部分，受制于它的意志与意愿。它发现，"思想的最高权力"是真真切切的事实：我面前看到的手、我下面的脚，都按照我的意愿行事。这些显而易见的事实会让我们看到，这一早期发现无疑会生产出每一个婴儿的自我核心。如果技术是"工具"的延续，是支配世界的手段，那么现在，工具只是自主肌肉组织的延续罢了。人类支配自然的愿望，只是自我控制身体这一基本体验——这一体验出现在肌肉运动的自主性中——的延伸和投射。

正如我们说过的那样，自我与身体的对立是一种原始状况。从躯体层面而言，乌罗波洛斯对自我的包裹，以及它对自我的至高霸权，意味着在身体层面，自我和意识从一开始起就不断地受制于来自躯体世界的本能、冲动、感情和反应。开始时，这一自我只是一个点，然后变成了一个岛。它对自己一无所知，并因此无视它的不同。当它逐渐强大，它便离身体世界越来越远了。如我们所知，这最终带来了系统化的自我意识状态。在其中，整个身体区域在很大程度上是无意识的，而意识系统从作为无意识过程的代表的身体中分离出来。虽然事实上这种分离并不那么剧烈，但是自我的幻觉非常强有力而且真实，以至于身体区域只能经过艰苦的努力才能被重新发现。比如，在瑜伽中，人们奋力地想重建意识心与无意识身体过程的联结。虽然在练习过度的情况下会导致疾病，但就人们自身而言却无可厚非。

一开始，自我意识领域、精神领域和心理领域不可分割地与身体紧密结合。本能和意志，就像本能和意识一样，并没有太多分离。深度心理学也发现，就算在现代人身上，这两个领域在文化发展过程中所带来的分离——它们之间的紧张关系组成了被我们称为文化的东西——从很大程度上说只是一种错觉。本能的活跃性藏身于行动之后，而自我协调着行动的决心和意愿领域，就更高程度的本能和原型而言，它们会支撑我们的意识态度和取向。然而，与现代人心中或多或少都存在着决断力和意识取向不同的是，在古代人和儿童的心中，这些领域是混杂不清的。意愿、情绪、情感、本能和躯体反应仍然为了实际目的而融合在一起。原始矛盾情绪同样如此，爱与恨、喜与悲、乐与苦、吸引与排斥、是与非，最初都是融合的，它们并不具备后来所呈现的那种对立特征。

深度心理学发现，即便在今天，这些对立面的关系仍然密切，它们紧密关联的程度远胜于它们实际分离的程度。不仅对神经症患者来说，这两极几乎是相互交织的，对正常人来说也是一样。快乐转为痛苦，恨变为爱，悲生喜，这些转变比我们想象中要容易得多。我们可以在儿童身上十分清楚地看到这一点。大笑与大哭、开始与停止、喜欢与不喜欢，总是毫无征兆地接踵而至。没有固定的立场，没有什么是完全对立的，这些对立面可以和平地共存，并在最短的时间内相互交替。环境、自我、内在世界、客观倾向、意识和躯体倾向的影响在四面八方同时发生作用，自我从始至终不值一提，或者说，只有一个非常微不足道的自我，在安排，在集中，在接受和拒绝。

男性与女性的对立也是如此。人类最初雌雄同体的气质在很大程度上仍然保留在儿童身上。如果不受外界的干扰，儿童只是儿童，虽然人们对性别差异的培养在儿童身上清晰可见。主动的男性化特征实际上在女孩身上也十分普遍，并发挥着作用；被动的女性特征在男孩身上也是如此。但是，文化影响的分化倾向支配着儿童早年的教养，这使得自我只认同人格的单一性倾向，而压制或压抑其生来就有的相反性征（详见第二部分）。

在古人和儿童心中，内心与外在的分离是不完整的，就像他们并不能完全分开善与恶一样。像其他万事万物一样，想象中的玩伴既真实又不实，而且对他们而言，梦中的意象也和外界现实一般栩栩如生。在这里，真正的"灵魂真实性"①仍然占据着支配地位，魔法艺术和神话故事都是这个多才多艺的伪装者的沉思。在这里，我们每个人都可以是所有事物，所谓的外部现实还没有让我们忘了同样强大的内在现实。

儿童的世界完全受制于这些规律。但是从这个意义上说，在古人的世界中，只有某一部分现实仍然是单纯和原始的。这里还存在着另一种世界实相。在那里，他理性和实际地控制着周围的事物，他苦心经营并使之系统化。换言之，那里有一种与现代人相仿的文化，只是在强度上略有差异。

正如我们说过的那样，善与恶在最初并没有被分开。人类和世界也没有纯洁与不纯洁、好与坏之分。这里至多有起作用或不起作用的差别，而起作用的事物具有超自然的意义，充满了禁忌。但是，起作用的事物都是出类拔萃的，超越了善与恶。起作用的事物都很强大，它们或黑或白，或兼具两种特性，时而同时出现，时而轮换出现。古人的意识并不比儿童的更有辨别力。魔法师有好有坏，但是他们的活动范围似乎远比行为的好坏来得重要。我们很难理解人们在这一存在层面的轻信程

---

① 参见荣格全集中的灵魂词条。——原译注

度。在这里，人们乐于接受正义，也乐于接受邪恶，但显然，人们不会因此将它们体验或认识为道德世界的秩序。

在原始的乌罗波洛斯统一体中存在着大量联结紧密的有机层次和象征层次，在分离阶段，它们变得有区别并可见。这肯定了荣格的这一观点：发展的早期构建具有多效价性，因此，婴儿期的构建也是这样。在以后的阶段中，象征的不同层面才从原始的混沌中分离出来，与自我对垒。世界与自然、无意识与身体、群体与家庭，都是不同的关系系统。这些关系系统，作为与自我分离，以及彼此分离的独立部分，现在发挥着各种各样的作用，并增进了那些与自我共同运作的系统的多样性。但是，对这种情况和相反情况的展开，只是部分地刻画了在世界父母分离阶段出现的情况。

从乌罗波洛斯阶段到青春期阶段的转变的特征是：恐惧和死亡的感觉出现了，因为自我还没有完全占据主导地位，个体仍会把乌罗波洛斯的至高无上看作一种吞没性的危险。这种情感基调的变化在意识发展的每一个阶段都必须被强调，而它潜在的存在暗示了一种情感元素，这一情感元素的重要性仍待商榷。

我们已经看到，青少年从被动到主动的转变最初是怎样以阻抗、反抗和自我分裂（self-division）的形式来呈现的。在这个阶段，这些情形很可能会导致自我毁灭。同样，在儿子与世界父母分离的阶段，以及与之对应的与龙作战的阶段，改变的就不仅是内容，也包括情感水平。

自我与世界父母的分离行为是一场斗争，是一种创造行为。在后面关于与龙作战的章节中，我们将突出这一方面。同样，我们将强调人格的决定性变化，它产生于征服危险的决心。

然而，在这一时刻，我们应该把注意力放在这一行为的另一个面向上：这是一种内疚的体验，而且是一种原始罪恶感，一种堕落。但首先，我们不得不先讨论情感状态，去理解这一行为虽然表现为光明的降临、世界和意识的创造，但它同样会经受痛苦和丧失，而且这种感觉强烈得几乎可以抵消那些创造的收获。

经由英雄的创世以及对立面的分离，自我从乌罗波洛斯魔圈中走了出来，然后发现自己处在一个孤独和不和谐的状态中。随着自我的羽翼渐丰，天堂已经不复存在，婴儿状态——生命被更充足更具包容性的东西支配——已经结束，同它一道结束的，还有对这种充足环抱的天然的依赖特性。我们可能会按照宗教信仰来思考这种天堂般的状况，并说所有一切都被上帝掌控；我们可能会从伦理上来表达它，说一切仍然是善的，恶还没有来到这个世界上。一些神话详细地描述了黄金时代的"安逸轻松"，那时，自然是慷慨的，劳累、苦难和痛苦都不存在；另一些神话会强调"永恒"、不灭，以及诸如此类的存在。

所有这些早期阶段的一个共有因素是，它们在心理层面告诉了我们前自我阶段的状况，即那时意识世界与无意识世界还未被区分开来。在某种程度上来说，所有这些阶段都是前个体的（pre-individual）和集体的。人们感受不到孤独，因为孤独是自我意识（egohood）不可或缺的陪伴，特别是在自我感受到其自身的存在之后。

自我意识不仅会带来孤独感，还会引入痛苦、劳累、麻烦、邪恶、疾病，一旦自我感知到这些，死亡也会进入一个人的生命之中。孤独的自我发现了自己，也感知到了负面以及与它相关的东西。于是，它马上把这两件事联系起来，将自己的诞生当成一种罪，将痛苦、疾病和死亡看作罪有应得的惩罚。原始人的一生都受这些负面影响的困扰，同时，他认为这一切负面情况的出现都应该归咎于他。我们可以说，对原始人来说，机会并不存在，所有负面的东西都源于对禁忌的违反，尽管这种违反是无意识的。他的"世界观"（Weltenschauung），或者说他关于原因和结果的概念，从很大程度上染上了情感色彩，因为它建基于生命感受，而这种生命感受深受自我意识发展的干扰。最初的乌罗波洛斯式的生活感受已经消失，他的自我意识越是分化，越是与自我产生关联，它就越会感到自己的渺小和无力，其结果是对力量的依赖成了支配性的感受。并且，正如里尔克（Rilke）所说，兽性的蛰伏，那种"虎视眈眈"，已经不复存在了。

> 然而在温血和警觉的动物中
> 仍有巨大的忧愁。
> 因为，在动物身上，同样
> 黏附着常常压倒我们的东西——回忆。
> 好像我们为之奋斗的目标
> 一度离我们很近，很值得信任，
> 其触感也无限轻柔，
> 所有的距离只在一呼一吸之间。
> 与第一个家相比，
> 第二个家似乎混杂多风。
> 哦，欣喜若狂的小生命，
> 它曾经待在子宫里！
> 它经由子宫出生！
> 小昆虫在它婚礼那日的快乐
> 源于子宫——因为子宫就是一切。

只有对于已经变成自我的生物而言，"他者"才有价值：

> 这就叫作宿命。这是对立，

而且这种对立从产生直到永远。①

当自我发现自己孤立又孤独时，这种对立以及不再被子宫包裹的状态变成了一种渗透意识的阴郁感受。

这是人与世界对抗的标志。这是他的悲哀，也是他的专长。这最初看起来是丧失，现在却变成了使人受益的收获。但事情不仅限于此。从更高层次来说，这是落在人类身上的，并且只在人类身上的"关联性"的基本标志。这是因为，作为一个个体，他与一个客体、一件事物，与世界、他自己的灵魂或上帝进入了一个关系，因此成为另一个人。他随之变成另一个更高的、品质不同的统一体的一部分。这一统一体不再是乌罗波洛斯容器中前自我的统一，而是一个联盟。在这个联盟中，自我，或者说自己（self），即个体的总体性，被完好无损地保留了下来。但是这种新统一体同样建基于"对立"之上。因为对立，是和世界父母的分离和自我意识的曙光一同来到这个世界上的。

正如犹太教的"米德拉什"（midrash）②所说的那样，只有通过与世界父母的分离，世界才会具有二元性。这种分离归功于根本性的裂开深入了人格的意识部分——人格的中心就是自我——和一个大得多的无意识部分。这一分离同样带来了矛盾法则的修正。最初，对立面可以一起发生作用，双方既没有太大的压力，也不排斥对方。但现在，随着意识与无意识之间对立的发展和细化，它们分道扬镳了。也就是说，一个客体再不可能同时经历爱与恨了。一般而言，自我和意识只认同对立中的一方，而把另一方留在无意识里，要么完全阻止它的出现，有意识地压制它，要么压抑它，即在不自觉的情况下把它排除在意识之外。

---

① 赖内·马利亚·里尔克（Rainer Maria Rilke），《杜伊诺哀歌》（*Eighth Elegy*）第八首。

② 古代犹太人对圣经的注释和评述。——编者注

意识的起源
第一部分 意识进化的神话阶段

只有深层心理分析可以发现无意识的反作用。但是，只要处于前心理（prepsychological）层面的自我尚未察觉这一点，它就仍然不会注意到另一方，也就因此失去了其世界观的整体性和完整性。

整体性的丧失以及世界与总体无意识的整合的丧失，被体验为原初丧失。它是一种原始剥夺，出现在自我进化最开始的阶段。

我们可以把这种最初的丧失称作原始阉割。然而，我们必须强调，与母权层面的阉割不同的是，原始阉割和生殖器无关。在原始阉割中，分离和丧失就像切断了与大环境之间的联系。从拟人的角度来说，这就像与母亲身体的分离。虽然它也被体验为丧失与内疚，但这种丧失是心甘情愿的，这种分离由自我自己来完成。这种自我解放（self-liberation）是脐带的断开，而不是肢解。但是，通过它，更大的统一体，母亲—孩子在乌罗波洛斯中的同一性，被永远地击碎了。

母权阉割的威胁会逼近自我，这个自我与大母神之间的纽带尚未被切断。我们已经展示过，对这样一个自我而言，"失我"（self-loss）是怎样在象征意义上等同于失去男性生殖器的。但是，在世界父母分离阶段的原初丧失，关系到一个完整的个体如何通过这种行动使自己独立。在这里，这种丧失带有情感色彩，表现在内疚的情绪中，而且，在"神秘参与"的丧失中也可以找到其源头。

抛弃了雌雄同体的乌罗波洛斯，既可以强调父性，又可以强调母性。它既可能被感受为与父神的分离，也可以被感受为与天堂般的母亲的分离，或者两者皆是。

原始阉割与原罪和失乐园相关。在犹太—基督教文化氛围中，人们有意地修改和重新诠释古老的神话主题，因此我们只能找到世界父母分离的神话的蛛丝马迹。除了巴比伦时代的微弱回应，我们在文学中找不到任何东西。在巴比伦神话中，圣雄马杜克（Marduk）斩断了混沌母神，即大蛇提亚玛特（Tiamat），并从它被切断的尸体中创造了这个世界。根据希伯来人关于上帝和世界的想法——道德因素现在占据着最引人注目的位置——关于善与恶的知识被看作一种原罪,太古时期乌罗波洛斯状态的让位是一种堕落,是从天堂到人间的惩罚性驱逐。

然而,这一主题并未局限在非希腊文化中。在苏格拉底之前,阿那克西曼德(Anaximander)就认为原始罪恶感是普遍存在的。他的话因此被解释为:

> 万物起源于无限。它们来于斯,归于斯,如此再合适不过了。它们会按照时间顺序就自己的非正义来弥补对方,让对方满意。①

世界与上帝的原始统一已被前人类的罪恶感分裂。世界就诞生于这种分裂之中,也因此必须受到痛苦的惩罚。相同的法则也普遍存在于俄尔浦斯主义和毕达哥拉斯主义中。

在诺斯替教的观点中,这种剥夺感成了推动世界发展的力量,尽管这也带来了极其矛盾的迂回。至于其原因,我们就不在这里详加分析了。因为这一丧失情结,世界上的存在物注定是孤独的。人类被完全抛弃了,被遗弃在陌生的自然环境中。他最初的普累若麻家园——值得救赎的部分从中而来——显然是乌罗波洛斯式的,尽管有太多重压被施加在精神—灵魂(spirit-pneuma)方面。在诺斯替教中,高级的精神部分和低级的物质部分的基本二元概念,其先决条件就是世界父母的分离。尽管如此,普累若麻仍具有乌罗波洛斯式的完整性、整体性、未分化性、智慧性和原始性等特征。只是在这里,乌罗波洛斯更具男性化和父性特征,并闪耀着女性的索菲娅(智慧)特性,这与具有男性化特征的母性乌罗波洛斯是不同的。因此,在诺斯替教中,救赎的方式在于提升

---

① 伯内特(Burnet)译,《希腊早期哲学》(*Early Greek Philosophy*)。

意识，回归超越性的精神，放弃无意识；反之，通过大母神进行的乌罗波洛斯式救赎需要放弃意识原则，回归到无意识之中。

这些基本的心灵原型意象力量强大，这一点在犹太神秘哲学中比在其他文化现象中都表现得更加清楚。犹太教一直试图根除神话倾向，而且它的整个心灵领域也更青睐意识和道德。但是在卡巴拉秘传教义——这是犹太教隐藏的、跳动的命脉——中，一种作为补偿的反向运动一直在暗地里存在着。卡巴拉不仅揭示了许多原型优势成分，而且通过这些原型，它还对犹太教的发展和历史产生了重要的影响。

因此，在《卢里安·卡巴拉》（*Lurian Cabala*）的卡巴拉对"性恶论"的论述中，我们读到：

> 人类是创世的最终目的，不仅如此，人类的支配权并不局限于这个世界，天国及上帝自身的完美性也取决于他。

这一说法强调了卡巴拉哲学中显而易见的人类中心论观点，这构成了下列说法的基础：

> 在卡巴拉的观点中，原罪从根本上说存在于"神已被损毁"这一说法中。关于这种损毁的本质，人们有许多不同的看法。被广为接受的观点是，第一个出现的人——原人亚当——分开了王与后，他将舍金纳（Shekinah）从与她配偶的统一体中、从生命树的整个层级中切除出来。①

在这里，我们看到了世界父母分离的古老原型。但诺斯替教对此是

---

① 第西毕（Tishby），《邪恶教义及卢里安·卡巴拉中的"壳子"》（*The Doctrine of Evil and the 'Klipah' in the Lurian Cabala*）。

完全无知的,即便它孕育并影响了卡巴拉。通常来讲,在有原型构想和意象出现的卡巴拉哲学的浩繁卷帙中,诺斯替主义的影响似乎非常值得怀疑,如加沙的拿单(Nathan of Gaza)的著作,以及他的弟子和启迪者沙巴泰·泽维(Sabbatai Zevi)的著作。[1]我们必须了解这一事实:像迁移理论一样,这种影响是次要的。而且我们应当用荣格的发现来代替它,因为所有深度心理学的分析都可以证实,原型意象会作用于每一个人,而且当集体无意识层被激活时,它们会自发地出现。

在诸多伟大的宗教中,世界父母的分离这一原始行为都具有神学性质。人们尝试对不可否认的缺失感——与自我的解放紧密相关——进行合理化和道德化。人们把这种解放解释为原罪、变节、叛变、违抗,它事实上是人类基本的解放行动。这一行动把他从无意识的束缚中解脱出来,使他拥有自我,成为一个有意识的个体。但像所有行为和解放一样,这一行为也需要承担牺牲和遭受苦难,因此走出这一步的决定就更加重要了。

世界父母的分离不仅是对原始共居生活的干扰,还摧毁了由乌罗波洛斯所象征的完美的宇宙状态。这在它自身,或者连同被我们称作原始丧失的东西,已足以引起原始罪恶感,因为乌罗波洛斯状态就其本性而言是一种完整状态,包含了世界与人类。然而,具有决定意义的事是,这种分离不仅是一种被动的苦难和丧失的经验,它还是一种主动的毁灭性行为。从象征意义上说,它等同于屠戮、祭祀、肢解和阉割。

现在,一个十分引人注目的事实是,母性乌罗波洛斯曾经对年轻的情人所做的事,也会发生在乌罗波洛斯自己身上。神话中常常出现这样的情况:天神儿子阉割了天神父亲,或者,他常常将原始龙大卸八

---

[1] 肖勒姆(Scholem),《犹太神秘主义的主要趋势》(*Major Trends in Jewish Mysticism*)。

块，并在它身上建立起这个世界。肢解——这一炼金术中常常出现的主题——是所有创造的先决条件。因此在这里，我们会看到两个原型主题，而且这两个主题完全一致，出现在所有的创世神话中。如果不杀母弑父，不将他们肢解与中和（neutralization），世界就不会出现。我们不得不仔细审视杀母弑父这个问题。显然，它蕴含着真正和必需的罪恶感。

年轻的情人从乌罗波洛斯中的解脱开始于一个行动。这个行动是消极的，具有毁灭性。它在心理学上的解释让我们能够从象征意义上理解"男性特质"的本质，而这种"男性特质"就是所有意识的基础。

我们把青春期向着独立和解放的发展描述为"自我分裂"。想要意识到自己，想要具有完善的意识，必须先懂得对乌罗波洛斯、大母神、无意识说"不"。当我们仔细端详建立意识和自我的行为时，我们必须承认，在开始时，这些行为都是负面的。辨别、分化、划分、从周围环境中隔绝出来，这些都是意识的基本行为。

诚然，实验研究作为一种科学方法是这一过程的典型例子：自然的联系被切断，某物被单独拿出来分析，因为一切意识都遵照"规定即否定"（determinatio est negation）的座右铭。当反击无意识的吞并和融合的倾向，对一切说"汝是如是"（tat tvam asi）时，无意识就回击："我不是！"

自我只有在与非自我（nonego）分离后才能形成，且意识只能出现在它自身与无意识分离的地方，个体也只有从匿名的集体中被区分出来后才能实现其个体化。

乌罗波洛斯最初状态的打破带来了二元性的分化：原始矛盾得以分开，雌雄同体的构造得以分离，世界也分为主体和客体、内部与外部。善与恶产生了。这一切只有在人类被从对立面相互结合的伊甸园中驱逐出来时，才会被识别出来。自然地，当人拥有意识，获得自我时，他便会觉得自己是一个独立的存在。他还拥有强大的另一面，这一面会抵御他获得意识的过程。也就是说，他发现自己身处怀疑之中，而且只要他的自我仍然不够成熟，这种怀疑就可能驱使他身陷绝望，甚至自杀。自杀，总是意味着对自我的谋杀以及自我伤害（self-mutilation），使自己最终死于大母神之中。

青春期的自我仍然是不安全的，直到它变得成熟，能够独当一面。正如我们看到的，成熟只能在他成功地完成与龙的战斗后才能实现。他的不安全感源于内心分成了两个对立的心理系统，其中自我所参与的意识系统仍然是脆弱的、未发展成熟的，他还不太清楚自己特定原则的意义。正如我们所说的那样，这种内在的不安全感以怀疑的形式出现，制造出两种互补的现象，而这正是青春期阶段的特征。一种是自恋，异常的自我中心，沾沾自喜，只关注自身；另一种则是"悲观主义"（weltschmerz）。

自恋是自我巩固过程中必要的过渡阶段。自我意识摆脱无意识的奴役，像所有的解放一样，必将夸大其自身的地位和重要性。"自我意识的青春期"必然贬低它来源的地方——无意识。与次级个性化和情绪成分的耗竭一样，对无意识的贬低趋于同一个方向（参见第二部分）。所有这些过程的意义都在于加强自我意识法则。但是潜藏在这一发展中的危险扩大了自我的重要性、妄自尊大的自我意识，使他认为自己独立于万事万物之外。这一过程开始于对无意识的贬低和压制，终结于对无意识的全盘否认。自我高估自己，这是意识还不成熟的一种表现，因此它不得不以抑郁的自我毁灭作为补偿。这种自我毁灭表现为"悲观主义"或自我憎恨，通常会导致自杀。所有这些都是青春期的特征性征象。对这一状态的分析揭露了一种罪恶感，其源头是超个人的，也就是说，它超越了人类"家庭罗曼史"的纠葛。分开世界父母，这种十恶不赦的行为表现为原始罪恶感，但是——这一点很重要——从某种程度上说，提出这一指控的，是世界父母，也就是无意识自身，而不是自我。作为古老规则的代表，乌罗波洛斯式的无意识会努力抗争，以防止她儿子（即意识）的脱离，因此，我们再一次发现自己回到了恐怖母神的势力范围中，发现了恐怖母神想要摧毁她的儿子。只要意识自我屈服于这一控诉，接受了死亡判决，它的举止行为就会变得像儿子—情人一样，并与他一样以自我毁灭告终。

如果英雄在对抗恐怖母神的斗争中反败为胜，并吸取了她的毁灭性态度，但不是指向自己而是指向她，这将是非常不同的。这一过程在神话中会表现为与龙作战。人格的变化可被看作这场战争的结果，我们会在后文中详加讨论。总结这一变化，我们可以说，这一过程在心理上对应着意识，也就是英雄"更高自我"的形成，还对应着宝藏，也就是知识的发现。虽然自我不得不采取这些必要的方式来征服像乌罗波洛斯龙这样的敌人，但它还是会为自己的侵犯感到内疚，因为屠戮、肢解、阉割和献祭归根到底是有罪的行为。

这种毁灭与进食和消化行为有密切的联系，而且常常被描绘成进食和消化行为。意识的形成，把世界的统一体分裂成孤立的客体、部分和符号，两者是同时进行的。只有这样，这些客体、部分和符号才能被吸收、纳入、内摄，意识才能形成，一言以蔽之，只有这样，它们才能"被吞食"。太阳英雄（sun-hero）被黑暗之龙一口吞掉后，他会割下它的心脏吃掉，这样，他便将这一客体的本质纳入其中。因此，攻击、毁灭、肢解和屠戮与相对应的吞咽、咀嚼、撕咬等身体功能紧密相关。它们与牙齿的关系尤为紧密，因为牙齿是实施这些动作的有力工具。这些动作在独立自我的形成中扮演着至关重要的角色。在发展的早期阶段，这蕴含着更深层的攻击意义。这并不是残酷，而是同化这个世界所需要的、积极而不可或缺的准备。

但是，正是因为与自然世界的本质性联系，原始思维才一直把杀戮，甚至动植物的毁灭看作对世界秩序的侮辱，且这一秩序因此迫切需要救赎。除非受到抚慰，否则杀戮精神一定会举起复仇的大旗。对这种复仇力量的恐惧会支持世界父母的分离，支持人类从神圣乌罗波洛斯力量中解放出来。这是一种恐惧感和罪恶感，是原罪，但它也是人类历史的开始。

与这种恐惧对抗，与退行（在原始混沌中被吞噬的危险下退行，这一退行会消解解放事业）对抗，这发生在龙战的一切调整中。只有这样，自我和意识才能站稳脚跟。世界父母的儿子不得不通过这场争斗来证明自己是一位英雄。自我是无助的新生儿，它不得不把自己变成一位创造者和征服者。获胜的英雄代表一个新的开始，创造的开始。被我们称为文化的创造是人类的杰作，它与自然创造截然相反。自然创造在一开始被赋予了人类，但也为人类的开始蒙上了阴影。

正如我们已经指出的那样，这与对立的意识—无意识结构是一致的。在这个结构中，无意识应当主要被看作女性，而意识主要地被看作男性。这种对应不言而喻，因为无意识，就像它能够带来生命并通过吸收来毁灭一样，具有女性特征。女性在神话中被设定为这种原型的样貌。乌罗波洛斯和大母神两者都是女性统治者，她们所支配的所有心理群集都在无意识的控制之下。反之，它的对立面，自我意识系统，是男性化的。与之相联系的品质有意志力、决断力和行动力，它们与决定论和前意识无自我状态中盲目的"驱动力"形成对比。

正如我们描绘的那样，自我意识的发展挣脱了无意识的压倒性的包围，渐渐获得了解放。乌罗波洛斯是无意识的外显形式，在次要程度上，无意识也会通过大母神表现出来。通过对这一过程更密切的观察，我们发现，它的中心特征是男性特质的不断独立——最初这仅仅处于萌芽阶段——以及自我意识的系统化。和婴儿早期一样，在人类早期的历史中，这一系统化只能被探测到其最细微的发端。①

世界父母的分离经由对立原则产生，这一分离开启了自我和意识的独立，因此，这个阶段也是一个男性特质不断增长的阶段。自我意识代表男性化，与女性化的无意识对立。人们通过制定禁忌和道德态度来加强意识。不自觉的冲动被有意识的行为取代，由此，意识划清了与无意识的界线。仪式的意义，在于它加强了意识系统（如果不考虑原始人希望从中得到的有效作用的话）。古人通过这些魔法形式与环境达成妥协。除了其他方面的考量，这些魔法形式是以人类为中心，对世界实施控制的体系。在这些仪式中，人类把自己看作宇宙的责任中心：太阳因他而升起，农作物因他而茂盛，诸神的一切所作所为也是因他而起。通过这些投射和过程，杰出个体（英雄）把自己与普通大众区分开。他们是首领、巫医或神圣的国王，而魔鬼、灵魂和诸神则是外在不确定的"力量"的显化。我们知道，这股力量是中心化过程的表达，它将秩序强加于混沌的无意识事件上，使有意识的行为成为可能。通常，自然和无意识被原始人体验为一种看不见的力量领域，它不给运气任何机会。就萌芽期的自我来说，只要这些力量不能被定位，生命就是混乱、黑暗而令人费解的。但仪式和巫师可以成功定位。巫师可以通过巫术对世界施加号令，从而征服世界。虽然这个命令与我们所发出的不同，但是我们有意识的命令和早期人类所发出的魔法命令之间的联系，在各方面都

---

① 随后，我们将审视女性统治者、乌罗波洛斯和大母神在男性心理和女性心理中所扮演的角色有多么不同。有意识的自我系统虽然被我们描述为"男性化的"（这样说并非突发奇想，而是由神话而来），但它同样也表现在女人身上。它的发展对女性文化来说同样重要。无意识的"女性化"体系也表现在男人身上，而且，正如在女人身上那样，无意识中的"女性"体系也决定着男人的自然存在以及他与创造性背景的关系。但是在这里，我们必须指出男性和女性构造中的基本区别。对这一点怎么强调都不为过。男人尤其把他意识的"男性化"结构体验为他自己，而"女性化"的无意识对他来说是陌生的。同样，女人在她的无意识中会觉得轻松自在，而在意识中却会感到偏离了自己。

得到了证实。重要的是，意识作为行动中心要先于其作为认知中心。同样，仪式也先于神话，魔法仪式和道德行为也先于对世界的科学认识和人类学知识。

然而，这个经由意志而共有的意识行为中心，经由认知而共有的意识知识中心，就是自我。它受到外力的作用，慢慢地发展成为能动中介，一如经由被揭示的知识进入意识知识之光，它从被控制的状态中升起。再一次，这一过程并非率先完成于群体的集体部分中，而是在伟大的，也就是说已分化的个体中完成的，这些个体是群体意识载体的代表。他们是制度的先驱和领袖，群体追随他们。能繁殖的人与大地女神的仪式性婚姻、国王与王后的仪式性婚姻，成了集体成员婚姻的榜样。神圣国王奥西里斯的不朽灵魂成了每个埃及人的不朽灵魂，甚至救世主基督也变成了每个基督教徒的基督灵魂，也就是人们内在的自性。同样，首领的功能在于表明意志和决定，在个体的自我中成了所有自由行动的典范。而制定规则，虽然最初被认为是上帝的功能，后来也被认为属于那些拥有法力的人，但在现代人这里却变成了他良知的内在法庭。

我们还将在以后谈论到这一内摄过程，但是现在，我们应该阐述意识的男性化以及它在理论上的重要性：通过自我意识的男性化和解放，自我变成了"英雄"。英雄的故事，如前面的神话中所述，是自我解放的历史，它努力想要挣脱无意识力量，在无意识压倒性的优势中力保不失。

第二章 英雄神话

英雄的诞生

英雄神话让我们进入了一个新的发展阶段。重心在这里发生了剧烈的变化。所有创世神话的主要特征都是神话的宇宙特性，即普遍性。现在，神话把它的重心放在这个世界上。也就是说，人类生活的地方现在成了宇宙的中心。这就意味着，用阶段性发展的术语来说，不仅人的自我意识获得了独立，而且他的整个人格都与周遭世界的自然环境和无意识分开了。严格地说，世界父母的分离是英雄神话的组成部分。这一阶段的发展只能用宇宙象征来表达，而现在已经进入了人性和人格的形成阶段。因此，一般说来，英雄是人类的原型先驱。他的命运图式，与大多数人类的生活模式且一直以来的生活模式相吻合，但更艰辛，时间更久远。然而，就算他没有成为人之典范，英雄神话阶段也已经成了每个个体发展中的组成元素。

男性化的过程最终在这个时刻具体化，并证明了它对自我意识的结构具有决定意义。随着英雄的诞生，人们与初始父母（First Parents）的原始斗争拉开了序幕。这一问题以个人的和超个人的形式支配着英雄的整个存在，支配着他的诞生、他与龙的战斗以及他的转化。英雄会获得男性气质和女性气质，但人们不会去想这是"父性的"还是"母性的"；英雄也会建立起一个内在人格核心，新老阶段会在这个核心结构之中整合。就这样，英雄会完成一种发展模式。从集体角度来讲，这一发展会体现在英雄神话的神话性投射中,也会在人类人格的成长中留下个体性的痕迹(见第二部分)。

与龙作战的真正意义,或者说它与弑杀世界父母相关的那一部分,只有当我们更深入地审视英雄的本质时,才能被真正地理解。然而,英雄的本质是与他的诞生和他的双重出身问题紧密相关的。

英雄有两个父亲或两个母亲。这是英雄神话准则中的主要特征。除了人类父亲,他还有一个"更高的"父亲,也就是一个原型层面的父亲形象。同样,除了人类母亲,也会有一个原型层面的母亲形象。这一双重出身,这样的个人和超个人的父母形象,群集为英雄生活的戏剧。荣格已经在他的著作《无意识心理学》(*Psychology of the Unconscious*)中对龙战进行过重要的分析[1],但是这一研究的早期形式仍有问题,需要修正、补充,也需要依据分析心理学后来的发展观点进行系统化。

初始父母问题的含糊性,以及初始父母双重甚至是矛盾的含义,时至今日仍然给我们的分析方法带来混乱。幽灵的最终形式——俄狄浦斯情结——捕获了西方人的思想,这一点必须被当作理解相关心理现象的基础。只要它们还事关西方人未来的心理发展——因此也会影响到西方人的伦理和宗教的发展,这些现象就是基础。

耶利米亚[2]用大量事实材料证明并指出,英雄—救赎者之神话标准的本质是他是无父无母的,或者父母的某一方是神,或者说,英雄的母

---

[1] 作者引自《力比多的变化和象征》(*Wandlungen und Symbole der Libido*)的最初版本,译为《无意识心理》(*Psychology of the Unconscious*)。因为要在1952年修订,《变形的象征》(*Symbole der Wandlung*)一直没有出版,因此,最初的版本也引自此处。——英译注

[2] 《古代神鬼文化手册》(*Handbuch der altorientalischen Geisteskultur*)。神话资料得到了民族学材料的补充和支持。正如布里福尔特(Briffault)在《英雄的处女母亲信仰》["Belief in the virgin birth of the hero",摘自《母亲》(*The Mothers*)]中所指出的那样,全世界范围内的人们都相信英雄的母亲是处女,这种想法遍及北美洲、南美洲、亚洲、欧洲和非洲。

亲本身就是母神或其他与神通婚的女人。

这些母亲都是处女母亲，但这并不是说，心理分析所试图解释的这个事实必然是正确的。①古时候，童贞在每个地方都只意味着不在个体上专属于任何一位男人。童贞在本质上是神圣的，但这并不是因为肉体的纯洁，而是因为她的心灵是对上帝敞开的。我们已经看到，童贞是大母神的本质面向，是她创造力量的本质面向。她的创造力不依赖于任何个人性的伴侣。但是在此处，一个具有生殖能力的男性元素也在她身上发挥着作用。在乌罗波洛斯层面，这种元素是匿名的（无个人特征的）。后来，它变成了从属于大母神的生殖器能量，再后来，它能够以伴侣的身份伴随在她左右。最后，在父权世界中，她的夫君使她怀孕，她自己开始处于从属地位。②尽管如此，她的原型影响一直被保留了下来。

很明显英雄是由处女所生的。英雄不得不战胜这个处女和利维坦。他们是母亲原型的两个方面：除了黑暗和恐怖的母亲，这里还存在着一个光明和仁慈的母亲。大母神的恐怖的龙的面向，那个"西方老妪"，作为人类的一种原型意象，是不朽的；其友善面，太阳—英雄那慷慨的、不朽的美丽处女母神，其原型为永恒的"东方少女"，也是不朽的。而且，这一点不会因为从母权社会发展到父权社会而改变。③

就像英雄的处女母亲乃至圣母玛利亚一样，"圣女"（kedeshoth）是同一于女性神祇的典型样本。让我们以亚斯他录为例。她身处男性的

---

① 兰克（Rank），《英雄诞生的神话故事》（The Myth of the Birth of the Hero）。
② 布兹拉斯基（Przyluski），《母神崇拜的起源和发展》（Urspriinge und Entwicklung des Kultes der Mutter-Gdttin）。
③ 参见德鲁（Drews），《圣母玛利亚》（Die Marienmythe）中丰富的素材。但是德鲁认为太阳英雄源于12月24日在冬至日的最低点从东方升起的处女座，这就混淆了因果关系。这一符号或这一星座被称为处女座仅仅是处女原型在天空中的投射。它被称为处女座是因为太阳英雄每一年都会作为太阳从中诞生。

包围中，心甘情愿地屈服于超人类力量，委身于男神，而且除了男神，她什么也不想要。在这里呈现出来的女性心理特质，我们将在别处讨论。在当前语境中，她与超个人力量的关系才是重要的。因此，不仅对处女母亲来说，而且对其他的母亲而言，男人都只是无价值的东西，如约瑟夫对于玛丽，或者那些凡人双胞胎的凡人父亲。无论具有生殖能力的神是怪兽还是圣灵的鸽子，也无论宙斯变身为闪电、黄金雨树，还是动物，都无关紧要。对于英雄的诞生而言，重要的是其卓越的、超人类的或非人类的本质，而这些本质本身就源于一些卓越的、超人类的或非人类的因素。换言之，人们相信他是魔鬼或神性的产物。

同时，母亲在生产体验中全神贯注，特别是一个英雄的诞生，构成了神话的精髓。她生出了某种不一般的东西，这让她倍感惊讶，但这种惊讶只是一种生产体验，是一种奇迹的强化——女性能够从她的身体中制造出一个男性。正如我们知道的，这一奇迹，最初被原始女人归因于圣灵（numinosum），归因于风或祖先的灵魂。它是一种前父权体验。在那时，人们还不知道生育源于性交，因此也不会认为生育与男人有关。女人最初的生育体验是母权的。人们不会认为男人是孩子的父亲，生育的奇迹源于上帝。因此，在母权阶段，占统治地位的不是个人性的父亲，而是一种超个人的先祖或力量。女人的创造能量在生育奇迹中被唤醒，她因此成了"大母神"或"大地女神"。

同时，正是在最深层和最古老的层面，处女母亲和上帝的新娘成了一个活生生的现实。布里福尔特（Briffault）指出，要从父权角度理解人类的早期历史是不可能的，因为它是发展后期——它使得许多事物会被重新评估——的产物。相应地，英雄母亲是与神订婚的处女，这一原始意象是对女性前父权体验的基本元素的具体化。我们可以非常容易地从英雄神话在后来父权形式的改良中看到这一早期的母权阶段。在开始时，大母神是唯一的真正造物主——如伊西斯，她能使死去的奥西里斯重获生命。后来，一个超个人和神圣的先祖让她怀孕了。正如我们看到的那样，这个神最先以神化国王（deified King）的形象出现在繁殖仪式中，他的地位不断得到加强，最后变成了父权在握的神王（God-King）。最早的母权阶段发现于埃及的埃德夫神庙的庆典中。① 在埃德夫神庙中，伴随着纵欲狂欢的祭神仪式，"在荷鲁斯的怀抱中圆满"的庄严，使得年轻的荷鲁斯王马上就被孕育出来。

在这里，如同我们在大母神的统治中发现的，生产者和被生产者是一个人。我们可以在卢克索节日中，看到类似的上帝的处女新娘。在一个古老的前王朝统治仪式中，爱神哈索尔的皇家女祭司与太阳神交配，以便生出神子。后来，在父权时代，这一角色被国王取代，他代表了太阳神。上帝与国王的双重属性在下列文字中得到了清楚的表达："他们发现她沉睡于宫殿的美丽中"。在"他们"一词之后，布莱克曼（Blackman）在括号中补充道："神与国王的组合。"父亲的双重性在他生育的荷鲁斯儿子中被再次复制了，这个儿子既是"他父亲的儿子，也是至高无上的上帝之子"。②

英雄的这种双重结构再次出现在双生兄弟的原型主题中。这两个双生兄弟，一个是凡人，另一个是神。最常见的例子是希腊神话中狄俄斯库里兄弟的故事。他们的母亲在同一个晚上，既怀上了宙斯的神子，又与她的丈夫泰达鲁斯（Tyndarus）怀上了凡人儿子。与之相似的是，赫拉克勒斯是宙斯的儿子，而他的双胞胎兄弟是底比斯王安菲特律翁（Amphitryon）的儿子。而且，我们也知道，波塞冬和国王埃勾斯（Aegeus）使忒修斯的母亲在同一天晚上怀孕。母亲是凡人而父亲是神的英雄简直不计其数。除了赫拉克勒斯和狄俄斯库里（Dioscuri），我

---

① 布莱克墨尔（Blackmail），《古埃及的神话和仪式》（*Myth and Ritual in Ancient Egypt*），引自胡克（Hooke）的《神话和仪式》（*Myth and Ritual*）。

② 厄尔曼，《宗教》。

们还可以举出珀耳修斯、约恩（Ion）、罗慕路斯（Romulus）、佛陀、卡玛（Kama）和琐罗亚斯德（Zoroaster）[①]。很显然，在所有这些例子中，英雄的双重性变成了一个特别重要的历史因素。这种双重性不再仅仅来源于女人自身的生育体验。

首先，对于人类自身，对于集体来说，英雄因为偏离了人类规范而成了一个英雄和一个以神为父的存在。其次，英雄所固有的两重性来源于他自身的体验。和其他人一样，他是一个人，也会死，也有集体性，但同时，他感到自己是集体中的一个异物。他发现在他之内，有一些东西虽然属于他，又是他的一部分，但他只能把它描述为怪异的、不寻常的、和神一样的东西。在超越普通水平的过程中，在作为行动者、先知和创造者的英雄能力中，他感到自己好像"受神灵启示"，他是超凡脱俗的，是神的儿子。因此，通过他与众人的不同，英雄可以体会到他超个人的起源，这和他俗世中的父亲是非常不同的，虽然他与俗世中的父亲拥有一样的身体特征和集体特性。从这个角度，我们同样可以理解母亲形象的双重性。与英雄神圣起源相对应的女性不再只是"个人性的母亲"，她同时是一个超个人的形象。造就这位英雄的是他的处女母亲，神在她面前现身。她也是一个"精神"形象，拥有超个人的特征。她与给予他生命的人类母亲并存。无论是作为动物还是看护者，她都会哺育他。因此，英雄具有两父两母，他们一方是个人的，另一方是超个人的。他们常常会被人混淆。把超个人的意象投射在人类父母的身上，是儿童期问题由来已久的根源。

超个人原型可能以三种形式出现：慷慨滋养的大地母亲、天神使之受孕的处女母亲、灵魂宝藏的守护神。在神话中，这种含糊不清常常被表现为看护者和王子之间的冲突。在父亲的形象方面，情况还要复杂得

[①] 兰克，《英雄诞生的神话故事》。

多，因为原型的大地父亲几乎不会出现在父权时代。人类父亲通常会变成天神父亲旁边的一个"障碍性"形象，虽然原因尚有待考证。然而，与神交配后生下英雄的处女母亲却是一个对"天"敞开自己的精神—女性形象。她的表现形式多种多样，她可能是天真的处女，被天国的使者制服；可能是一个年轻的女孩，在心醉神迷的渴望中接受了神；可能是悲伤的索菲亚，生下了圣子逻各斯，她知道他受上帝的派遣而来。英雄的宿命就是经历苦难。

人们只有理解了男性特质的重要性，才能真正理解英雄的诞生及他与龙的战争。只有伴随着英雄神话，自我才会真正地为自己所有，成为男性特质的载体。出于这个原因，我们必须弄清这种男性特质的象征性本质。这样的澄清是至关重要的，只有这样我们才能区分"男性气质"与"父权"。搞清楚这两者的区别是很有必要的。心理分析的错误，它对所谓的俄狄浦斯情结以及这一情结的图腾神话来源的错误诠释，已经造成了极大的混乱。

觉醒中的自我体验到了它的男性特质，也就是说，它日益增长的积极的自我意识。对它而言，这种男性特质既有好又有坏。这是从母性基体中产生的推动力，它通过与母体的区别发现自己。同样，从社会学意义上说，男性一旦成人，实现独立，就会从母体中脱离出来，能够体验和强调他自己的不同性和独特性了。这是男性的一种基本体验。或早或晚，他都必须把母体体验为"汝"，体验为非自我（nonego）——些不同而陌生的东西，虽然最初他活在与母体的"神秘参与"中。在任何地方对意识的发展进行基础性审视，我们都必须抛开父权家庭状况的偏见，在这里也是一样。如果我们不想用"母权"这一含糊不清的术语来表达，我们至少可以说，人类群体的最初状况是前父权的。

甚至是在动物中，我们时常也会发现，雄性的幼兽会被赶走，母兽会与雌性幼兽待在一起。①在最初的母系家庭群体的母亲和孩子中，一开始就假定年轻男性具有强烈的流浪倾向。就算他待在母系群体中，也会与其他男性一道组成一个狩猎或战斗的群体，这些群体与母权社会的女性中心协调合作。这一男性群体必须是流动的，有进取心。此外，鉴于这个群体的人会发现自己时常身处危险之中，所以他们发展其意识的欲望也会更强烈。或许，这里已经滋生了男性的群体心理和女性的母权心理之间的对比。

从很大程度上说，母系群体，以及母亲与孩子之间广泛的情感纽带，其更强烈的本土情怀和更强大的惰性，源于天性和本能。月经、怀孕和哺乳激活了这一本能面向，强化了女人静若草木的天性，这种心理状态在现代女性身上仍然可以看到。此外，这里也存在着强大的土地情结，它伴随着女人对园艺和农业的发展而兴起，而这些艺术依赖于自然节律。"神秘参与"的加强同样发挥着作用，它是母系群体共同生活在山洞、房屋和村庄中的结果。所有这些因素都强化了在无意识——这一女性群体独有特征——中的浸入。

从另一方面来说，男性群体习惯于流浪、狩猎、发动战争，它是一个流动的战士群体，远在动物被驯化、畜牧业出现以前，甚至在群体被定义为母系家族核心时，它就是这样了。

异族通婚的母系氏族体系阻碍了男性群体的形成，因为男人不得不与外族通婚，并因此流浪他乡。他们不得不入赘，以外来人的身份生活在妻族的部落里。②对通婚的部落来说，这个男人是外来者，但他作为自己部落的成员，又远离自己的居住地。这也就是说，当他入赘后，在他妻子的家乡，他是一个被接纳的外来人，但是在他自己的家乡，那个他仍然拥有权利的地方，他只是偶然回来住住。正如布里福尔特所指出

---

① 布里福尔特，《母亲》。
② 布里福尔特，《母亲》。

的，女性群体的自主权被这一习俗强化了，这条线从祖母传到母亲，又从母亲传给女儿。与此同时，男性群体的形成却遭到了破坏。普罗伊斯（Preuss）对男性群体的描述因此是中肯的，特别是当部落里的核心群体是母亲、女人和孩子的母系连续体时。

> 我们因此可以得出结论，兄弟，作为由父母和孩子构成的整体之不可或缺的组成部分，从一开始就面临着屈服于女性影响的持续危险，除非他们能够完全避开或冲破这一藩篱……所有与异族通婚的群体成员都发现自己身处这样的境地之中。①

这也许就是男人社团形成的原因之一。随着时间的推移，男性群体逐步获得了稳定的力量，而且由于政治、军事和经济的原因，男性群体最终在新兴的城市和国家中得以形成。在这些群体中，友谊的培养比竞争更重要，男性把更多的关注点放在他们的相似点和与女性的不同点上，而不会去互相嫉妒。

年轻的群体由年轻的男人组成。他们年纪相仿，这个群体是男性首次真正发现自己的地方。当他感到自己在女人群体中只是外来者，而身处男性群体中却感到轻松自得时，与自我意识的自我发现相对应的社会学情境就出现了。但正如我们说过的那样，"男性"绝不等同于"父亲"，至少说绝不指代个体的父亲形象。我们不能假设这一形象在前父权家庭有多大的影响。老年女性、岳母和母亲，是女性群体中的领头羊。与许多动物一样，她们形成了一个自给系统，万事万物都隶属其中，包括某个年龄段之前的男孩。允许异族通婚，强化男人的异己性，使男人处于邪恶的岳母——她一直是强大的禁忌对象——的影响下，而

---

① 普罗伊斯（Preuss），《自然的精神文化》（*Die geistige Kultur der Naturvdlker*）。

无法受到任何男性权威的影响。

男性群体最初的形式，是由各年龄段的成员组成的联盟系统。它建立在一个严格的等级层次基础之上。成人仪式把男人从一个年龄段带向另一个年龄段。这些男人群体在每个地方都发挥着最重要的作用。这种重要性，不仅是针对男性特质的发展和男人对自己认识的发展而言的，而且是针对文化的总体发展而言的。

这种由同龄人组成的团体可以避免敌对的父亲—儿子关系中的个人冲突，因为"父亲"和"儿子"这两个词暗含着群体特性，而不是个人关系。年长的男人是"父亲"，年轻的男人是"儿子"，这一集体性的群内团结是至高无上的。冲突肯定是存在的，但是它只存在于各年龄组之间，并具有集体性和原型特点，而并非是个人或个别的。

成人仪式能够让年轻人不断成长，并在这个团体中发挥各种作用。耐力审查是对男子气和自我稳定性的测验。它们不会被看作年长者对年轻人个人的"报复"，不是一次入学考试，由老一代来报复新生代，而只是一种成熟化的证明，表明他可以加入这个集体了。几乎在所有情况下，年龄的增长都会带来力量的增加和重要性的加强。随着不断地成长，他会获得越来越多的知识，因此老年人根本没有理由去怨恨。

男性团队、秘密团体和友好团体都发端于母权情境。对母权社会的至高无上来说，它们是自然而然的补偿。①自我关于自身的体验让它认识到它与男人世界的特定联结，以及与女性母体的区别，这标志着一个决定性的发展阶段，并且这是独立的先决条件。进入男人的房子，这一启蒙仪式是一件"神秘的事"。在那个房子里，自我开始对自身产生意识，被允诺获得一种神秘的知识，即"更高级的男性特质"。在这里，"更高级的男性特质"并非强调生殖的和地下的事物。与许多年轻女

---

① 就算在今天，我们也常常能在男同性恋中发现大母神无意识占优势的母权心理。

孩的启蒙相同，它的含义并非性方面的，而是它对立面的事物。它的精神——它们以光明、太阳、头脑和眼睛的形式出现——是意识的象征。这种精神被强调，启蒙带来的也是对这种精神的探究。

　　这些男人位于那些作为"法律和秩序的堡垒"①的父亲和长辈之列，并因此位列于被我们象征性地称为"天国"的世界体系中。"天国"就是与女性化的大地相反的一方。这一体系包含了整个神圣的、神奇的世界秩序，乃至国家的法律和现实。从这种意义上说，"天国"不再是神的栖息地，也不再是天堂的所在地。它仅仅表示精神上的灵魂法则。在男性文化中，这一法则不仅产生了父权上帝，也生成了科学哲学。我们使用"天国"这一象征性表达，是为了表现这一复杂领域在其分化之前的全貌；我们使用这一综合性术语，是为了与早期的神话象征保持一致。②无论这一"天国"是不确定的巨大"力量"，还是被活化为特定的精神人物、祖先、动物图腾、诸神，它都是非物质的。所有这些都是男性精神和男性世界的代表物，它们用暴力或非暴力的方式告知新信徒，他们会被母性世界驱逐。因此，在启蒙仪式中，这些年轻的男人似乎会被这个男性世界的监护神吞噬，以及被重新生出。但生下他们的不是母亲，而是这位守护神。他们不仅是大地的儿子，也是天国的儿子。这一精神上的重生表明了"更高的人"的诞生，他与意识、自我和权力相关联，即便是在原始层面上。天国和男性特质的基本关联同样如此。这里蕴含着意识行为、意识认识和意识创造的"高级活动"，它们不同于无意识力量的盲目驱力。正因为男性群体——不仅根据它的"天性"一致，而且根据它的社会学和心理学倾向——要求个体作为一个负责任的自我独立地行动，所以进入男性群体总是和意识的测试和加强联

---

　　① 戈登瓦瑟（Goldenweiser），《人类学》（*Anthropology*），第409页。
　　② 在我们发现一位天女和一位地神的地方，如埃及，巴霍芬曾正确地分析判断出了大母神的支配地位。那时候，尚未发展的男性主义就潜伏在她之中。

系在一起，且在神话意义上与所谓的具有"更高级的男性特质"的一代联系在一起。

火和其他象征着苏醒和清醒的符号在入门仪式中扮演着重要的角色。在这些仪式中，年轻人不得不"警觉并清醒"，也就是说，年轻人不得不通过与疲劳的斗争，学会克服身体和无意识的惰性。保持清醒以及忍受恐惧、饥饿和痛苦是增强自我、培养意志力的基本要素。同样，进入传统知识的教导和启蒙既是仪式的一部分，也是必须有的意志力的证明。男子特质的标准是不屈不挠的意志，是保卫自我和意识的能力，这还要求此人控制无意识冲动，克服孩子气的恐惧。就算在今天，青春期的成人仪式仍然保留了进入男性精神的神秘世界的特色。无论这种精神是藏在祖先的神话中、集体的法律和法令中，还是在宗教的圣礼中，都万变不离其宗。它们都是男性精神的表达方式，只是等级和程度不同罢了。这一男性精神就是男性群体的特性。

这就是女人被禁止出现在入会仪式上的原因，违者会被处死。这也是女性最初在世界所有宗教圣地都被排斥在外的原因。男人的世界，代表着"天国"，是法律和传统的象征，因为早先的神都是男性。所有的人类文化（并非只是西方文明）都符合男性特征，这一点绝非偶然。从希腊文化和犹太—基督教文化到伊斯兰和印度文化，都是这样。虽然女人在这一文化中是不可见的，而且从很大程度上说是无意识的，但是我们也不应该低估她们的重要性和作用范围。然而，男性化倾向却指向更大的精神、自我、意识和意志的协调性。因为男人发现他真实的自己存在于意识中，而且在无意识中，他是一个陌生人，且不可避免地会将自身体验为女人，所以，男性化文化的发展就意味着意识的发展。

从历史的角度来讲，图腾现象对"天国"和男人的精神世界的发展来说十分重要。因为这种现象虽然发端于母权时代，但从精神上说，却具有明显的男性色彩。

认同富有生殖力的精神之法在原始人的生活中尤为重要。在这里，弗洛伊德有一个重大发现，但同时，他也曲解和误认了一些更重要的东西。图腾从某方面而言确实代表了父亲，但是它从来不具备个人特征，更不用说它会指代个体的父亲了。相反，仪式的全部意义是，富有生殖力的精神应当被体验为一种遥远又与众不同的东西，被当作"附属物"。这就是为什么图腾常常是动物。当然，它也可以是一种植物，或者是一件物品。

虽然原始人的灵魂比我们现在更接近于"这些事物"，但是他们只能够通过魔法仪式与它们建立认同。在面具的协助下，仪式进入了古老图腾的精神世界，这暗示了超个人的"圣灵存在"应当被体验为源头。作为一名新信徒，他的存在就源于此。这便是所有仪式的意义之所在。在仪式中，单纯的个人不得不被超越。像所有成人仪式一样，青春期的成人仪式旨在创造某种超人类的东西，也就是说，创造超越个体的部分，这一部分是超个人的、集体性的。因此，这一部分的创造是第二次诞生，是经由男性精神产生的新一代，伴随着秘密教义、祖先知识和宇宙箴言的教导，目的是割断与不成熟的家族存在的所有联结。

男性群体不仅是意识和"更高级的男性特质"的诞生地，也是个人特征和英雄的诞生地。我们不止一次指出中心化倾向与自我发展之间的关联。中心化倾向代表了实现完整性的倾向，它在最早阶段的运作是无意识的，但是在成形期，它呈现为一种群体倾向。这种群体的完整性不再完全出于无意识，它可以经由投射到图腾上来被体验。一方面，图腾具有一种模糊不清的品质，可以由群体的不同部分共同分享。换句话说，群体成员无意识地认同它。另一方面，如果回溯到数代之前，这些图腾之间也存在着某种联系：图腾是一位祖先，但它更多地代表了一个精神上的先祖，而不是生命的给予者。从根本上说，它是一个"圣灵存在"，一个超个人的、精神的存在。它是超人类的，虽然它是一种动物、一种植物，或随便其他什么东西。它不是个别的实体，不是一个人，而是一种想法、一个物种。也就是说，在原始层面，它是一个拥有神力，会运用魔法的灵魂；它是一种禁忌，人们只有借助大规模的仪式才能接近它。

这种图腾的本质构成了一个整体、一个图腾团体的基础。这个图腾团体不是一个自然的生物性单位，而是一个精神或心理的结构。在现代人眼中，它是一个联盟或一个兄弟会，也就是说，它是某种精神上的集合体。依附于它的图腾和社会秩序与母系群体完全不同，母系群体是一个真正生物意义上的单位，而它们却是通过精神行为"造就"和形成的。

我们知道，在北美印第安人中——而且不止他们会这样——成人仪式的基本内容是获得个人的"守护精灵"。① 这一守护精灵寄身于动物或物品身上，当受礼者经历了整个仪式的义务和程序后，守护精灵就进入了他的生命。在所有原始社团和整个传统世界的萨满法师、祭司和先知人物中，这一精灵都扮演着决定性的角色。这一普遍现象是上帝"个人启示"的表现，可以出现在任何层面，也可以采取任意形式。图腾崇拜的发展被看作原始形式的宗教布道，因为我们可以假设，在成人仪式中，看到守护精灵异象的个体与那些和他们思维类似的人组成一个群体，他们被后者吸引进来，与守护精灵沟通。这种群体形成的方式现在仍然存在，它在教派创立的过程中仍然发挥着作用。原始人的成人仪式、古代世界的神秘宗教以及伟大的制度性宗教都是以这种方式形成的。在图腾崇拜中，也就是在制度性宗教的早期形式中，创立者是祭司—先知。他享受着与他个体的守护精灵最初的交流，并把这一祭仪传递给后世。正如神话一再告诉我们的，他是载入图腾的英雄，是精神性

---

① 戈登瓦瑟，《人类学》。

的祖先。

他和这个图腾属于彼此，从共同体的立场来看尤其如此，晚些时候的群体本身就是围绕着共同体而变得完整的。英雄和创立者作为个人，体验着"自我"，经由自我，图腾被体验为一种精神性的存在。他们属于彼此，不仅在心理意义上，精神"自我"以某种形式呈现给自我，而且对共同体而言，这两个形象总是同时发生的。因此，摩西具有耶和华的特征，爱神也以基督的形象被崇拜。从心理上说，"我与父是一体的"这一神圣信条始终存在于自我与其体验到的超个人的显化之间，无论这个显化形式是一个动物、一个灵魂，还是一个父亲的形象。

因此，精神图腾和先祖最初都以精神的"创始之父"的形象出现。在这里，"创始"一词取其字面意思，指精神的创造者和发起人。这种创始是振奋人心的，你可以在对每一种入会仪式和每一种图腾仪式的描述和分析中找到它。

正如我们在所有入门仪式和所有秘密社团、教派、秘密仪式和宗教中看到的那样，从根本上来说，精神上的集合体是男性化的。尽管它具有公共特征，但在本质上是个体化的。每个人是作为个体被启蒙的，他的体验也是独一无二的，打上了他这个个体的烙印。这种对个体的强调以及"被选定"的特质，与母权群体截然不同。在母权群体中，大母神原型和相应的意识阶段占据着统治地位。与之相反的男性群体和秘密组织受英雄原型和龙战神话支配，它代表了意识发展的下一个阶段。男性集体是所有禁忌、规则和制度的源头，它们注定要破除乌罗波洛斯和大母神的控制。在天国，父亲和精神，与男性特质同步发展，这意味着父权对母权的胜利。但这并不是说母权社会对规则一无所知。母权社会也有规则，只是它的规则是本能的、无意识的，是自然而然发生作用的。这种规则有助于繁殖、保存、物种的进化，但对单一个体的发展作用不大。随着男性化的自我意识的不断增强，孕妇、哺乳期的母亲和孩子组成的女性群体在生物学上的弱点使得"保护性的战斗群体"的强大意识的作用变得更显著。男性巩固了自我和意识，这和女性增强本能和加固群体的状况如出一辙。狩猎和战争促进了个体自我的发展，使之有能力应对危险的局面，同时，这也促进了领袖原则的发展。不管这位领袖被选出来是为了应对特定情况（比如造木船或参加狩猎行动），还是作为永久的领袖，领袖和领导迟早都会出现在男性群体中（即便在这一群体与母权中心协调存在时也是如此）。

随着领导阶层的出现和稳固，群体变得越来越具有个人色彩。不仅领袖被当作英雄，而且精神祖先、造物主——上帝、先祖、理想领袖等开始从原始图腾意象的雾霭中清晰起来。这里有"神祇在幕后"的特点。神祇是一个宗教历史中非常早的形象，他不应被看作祖先，而是一位父亲，是"万事万物的创造者"。他是一个精神人物，从根本上说，他与大自然无关。他属于远古时代，属于历史肇始的时刻，他从自然和远古时代中走出，为人类带来了文化和救赎。他是永恒的，他没有进入时间，但他存在于时间背景中，在规定着我们世俗生活年表的原始时间中。同样，其典型特征是他与历史和道德的关系。因为作为部落祖先，他与巫医和长老有着直接关联，他们是权威、力量、智慧和神秘知识的代名词。①

这一创造者形象是一种超自然投射，英雄的神——王形象就来源于此。一般而言，英雄即便不是神，也是天神之子。虽然"天国"并不等同于"天神"，但造物主——上帝作为一个形象，却等同于神话中的"天国"，也就是男性化的、精神的、至高无上的乌罗波洛斯背景。祖先与造物主——上帝以及文化英雄的结合，是个性化的过程，因为个性化能够变无形于有形。

---

① 范·德·利欧（Van der Leeuw），《宗教的本质及其表现形式》（*Religion in Essence and Manifestation*）。

直到英雄认同自己就是被我们称作男性化的"天国",他才开始与龙作战。这一认同在他感到自己是上帝之子时到达了顶峰,这个具体化的表现是他如天国般强大。因此,我们可以说所有英雄都是神之子。他们会得到神的帮助,感到自己扎根在父亲的神性中。他们不仅是家族的领袖,更是一种创造精神,仅仅这一点就能让他们与代表大母神的神龙交战。在龙的面前,英雄代表着并支撑起这个精神世界,他们是解放者和救世主,是改革者并带来了智慧与文化。

荣格曾指出,英雄的乱伦使他实现重生,只有获得重生的人才有资格成为英雄。反之,任何一个经历过重生的人都必须被看作英雄。并非只有原始人才把重生当作入会仪式的唯一目的。一旦进入神秘宗教仪式,每个诺斯替教徒,每个印度佛教徒以及每个受洗过的基督教徒,都是获得重生的人。因为,通过服从于英雄似的乱伦,他进入无意识的嗉囊中,自我从而发生了根本性的变化,获得了重生,成了"另一个人"。

英雄通过与龙作战获得新生,这是一种变形,一种荣耀,确切地说,这是一种神明化(apotheosis),其主要特征是更高人格模式的诞生。这种根本性的质变使得英雄超越了凡人。正如我们说过的那样,神话中的英雄有两个父亲:一个是并不显赫的人类父亲,代表他的尘世部分;另一个是天国的父亲,他的英雄部分就来源于这位父亲,所以他能够超越人类,是"卓越的"、不朽的。

因此,英雄神话的原型通常是太阳神话,甚至是月亮神话。荣耀就意味着被奉为神。英雄是太阳或月亮,也就是说,是一种神性。作为一介凡夫,他是尘世中的凡人之子,但是作为英雄,他是神的儿子。人们认为,或他自己感到,他和他的父亲一样具有神性。

同样,关于这一现象的最早历史性例证出现在埃及法老身上。埃及的法老是荷鲁斯之子,是奥西里斯的后代。随着王权的发展,人们不仅认为他们是月亮神奥西里斯，还认为他们是太阳神拉。法老会自封为"荷鲁斯神"。正如厄尔曼认为的那样，人们认为他是"神"，这不是"溢美之词"，而是一种象征性的事实。这种象征性事实只在现代才变成了一句空话，连同"国王的神圣权力"一起。

同样，人们把国王称为"人间的太阳"和"上帝在人间的化身"。早在第四王朝时期，国王就被称为"拉之子"。这只是他的众多头衔之一：

> 此种表达源于一种观念——他既是他父亲的儿子，也是至高无上的上帝之子。这种观念同时存在于其他地方和其他时期。①

精神分析学家指出了这种"双重父亲"的现象，但现代人无法理解这种现象。厄尔曼曾在他的作品中痛苦地指出了这一点。他最后补充道："诚然，我们的理解力有限，但我们必须试图理解这种事的确有可能发生。"

因此，直到基督出生近两千年之后，才有人给出了"启迪性"的评论。心理的二元性现象普遍存在于埃及的仪式中。几千年后，尼哥底母（Nicodemus）和基督②之间的著名对话也从神学上阐明了这一点。就算在今天，这种现象仍然存在于一种常见的感受中：某人明明是某先生的儿子或女儿，仍有不少人会认为他就是"神之子"。双重血统很显然对应着人性的二元性。在这里的表现形式就是英雄。

母亲和父亲的原型最初表现为与英雄及其命运有关，也就是说，某人是卓越和独特的。但是再一次，正如我们曾提到过的奥西里斯不朽、神婚（hieros gamos）等例子一样，这些独特和象征性的内容后来变成了集体知识。随着人类个体性的发展和从"神秘参与"的早期状态中浮

---

① 厄尔曼，《宗教》。
② 《约翰福音》（John）。

现，每个人的自我呈现出更清晰的定义。但是，在这个过程中，个体变成了英雄。现在轮到他来示范龙战神话了。

然而，我们必须再一次强调的是，英雄的神话命运是自我原型之命运和所有意识发展的写照。它是集体后续发展的一个模板，它的各个阶段都可以在每个儿童的发展过程中再现。

如果我们在阐述的过程中，赋予其人格，用女性的视角来说明英雄的自身体验，或来描述一种神话情景，那么，我们必须懂得这种表达是比喻性的，采取的是缩略形式。我们回顾性的心理解读并不意味着有意识地保留更早时代的观点。这是对内容有意识的加工，这些内容被无意识和象征性地外推于神话投射中。然而，这些象征可以被解释为心理内容，透过它们，我们可以看到蕴含在这些象征中的心理状况。

与弑父一样，英雄弑母同样与他的双重血统不无关系，因为，除了一个超人类的父亲，他还必须有一个超人类的母亲。

杀母

  一旦乌罗波洛斯分裂成对立的双方，也就是说，一旦它分裂成父亲与母亲，"儿子"就置身于这两者之间，借此形成他的男性特质。这时，他解放的第一阶段已经顺利实现。自我，置身于世界父母中间，挑战着乌罗波洛斯的对立双方。通过这种敌对行为，天上和人间都与他相抗。他现在所面临的局面被我们称为龙战，这是与对立力量的武装战斗。只有这一战斗的结果才可以揭露解放是否真的成功了，以及他是否最终摆脱了乌罗波洛斯的魔爪。

  龙战是在所有神话中都会出现的基本内容。我们首先必须区分出战斗的各个阶段和它的组成元素。解读这一关键的无意识主题的方式多种多样，但我们都必须在解读时慎之又慎。对立的解读混杂在一起，形成了同一基本情况的不同阶段，因此，只有把这些解读统一起来，才能揭开它的真实画面。

  龙战的主要元素有三：英雄、龙和宝藏。英雄在打败龙之后可以得到宝藏，这是象征性的交战过程的最终产物。

  宝藏的本质众说纷纭，它的形式也多种多样——从"难以获得的珍宝"、俘虏、王者的珍珠、生命之水，到长生草。我们会在后文对此加以讨论。现在，我们面临着一个根本的问题：龙象征着什么呢？

虽然荣格①没有多加解释，但他已经指出这条龙身上包含着乌罗波洛斯的所有特点。它是雌雄同体的。与龙交战因此便是与初始父母交战。在交战中，他不是只杀掉父母中的一方，而是既杀母又弑父。在人类作为个体的发展中，龙战形成了一个中心篇章，而且，在儿童的个人发展中，它关联着精神分析所指的俄狄浦斯情结的事件和过程。我们将之称为初始父母问题。

弗洛伊德的"弑父"理论——兰克②也试图阐述过这种理论——把下面特征结合在一个系统的统一体中：家庭罗曼史。家庭罗曼史围绕着这个男孩展开，在儿子渴望与母亲乱伦时达到顶峰，却因为父亲的阻挠遭受挫败。英雄就是那个弑父娶母的家伙。英雄神话因此变成了纯粹的幻想，用来直接或间接地实现这个渴望。这一理论得到了弗洛伊德的假设的支持（或者更准确地说，被弗洛伊德的假设遮盖），虽然从逻辑上和人类学上都是不可能的。一只可怕的大猩猩首领偷走了他儿子的女人，并最终被他兄弟杀害。英雄主义在于消灭父亲。弗洛伊德按照字面意思理解这一切，并从中推导出图腾崇拜与文化和宗教的基本特征。正如在其他所有地方一样，弗洛伊德带着他的个人偏见，误读了一些十分重要的东西。然而，虽然弑父不是龙战最实质的问题，更谈不上是整个人类历史的关键，但它仍是一个根本元素。

兰克盲目地追随弗洛伊德的理论，荣格却在他早期的作品《无意识心理学》（*Psychology of the Unconscious*）中对这一问题提出了不同的看法。荣格得出了两个结论。在我们看来，这两个结论便是最终的结论。他指出，首先，英雄的战斗是与母亲的战斗，但是在家庭罗曼史中，母亲不应当被看作一个个人化的形象。母亲除了是个人形象，还代表着后来被荣格称为母亲原型的东西。这一点可以从象征意义上更清楚

---

① 《无意识心理学》（*Psychology of the Unconscious*）。
② 《英雄诞生的神话》（*The Myth of the Birth of the Hero*）。

地看到。荣格证明了英雄的战斗中超个人的重要性，因为他没有把现代人的个人家庭面向作为人类发展的起点，而将其看作力比多以及它的发展的变形。在这个变形过程中，英雄的战斗克服了力比多的惯性，扮演了一个不朽而根本的角色，而力比多正是用环形的母亲龙——无意识——来象征的。

荣格的第二个结论指出，英雄的"乱伦"是一种再生性的乱伦，但这一结论的重要性在心理学中还未能被广泛接受。战胜母亲——通常表现为进入她，也就是说乱伦——会带来重生。乱伦带来的人格变化是造就英雄的唯一方式，也就是说，英雄代表了更高级、更完美的人类。

现代研究建基于荣格的发现，试图区分出龙战的类型和不同的阶段，并通过这种方式纠正和整合弗洛伊德和荣格的两种对立理论。在《无意识心理学》中，荣格仍然深受弗洛伊德弑父理论的影响，正因如此，他不得不根据后来的发现对他的解释做出重大改动。

战胜或杀死母亲构成了龙战神话中的一个层面。自我男性化的成功在它的斗志和敏捷中表现出来，使他暴露于由龙所象征的危险中。自我对男性化意识的认同带来了心理分裂，这种分裂又促使它与无意识之龙形成对立。这种斗争的形式不拘一格，可以是进入洞穴、深入地府，也可以是被吞食，即与母亲的乱伦。我们可以在以太阳神话形式呈现的英雄神话中十分清楚地看到这一点。在这里，英雄被龙吞食，或被黑夜、大海和地府吞食，这对应着太阳在晚上的下沉。随后，它会战胜黑暗，以胜利者的身份再次出现。

所有还原性解释断言，被吞食等同于被阉割，等同于对龙和父亲的恐惧，因为父亲会阻止他与母亲乱伦。也就是说，与母亲乱伦是他所期望的，但这种渴望因为对父亲的恐惧而变得可怕。母亲被认为是一种积极的欲望客体，父亲却是真正的阻碍。这种解读是不正确的，因为乱伦和阉割恐惧在没有父亲的阶段就已经十分明显了，而不是说一定要有一个嫉妒的父亲。

这个问题比阉割更深刻，它触及一个更原始的层面。对龙的恐惧与对父亲的恐惧并不相同，它对应的是一些更基本的因素，换句话说，它对应的是男性对女性的恐惧。英雄的乱伦是针对大母神和恐怖母神的，她们的天性就是恐怖的，并非因为第三方的介入才变得如此。龙无疑也象征着英雄的恐惧，但是就算没有附加的恐惧，龙也足够可怕了。就算没有父亲挡在门口，落入深渊、沉入大海或进入黑暗的洞穴，也是极恐怖的事。乌罗波洛斯龙的雌雄同体意味着大母神拥有男性特征，但并非父性特征。大母神的侵略性和毁灭性——比如，她是一个杀手——可以被认作男性化的，并且在她的属性中，我们也发现了男性生殖器官的象征，荣格就曾指出这一点。这在赫卡式身上尤其明显：钥匙、鞭子、蛇、匕首和火把①都是男性化象征，却并非父性象征。

当大母神的阉人祭司完成阉割，成为祭品时，他们就会描述她的可怕特点，但是我们不可能把这些被阉割的祭司看作父亲形象。长着男性生殖器官的人往往处于从属地位。大母神控制他们，利用他们，这一事实说明他们绝不可能代表独立的父亲形象。大母神的侵略性和毁灭性也可以象征性和仪式性地表现为与之分离的独立形象。他可以是侍从，可以是祭司，也可以是动物，等等。纵欲的武士集体，如克里特斯人，通常受制于大母神，与之相同的还有男宠，他们会行使她的毁灭意愿。在更晚的阶段，在受母性支配的北美印第安人中，我们发现酋长依附于老母亲（Old Mother）。受制于大母神的还有杀死年轻神祇的公猪，以及舅舅，他作为承载权威情结的工具，对抗伊西斯的儿子荷鲁斯。甚至神秘的海神波塞冬以及他养育的怪物也从属于大母神而非大父神。

然而，当父权接替了大母神的统治权，恐怖父神这一角色便被投射

---

① 荣格，《无意识心理学》。

在了她恐怖面向的男性代表身上，特别是当它为了父权的发展，压制大母神的恐怖面，使"好母亲"的形象处于显要地位时。

我们已经研究过的两种乱伦形式从根本上说是被动的：在乌罗波洛斯乱伦中，胚芽中的自我被消灭；在与母亲的乱伦中，儿子受到母亲引诱，而乱伦以母权阉割告终。但是英雄的与众不同在于其乱伦的主动性，他是蓄意地、有意识地，将自己暴露于女性的危险影响之下，并克服了男人对女人由来已久的恐惧。战胜阉割恐惧就是战胜对母亲的权力的恐惧。因为对于男人而言，母亲的权力，事关阉割的危险。

这给我们提出了一个问题，就其诊断性、治疗性和理论性而言，这个问题相当重要。不同原型阶段的分化使我们能够决定我们正在处理哪种形式的乱伦，以及自我意识的位置在哪里，即自我意识在每个单独的个体中的发展情况如何。荣格的《无意识心理学》仍然深受弗洛伊德的影响，他不能分辨这种情况下的原型差异，因此缩减和简单化了英雄问题。

荣格认为，雌雄同体的儿子—情人①中的女性元素源于朝向母亲的退化。其实恰恰相反，它是一种彻头彻尾的原生物。雌雄同体的结构性未分化特性已经清楚地表明了这一点，并且它并非由成熟男性特质的退化所造成。这个特性发端于一个更深的层面，在那里，大母神仍然占据支配地位，男性特质没有得到巩固，因此"男性特质的退化"无从谈起。这只不过是因为男性特质还尚未独立罢了。应当承认，青春期少年的自我阉割牺牲了他的男性特质，这的确是一种倒退，但这种倒退是局部的，或者我们可以更准确地说，他的发展被扼杀在了萌芽中。

青少年的女子气是一个中间阶段，它同样可以被看作一个中性阶

---

① 荣格，《无意识心理学》。

段。虽然从生物学上把祭司或先知看作中间类型①是错误的，但从心理学上说却是完全正确的。我们不得不区分这两者：成年自我与大母神之间的创造性联系、自我还不能摆脱她霸权的那一部分。

但是，也许有读者说，在这一英雄乱伦阶段，阉割究竟意味着什么？它是神经症患者心理中关于男性对女性由来已久的恐惧的错误概括吗？

对自我和男性而言，女性是无意识和非自我的同义词，因此和黑暗、虚无、空洞及无底洞相关。荣格说道：

> 究其根本，空洞是一个伟大的女性秘密。对男人而言，它完全是陌生的，它是异质的无底深渊，是"阴"。②

母亲、子宫、深坑和地狱都如出一辙，是相同本质的不同表现形式。女性的子宫是人的出生之地。因此每个女性，都像子宫一样，是大母神的原始子宫，是一切的起源，是无意识的子宫。她威胁着自我，给它带来自我为零（self-noughting）和迷失的危险，换句话说，给它带来了死亡和阉割。我们看到过着迷于男性生殖器官的自恋青少年，这种自恋使得性快感与阉割恐惧交织在一起。女性身上男性生殖器官的"死亡状态"从象征意义上说等同于被大母神阉割，从心理学上说，这意味着自我在无意识中解体。

但是英雄的男性特质和自我不再等同于男性生殖器官和性。从这个层面上说，身体的另一部分自己竖立起来，在象征意义上代表了"更高级的男性生殖器官"或"更强的男性特质"：头部是意识的象征，眼睛是它的支配器官。现在，自我认同了它自己。

---

① 卡朋特（Carpenter），《原始民谣中的中间类型》（*Intermediate Types among Primitive Folk*）。

② 《母亲原型中的心理面面观》（*Die psychologischen Aspekte des Mutterarchetypus*）。

第二章 英雄神话

头部和眼睛象征着"上方"原则，威胁这一原则的危险与"天国"给予英雄的帮助紧密相关。在龙战之前，这一高级部分已经得到了发展，展现出了活跃的一面。就神话意义而言，这证明了他的天神血统以及英雄的出生；就心理学意义而言，这表明他已经做好准备以一个英雄的身份，而不是作为一个低级的凡人，去面对龙的挑战。

他天性中的上等部分得到了确认，并最终在斗争胜利后带来了新生，但是如果斗争失败，他同样会面临毁灭的威胁。

在这里，我们无须去证明头部和眼部在每个地方都象征着意识的男性面向和精神面向，象征着"天国"和太阳。呼吸和逻各斯群体同样从属于这个象征准则。在这里，高级男性特质与较低的男性生殖器官阶段被区别开来。因此，我们把斩首和失明看作阉割实在没有任何不妥，但是这种阉割是针对上方的器官，而非身体下方的生殖器。这并不意味着"位移向上""失去某人的头颅"等同于阳痿，不管从神话意义上，还是在象征意义上，或在心理学意义上，这个等式都是不成立的。世上存在阉割"上方"的人，也存在阉割"下方"的人，如果男性生殖器官的信徒被阉割的是他们上方的头脑，那么有文化修养的人阉割的便是他们下方的生殖器了。只有这两个区域的结合才能够产生完整的男性特质。在这里，又是巴霍芬通过对黑暗男性特质和太阳男性特质的区分，抓住了这一问题的本质。

我们在大力士参孙（Samson）的故事中发现了相对应的象征意义。参孙的故事是一个次级个性化的神话，或者，正如常常发生的那样，是一个被二次编撰的英雄故事。

在《旧约全书》中的许多地方，故事的要点都是耶和华与迦南—腓力斯的阿施塔特的斗争。故事的纲要非常清晰：参孙献身于耶和华，但是他的本能屈从于阿利拉–阿施塔特（Delilah-Astarte）的引诱。于是，他的命运被封印，这意味着他被剃光头发，双眼失明，并失去了耶和华的力量。

阉割的形式是剃光头发，这一点很重要，因为耶和华的信徒以及阿施塔特的反对者也许从来不曾剃掉他们的头发。另外，剃光头发、失去力量与太阳英雄的原型阶段有关，因为他被阉割，遭到了吞噬。

第二点是失明。同样，这是一种"上方"的阉割，与"下方"的阉割有所不同。上方阉割，或失去耶和华的力量，导致英雄在阿施塔特的势力范围内被腓力斯人所俘。他徘徊于地府，在这里，他必须"磨面"。耶利米亚①曾指出，磨面是一个宗教主题。这一点可以参考参孙在大衮庙的情形。他在这里作为俘虏被看押，因为龙是迦南人的神，一个像奥西里斯一样的植物神。龙是巴力之父，②巴力遭到耶和华的憎恨，他的全部领土隶属于迦南人的大母神。因此，参孙被俘表现了男性在大母神的奴役和控制之下，正如赫拉克勒斯穿上女人的衣服，成为翁法勒（Omphale）之奴一样。这是被大母神奴役的另一个著名象征，我们应当把磨坊看作大母神的繁殖象征。③

英雄重获太阳能量，这最终结束了阿施塔特世界对他的奴役。参孙推倒了大衮庙的柱子。在他牺牲之后，耶和华的力量又重新回到了他身上。随着寺庙的崩塌和参孙在死亡中的自我更新，耶和华战胜了他的敌人，战胜了阿施塔特。

英雄的战斗始终涉及乌罗波洛斯龙对精神的、男性的原则的威胁，以及被母性无意识吞食的危险。被广为传颂的龙战，其原型是太阳神话。在太阳神话中，英雄每天晚上都会被住在西方的夜行海怪吞食。他会努力克服它的双重性，也就是说他在子宫洞穴中遇见了那条龙。

---

① 耶利米亚，《圣经旧经全书》（*Das Alte Testament im Licht des alien Orients*）。
② 奥尔布莱特（Albright），《考古学》（*Archaeology*）。
③ 西尔贝雷（Silberer），《神秘主义和其象征主义的问题》（*Problems of Mysticism and Its Symbolism*）。

然后，他作为获得胜利的太阳、无敌的太阳神（sol invictus）在东方重生。更确切地说，他杀掉海怪使自己获得了重生。这些危险、争斗、胜利和光明——我们一直在强调它们对意识的重要意义——是英雄真实性的主要象征。英雄总是能带来光明，他也是战斗的使者。当太阳英雄穿行于地下世界，必须在龙战中求生时，在夜间海上航行的最低处，新的太阳会在午夜被点亮，英雄因此战胜了黑暗。在每年的这个最黑暗的时候，基督诞生了，他是闪耀着光芒的救世主，他是那个年代和世界的光明，在冬至时节与圣诞树一起受到大家膜拜。灯光、头部的变形和光冕装饰，象征了新的光明和胜利。虽然这种象征的更深层次意义只有在以后才可能清楚地呈现在我们面前，但是显而易见的是，英雄的胜利带来了一种新的精神状态，一种新知以及意识的变化。

同样，在神秘宗教中，新教徒不得不承受地下世界的危险，经过七重门——这是一种非常早的特征，我们甚至可以在伊希塔（Ishtar）坠入地狱的故事中看到它——或者在黑暗中度过十二个小时。阿普列尤斯（Apuleius）曾在伊西斯神话中描述过这一点。这些未解之谜在神化（deification）中达到了顶点，因为在伊西斯的神话中，它就意味着太阳神。新教徒接受了生命之冕、至高无上的光明；他的头上笼罩着光明和荣耀。

冯特[①]认为，英雄时代的特点是"个体的人格占据主导地位"。他说，这就是英雄所代表的。事实上，他从英雄中看到了神，他把上帝看作一个加强版的英雄。虽然这种观点并非完全正确，但毫无疑问，作为自我载体的英雄，拥有训练意志和塑造人格的力量，他与诸神从巨大的非个人力量中具体化出来的诞生阶段存在着联系。意识系统的发展拥有了它的中心——自我，它打破了无意识的专制统治。这一发展在英雄神

---

① 《民族心理学原理》（*Elements of Folk Psychology*）。

话中初见端倪。

这些无意识力量现在处于被废弃的心理阶段，于是，它们化身为可怕的怪物、龙、魔鬼和污鬼，与自我—英雄对抗，威胁着要再次吞噬他。恐怖母神是无意识这一吞噬面向的全面象征，因此，她也是所有怪物的大母神。所有危险的影响和冲动，所有来自无意识的，以其力量吞没自我的邪恶，都是她的产物。这正是戈雅（Goya）在《狂想曲》（Caprichos）中想要表达的主题，"理性之梦滋生怪物"。在希腊神话中，赫卡忒，这位原始的万能女神是吃人的恩浦萨的母亲和吃男孩肉的女妖拉米亚（lamias）的母亲，这代表的也是无意识的可怕。她是英雄的大敌，而英雄是骑兵或骑士，会驯服无意识本能这匹马儿，或者，他是米迦勒（Michael），摧毁了恶龙。他引入了光明，结束了大自然母亲极其骚动的混乱，带来了新的秩序。

我们在探究英雄神话时邂逅的第一个英雄是俄狄浦斯，他的名字已经成了现在心理学的一个俗语，而且一直以来都被人们误读。他是龙战的英雄，但他没能取得彻底的胜利。他的悲剧命运就是这一功败垂成的明证，而且我们只有站在超个人的角度才能理解它。

俄狄浦斯神话有三个关键点。如果我们想要为他在人类意识的进化中找到正确的位置，那么我们就必须记住这三个关键点。第一，战胜斯芬克斯；第二，与母亲的乱伦；第三，弑父。

俄狄浦斯得以成为英雄和屠龙者是因为他战胜了斯芬克斯。斯芬克斯是古老的敌人，是深渊之龙，代表了大地母神之乌罗波洛斯面向的力量。她是大母神，她的致命规则统治着这片没有父亲的土地，对那些不能回答她问题的男人，她威胁着要杀死他们。她提出一个致命的谜语，其答案是"人"，只有英雄才能回答出来。俄狄浦斯只身一人战胜了命运，给出了问题的答案。他胜利了，因为在他的回答中，命运本身就是答案。这一英雄式的回答，让他成了一个真正的男人，这是精神的胜利，是人类对混沌的胜利。因此，通过战胜斯芬克斯，俄狄浦斯成了一名英雄和屠龙者，而且像每一位英雄一样，他与自己的母亲发生了乱伦关系。英雄乱伦与战胜斯芬克斯是一回事，它们是同一过程的两个面向。通过战胜他对女性的恐惧，通过进入子宫——那个深渊，那无意识的危险，他成功地与阉割年轻男人的大母神，以及摧毁他们的斯芬克斯结合了。他的英雄主义将他变成了一个成熟的男人。他足够独立，可以战胜女性的力量，并且，更重要的是，他在她体内再造了一个新生命。

在这里，青年变成了一个成熟男子，主动乱伦变成了再生性乱伦，男性与他的女性对立面相结合，创造了一个新生命——第三个人。这是一个综合体，男性与女性首次在一个整体中达到了均衡。英雄不仅征服了母亲，而且杀死了她恐怖的女性面向，从而释放了她多产和丰饶的面向。

如果我们继续思考，不考虑弑父的意义，便可以看到为什么俄狄浦斯并非一个纯粹的英雄，以及为什么他的英雄业绩只完成了一半：虽然俄狄浦斯战胜了斯芬克斯，杀父娶母，但他所做的一切都是无意识的。

他对自己的所作所为一无所知，而且当他发现事情的真相时，他不能面对他所做的事，不能面对这种英雄行径。因此，他输给了命运。命运击败了所有他这样的人，永恒女性因此还原为大母神。他退回儿子阶段，承受着儿子—情人的宿命。他剜去双眼，以此阉割了自己。巴霍芬把失明看作古老母权系统的一个象征，尽管我们不完全同意巴霍芬的诠释，但事实上，他仍然是一个工具，一个从属于他妻子和母亲的物品。失明对我们来说不再是谜。它代表了高级男性特质的毁灭，代表了英雄特点的毁灭；这种精神上的自我阉割抵消了他战胜斯芬克斯所取得的所有成就。英雄的男性化发展又退回原点，对大母神的恐惧控制了他。他虽然战胜过斯芬克斯，但现在又成了她的受害者。

在索福克勒斯的《俄狄浦斯在科罗诺斯》（*Oedipus at Colonus*）

中，这位老人最终在厄里倪厄斯（Erinyes）的小树木中找到了安宁和解脱。厄里倪厄斯代表古老的母亲力量，俄狄浦斯走过的路则围成了一个完整的乌罗波洛斯环。他的结局为他的悲剧人生增添了崇高而神秘的庄重感。他双目失明又年迈体衰，他褪去神秘的光环，在忒修斯——一位稍后出现的理想英雄，拒绝屈服于他的继母女巫美狄亚——的指引下回到俗世之中。大地母神将她的儿子—情人，双脚肿胀的俄狄浦斯重新拥入自己的怀抱。他的坟墓变成了避难所。

  他是伟大的人类形象之一，他的挣扎和苦难带来了更高尚和文明的行为。他仍内嵌于旧秩序，挣扎和苦难是旧秩序的产物。他站在那里，是最后的伟大的受害者，也是新时代的创造者。①

  俄狄浦斯的起源故事缺乏英雄诞生的所有标志性特征，这一点绝非偶然。我们已经在索福克勒斯的故事中看到，这里没有英雄的悲剧命运，有的只是人类无法控制的、掌握在冷静的神祇手中的命运的颂扬。这一剧本包含了早期母权时代的痕迹，那时，人类和神还没有结合，自我仍然依附于最高统治者的权力。大母神的控制权出现在这里，染上了哲学的色彩。命运主宰着一切。所有这些悲观主义都露骨地揭露了大母神支配着自我和意识。

  对英雄而言，大母神是一条需要去征服的龙。在龙战的第一部分，一开始，她抱着儿子，把他当作胚胎一样紧紧缠住，不想让他出生，想让他永远置身于她的臂弯，做她的宝贝和挚爱。她是致命的乌罗波洛斯母亲，是西方的深渊、死亡之国、地下世界、大地的嗉囊。在她之中，庸常的凡俗之人感到疲惫而厌倦，消融于乌罗波洛斯或与母亲的乱伦

---

① 巴霍芬，《母权》。

中，堕入死亡。在龙战中，最初的失败的象征是被吞食。即便在典型的胜利者神话中也存在俘虏阶段，如在巴比伦英雄马杜克的神话中。马杜克在与怪兽提亚玛特交战的过程中，也曾被打败过。①这一阶段是重生的必要前奏。

然而，如果英雄想成功地跻身于英雄之列，证明自己高贵的出身，证明自己与神之间存在着父子关系，那么他就要像太阳英雄一样，进入可怕与危险的恐怖母神中，带着荣耀，从鲸鱼的肚子，或从奥吉斯国王的牛舍，或从大地的子宫洞穴中出现。杀母和对神祇父亲的认同相辅相成。如果英雄想要通过主动乱伦进入黑暗的、母性的地府，那么他只能凭借他与"天国"的亲缘关系，他与神的父子关系来实现。通过在黑暗中披荆斩棘，他作为英雄，在神的意象中重生了，但同时，他也是与神交媾的处女的儿子，是有再生能力的善良母神的儿子。

上半夜，当太阳西下，沉入鲸鱼肚子里时，四周一片黑暗，一切都被吞噬掉了。与之相反，下半夜是明快而丰富的，因为太阳英雄正越过黑暗向着东方喷薄欲出，获得重生。午夜至关重要，它决定了太阳是作为一位英雄得到重生，再次将新的光明洒向这个世界，还是被恐怖母神阉割和吞噬。恐怖母神会摧毁他的神性部分——他成为英雄，正是因为这一部分——然后杀害他，于是，他将一直待在黑暗之中，成为一名俘虏。在那种情况下，他会发现自己像忒修斯一样很快长成地府的岩石，或者像普罗米修斯一样被囚禁在悬崖峭壁边，或者像耶稣一样被钉在十字架上。不仅如此，他还会发现世上再也没有英雄了，正如恩斯特·巴拉赫（Ernst Barlach）在他的戏剧中写到的那样②，这注定是一个"死亡之日"。

---

① 加德（Gadd），《巴比伦的神话和仪式》（*Babylonian Myth and Ritual*），摘自胡克（Hooke）的著作《神话和仪式》（*Myth and Ritual*）。

② 《死亡之日》（*Der Tote Tag*）。

图21　鲸鱼肚中的约拿。源自《科鲁多夫诗篇》，东罗马帝国，九世纪晚期。圣尼古拉斯修道院，普列奥布拉任斯克，莫斯科。（J.J.迪卡能，《中世纪的诗篇》，赫尔辛基，1903。）

图22　鲸鱼肚中的英雄雷文。一位印第安海达人的绘画，太平洋西北岸，十九世纪晚期。（阿尔伯特·尼布莱克，《阿拉斯加南部和大不列颠北部哥伦比亚省的沿岸印第安人》，美国国家博物馆，华盛顿，1890。）

我们应该讨论这一出戏剧。就某些细节而言，它的象征意义比大多数古典悲剧要深远得多。在这出戏剧中，龙战的象征意义再次出现在一位现代作家的作品中。

这部作品的基本主题是母亲抵制儿子的成长和发展。儿子过去一直与母亲生活在一起，但是现在他很可能离她而去。神话中这位母亲与太阳神结合生下了这个孩子。太阳神离开之时说，等孩子长大成人之

第二章 英雄神话

后,他就会回来,他要看看她把这个孩子培养成了什么样子。此处出现了人间的父亲。他是一个盲人,是我们大母神的丈夫。他明白这个孩子是一个英雄,是天神的儿子。在妻子使唤的妖精的帮助下,这位父亲试图实现这个男孩的英雄命运。这样做的必然性对母亲和孩子来说都是显而易见的。这个妖精没有母亲,只有男孩的天眼能看到他。他告诉这个男孩说:"外面的人谣传你是你母亲藏在家里的大宝贝(grownup boy)。"他又补充道:"男人就应该有个男人的样子。"但是这位母亲阻止他继续说下去。"你倒是像极了你的母亲,但并不怎么像你的父亲""有其父必有其子",以及保姆说的"一个悉心教导他的父亲好过一个沉默不语的母亲",这些话对她来说,就像她丈夫说他们的儿子是英雄一样刺耳。这位失明的人间父亲于是说:"也许他会被困在这个世界里,就像小鸟被卡在蛋里出不来。但是他生活在另一个世界之中,因为他的眼睛看得到另一个世界的事。他具备那样的秉性。""天神的儿子不属于他们的母亲。"他的母亲针锋相对地说道:"我的儿子不是英雄,我才不需要一个英雄儿子呢!"她大声哭喊着:"你想为了别人的话置你母亲于死地吗?"但是儿子梦见他的父亲像"头上顶着太阳的天神"一般,出现在他面前,在梦中,他还骑着他父亲给他的太阳骏马。这匹代表着他未来的马,叫"心之角"(Herzhorn,德语)。它"肚中生风,嗅着太阳"。它站在马厩中,使这个男孩心生喜悦。这种看不见的冲突主宰着这匹马的存在或消失。

这位失明的父亲试图向儿子解释这个世界。他告诉他与未来的意象(这一意象可以也必须来自黑夜)有关的事情,告诉他英雄为了让世界变得更好,如何将其从沉睡中唤醒。他谈到真理,谈到太阳,他说:"过去存在,现在存在,将来也应该存在。"他试图唤醒这个迷失的男孩。但是母亲却无动于衷地回答道:"儿子的未来就是母亲的过去。""他要想成为英雄,除非他的母亲死了。"于是,儿子开始懂得："也许我们现在的生活也是诸神的生活。"但是母亲不愿承认他有自己的未来，唯恐孩子长大后离她远去。因此，一天晚上，她悄悄地杀死了他的太阳骏马，通过这种方式，她摧毁了她儿子的未来，这个世界的未来。现在，日子变得"死气沉沉"，或者正如母亲一知半解地冷嘲热讽道："小男孩生于黑夜之中，这意味着新事物不会有光或不会有意识。"在绝望之中，儿子大声叫了起来："我不能成为别人，别人也不能替代我——我就是我自己！"母亲扇了他一耳光，告诉他，他仍然是她的儿子，不许有自我。

儿子渐渐长大，他没有怀疑是他的母亲杀死了他的马。他认为自己和妖精不一样，妖精只有父亲没有母亲。因此，他并不觉得自己可以通过母亲一人得到重生："我不是母亲一个人生出来的，她不能让我重生，因为以前就不是她一个人把我生下来的。"他抱怨自己没有父亲，宣称他需要一个活生生的父亲做他的表率，他责骂他是一个"瞎子"。在儿子成长的过程中，母亲一直传授他俗世的智慧，告诉他"梦想不能当饭吃"。妖精，这个无母有父的儿子却责骂他："你这个乳臭未干的家伙，我父亲的梦想将来也会让我看到，我也没有他做榜样！身体百无一用，精神才是最重要的。"于是儿子夹在天上和人间的父母中间，被撕裂了。他听到"太阳在薄雾之上咆哮""大地的伟大心灵在深处敲击"，他哀叹道："我同时听到来自天上和地下的两个声音！"他被夹在父母之间，束手无策。于是，他两次召唤他的父亲。但是第三次，他的叫喊声传了回来，传到他母亲的耳朵里。当他准备再一次离开她的时候，她诅咒他，并威胁着要自杀。现在，他不得不做出抉择。他没有理睬自我毁灭的致命之刃，说道："父亲不会这样做的。"他听从了的母亲的话，说："还是母亲的方式更适合我。"

母亲已经杀掉了他的马，并因此阉割了她的儿子。死气沉沉、没有太阳的日子来临了。他不承认天神父亲，这等同于自我伤害，他最终只能以自杀告终。母亲的诅咒抵消了父亲的祝福，成了现实。他服从了生他的母亲，死于她的诅咒。虽然他的母亲实在可憎，但他仍是他母亲的儿子。

这出戏剧来自一个较早年代的神话。它表现了男人在大母神和龙战中间阶段的历史。在远古时期，其主角是俄狄浦斯——俄狄浦斯是被征服者，而不是胜利者。

下一个阶段呈现在戏剧《俄瑞斯忒斯》（*Oresteia*）中。它描述了儿子的胜利。为了替父亲报仇，儿子成了弑母者。而且，他在太阳父亲的帮助下把我们带到了父权占据主导地位的新时代。我们借用巴霍芬的说法，使用"父权"一词来表现精神、太阳、意识和自我占主导地位的男性世界。相反，在母权社会，无意识是至高无上的统治者，这个世界的主要特点是前意识、前逻辑和前个体的思考方式和感受方式。①

在《俄瑞斯忒斯》中，儿子毅然决然站在父亲一方。脱离母亲之路到了新的阶段。正如印度神话中的罗摩——他遵照父亲的吩咐，用斧头砍下了母亲的头②，在《俄瑞斯忒斯》中，父亲的精神是一种推动力，它实现了罪恶的母亲的死亡。我们在《哈姆雷特》中也看到过这种现象。在这里，儿子完全遵从父亲，以至于母权法则一旦冒头就会遭到扼杀。这种屠杀不再是象征性的屠龙形式，而是杀死一个真正的母亲——真正的杀死，因为母权法则是父权法则的大敌。③

母亲世界的复仇女神想要捉拿这位弑母者并杀死他。俄瑞斯忒斯作为这些复仇女神的抵抗者，与光明世界缔结了联盟。阿波罗和雅典娜帮助他夺取了正义。在这里，正义意味着新律法的建立，这种规则与古老

---

① 从这个意义上说，母系社会始终优先于父权社会，而且，提到整个神经症群体的话，我们仍然可以说，母权心理必须被父权心理取代。
② 齐默（Zimmer），《玛雅，印度神话》（*Maya, der Indlsche Mythos*）。
③ 海耶尔（Heyer），《厄里倪厄斯和欧墨尼得斯》（*Erinnyen und Eumeniden*）。

的母权律法（不懂宽恕不能补偿的弑母之罪）——完全不同。他的做法得到了雅典娜女神的支持。雅典娜不是女人所生，因此，她极度抵触每个母亲和每个女人心中的地府——女性元素。女人的雅典娜面向与阿尼玛的心理学意义具有紧密的关系。[①]正是这种处女特性，在英雄与龙母交战的过程中使她成为英雄的助力，并帮助他克服了对女性无意识的厄里倪厄斯面孔的恐惧。

---

① 范·德·利欧（Van der Leeuw），《宗教的实质及其表现形式》（*Religion in Essence and Manifestation*）。

弑父

如果龙战意味着与母乱伦，那么弑父又代表着什么呢？特别是考虑到我们描述过的龙战和与母乱伦是前父权性质的，也就是说，它与社会的父权形式或父权家庭无关。就像弗洛伊德和荣格早期所认为的那样，如果龙象征的不是对父亲——阻碍他走向母亲——的恐惧，而是母亲自身所具有的恐怖特性，那么我们必须要解释，为什么英雄斗争还涉及弑父。

无意识的危险，它的分裂、毁灭、吞噬和阉割特性，化身为怪兽、反常之事、野兽和巨人等与英雄对垒，英雄不得不战胜它们。对这些形象的分析显示，它们和乌罗波洛斯一样，都是雌雄同体的，同时具备男性和女性的象征性特点。因此，初始父母中的两方都在与英雄对抗，英雄必须要战胜的不仅是乌罗波洛斯的女性部分，还有它的男性部分。试图把所有这些形象简化为父亲形象，是对事实武断的、教条式的违背。比起弗洛伊德式的简化的家庭罗曼史，英雄面对的情境是一种更复杂的"父母关系"。让我们以赫拉克勒斯为例：他的父亲帮助他，但他邪恶的继母却将他杀害了。他所代表的英雄类型是我们不能依据俄狄浦斯神话的图式来解读的。

在解释弑父事件之前，我们必须澄清父亲法则的一个基本点。

与母亲法则一样，"父亲"的结构，不管是个人的还是超个人的，都具有两面性：积极的和消极的。在神话中，除了创世的、正面的父亲，还存在着毁灭的、负面的父亲。两种父亲意象不但被活生生地投射在神话中，还栩栩如生地存在于现代人的灵魂之中。

然而，自我和父亲及父亲意象的关系，与它和母亲及母亲意象的关系之间，存在着一种差异。这种差异对男性和女性心理的重要性都是不容低估的。在与自我的关系中，母亲意象既有生产性也有毁灭的面向，但除此之外，它保留着某种不变性和永恒性。虽然它具有两面性，并且变化多端，但是对自我和意识而言，它始终都是最初的世界，是无意识世界。

因此，母亲通常代表了生命的本能面向。与不断流变的自我与意识相比，它是恒定和相对不变的——不管它是善是恶，是有益的和富有生产力的，还是有害的和令人恐惧的。人类的自我和意识在过去的六千年中获得了巨大的发展，比较而言，无意识、母神看起来是一种稳定的心理结构，几乎没有发生变化。甚至是当母亲的意象采取灵性母亲索菲亚时，它仍保持了它的不变性，因为它就是永恒的、包含一切的具体化，是疗愈、支持、爱、保存的法则的具体化。在这个意义上，它的永恒性与父亲意象的永恒性有很大的差别。在无意识的象征意义中，创世背景中的变形和发展，始终对应着阳性的流动性和动态性，这一点表现为逻各斯—儿子。与他的原动力和不断移动相比，索菲亚有着母亲般的安静。这在现代心理学中得到了清楚的揭示，个体性的母亲的重要性在母亲原型面前黯然失色，这一点比起父亲来说更甚。母亲意象受时间和文化模式的影响更小。

此外，除了父亲的原型意象，个体性的父亲的意象同样十分重要，尽管这一意象更多地受制于父亲所代表的文化特征和不断变化的文化价值观，而不是父亲的个体性特征。原始的母亲形象、古典的母亲意象、中世纪的母亲形象，以及现代的母亲形象都大同小异——她们仍然扎根于天性之中，但是父亲形象却随着他们代表的文化而不断变化。虽然在背景中也存在着一个不确定的精神父亲或造物神的原型形象，但它的形式是空的，只有随着文化的发展而变化的父亲形象可以填补它，而父亲形象是随着文化的发展而变化的。正如范·德·利欧所说：

> 比如，在神话中，人们把上帝称为"父亲"并不是基于既定的父亲形象，他们这么做，是建立了一个父亲的形象，每一个既定的父亲形象不得不调整自身来适应这个形象。①

经由神话的创造，男性集体具体化了原型父亲的形象。它为原型的可见形式赋予了一个重要标记，并根据文化情景将其染色。我们认为父亲意象和母亲意象之间存在着一种本质的差别，这一点以非常意想不到的方式被荣格的主要发现——也就是男人心中的阿尼玛以及女人心中的阿尼姆斯——证实及补充②。女人的无意识被多样化的男性化的精神——阿尼姆斯占据，而男性无意识被单一的、口是心非的灵魂——阿尼玛占据。这一经验事实现在越来越容易理解了，虽然它很难被解释。被我们称为"天国"的文化多元性，也就是说，人类所知道的大量父亲—丈夫意象，在女人无意识的体验中留下了印迹，而男人无意识体验中的母亲—妻子意象却始终如一。

在前父权状态下，男人和长者代表"天国"，他们传承着其所处时代和那一代人的集体文化。"父亲们"代表着规则与秩序，从最早的禁忌到最近的司法体系都是如此。他们传递着文明的最高价值观。母亲们则掌握着生命和自然最高的、最深的价值标准。父亲的世界因此成了集

---

① 范·德·利欧（Van der Leeuw），《宗教的本质及其表现形式》（*Religion in Essence and Manifestation*）。

② 《自我和无意识的关系》（*The Relations between the Ego and the Unconscious*）。

体价值观的世界。它具有历史性，与群体内意识和文化的变动水平相关联。文化价值观的主流系统——赋予一种文化特殊性以及稳定性的价值标准——根植于父亲和那些代表和强化了集体的宗教、伦理、政治和社会结构的成年男人中。

这些父亲是男性特质的守护者，是一切教育的监督者。也就是说，他们的存在不仅是象征性的，而且，作为将文化标准具体化的制度之支柱，他们负责抚养每一个体，确保他们能长大成人。文化标准的形成大同小异，无论其法则和禁忌属于一个野蛮部落，还是属于一个基督教国家。总是父亲在努力做这件事，好把当下的价值观镌刻于年轻人身上，也只有那些认同这些价值观的人才能加入成人队伍。对价值标准的认同，继承自父亲，被教育强化，它作为"良心"呈现在个体的心理结构中。

父亲权威对文化和意识发展的必要性不容争辩，它与母亲权威截然不同，因为它从本质上说是相对的，受时间和代际的影响，并不具备母亲权威的绝对性。

通常来说，如果文化是稳定的，父系法典就会世世代代发挥作用。在这种情况下，父亲和儿子的关系便是，父亲向儿子传递这些价值观，在他青春期的成人测试之后把这些价值观印入他心中。这样的时代所对应的心理特点是没有父亲—儿子的问题，或者仅有与这一问题有关的最简单的建议。我们不必被自己"特殊"年纪的不同经验欺骗。父亲与儿子之间千篇一律的相似性是一种稳定文化中的规则。这种相似性只是意味着仪式和制度中的父亲法则——使年轻人成人，使父亲成为长者——具有无可争议的影响，这样，年轻人才可以自然过渡到成年期，父亲也可以自然地来到他的老年期。

然而，这里仍然存在着一种例外，这一例外便是创世的个体——英雄。正如巴拉赫（Barlach）所说，英雄不得不"唤醒来自黑夜的、沉睡的未来意象,以便给予世界一个新的美好面容"。这使他不得不打破旧规则的束缚。他是旧统治体系的敌人,是旧文化价值观和现存道德法庭的敌人,因此,他必须要与父辈,以及他们的代言人——那个个人性的父亲——为敌。

在这种冲突中,"内心的声音"(来自超个人父亲和想要改变世界的父亲原型的指令)与旧规则的代言人(个体的父亲)发生了碰撞:"汝需离开本地、本族、父家,往我所示之地。"(《创世纪》。)圣经注释[1]对此解释道:"这意味着亚伯拉罕将要摧毁他的父神。"耶稣的信息只是同一冲突的延续,在每一次革命中,它不断重复自身。不管是上帝和世界的新图景与旧图景的冲突,还是与个体的父亲的冲突,都是无足轻重的,因为父亲始终代表旧秩序,他也代表存在于其文化准则中的旧图景。

如果我们沿用兰克对这种情况的总结,我们可以开始于两种陈述。第一种陈述声称,英雄的父母是贵族,在通常情况下,他是国王的儿子。但这种说法并不完全正确,因为许多英雄和救赎者的出身并不高贵。第二种陈述说,父亲总是会收到一条警示。此外,在英雄的诞生中还存在着这类异乎寻常的情况:他的父亲是天神,而他的母亲是处女。现在,象征和神话告诉我们的关于英雄的本质特征,就可以被理解了。处女母亲虽然直接与引发新秩序的天神联结,但是只有间接地通过她的丈夫,才能生下英雄。而英雄的宿命便是将新秩序带入存在,并摧毁旧秩序。出于这个原因,英雄很容易被他母亲"揭露",因为预言称她的儿子将取代过去的国王,成为新的统治者。[2]

---

[1] 本·戈顿(Bin Gorton),《犹太神话》(*Sagen der Juden*),第二卷,《始祖》(*Die Erzvater*)第十一章。

[2] 兰克(Rank),《英雄诞生的神话》(*The Myth of the Birth of the Hero*),参见耶利米亚著作。耶利米亚的超个人解释本是合理的,但兰克用自己的方式诠释了它,并把它变成了谬论。

英雄是统治者家族的后裔，这象征着通过斗争获得统治权，因为那是他斗争的真正目的。摩西的故事是对传统神话范式的重要偏离，对此，弗洛伊德①试图还原，但无功而返。

在通常情况下，当英雄还是小孩子时，他的父王会满怀敌意地将他弃于宫墙之外，只有在最后，他才能以胜利者的身份回到皇宫中。在摩西的故事中，情况却不是这样。首先，他不是国王的儿子，而是一个弃婴。其次，虽然法老——神话意义上的恐怖父亲——急切地想暗杀摩西，也就是杀死以色列人的第一个孩子，但他没有成功。而且耶和华——这个超个人父亲——在法老的女儿的帮助下，违背了神话的范式，将这个救世主孩子带回陌生的统治体系中。他本应该推翻这一统治，并被驱逐在外。在这个神话的希伯来变体中，儿子与个人性的父亲——暗兰（Amram）的关系是积极的，但这只是一个枝节问题。耶和华的门徒被安插在神王法老家中的真正原因在于凸显冲突的超个人意义，这在英雄的诞生中早已经是显而易见的。

我们可以在赫拉克拉斯神话中看到类似的情形，虽然这个神话来源于不同的文化及存在的另一个层面。邪恶的父王欧律斯透斯（Eurystheus）与充满妒忌心的继母女神赫拉狼狈为奸，强迫英雄做苦力。英雄在他的天神父亲宙斯的帮助下，完成了自己的使命。

恰恰是那位可憎的父亲给他带来的迫害和危险，才使他成为英雄。古老父权体系对他施加的障碍成了英雄行为的内在驱动力。就"弑父"而言，兰克正确地指出："英雄主义蕴藏在战胜父亲的行动之中，因为父亲鼓动英雄挺身而出，接受任务。"兰克同样正确地指出："虽然父亲只是想借这个任务毁掉他，但英雄却因此从一个不肖子变成了一个重要的社会改革家。他战胜了蹂躏村庄的怪兽，成为一个发明家，建立了

---

① 《摩西和一神论》（Moses and Monotheism）。

城市，创立了文化。"但是，只有我们把超个人背景纳入其中，才会公正地指出，英雄是人类历史的创造者，才会看到，在英雄神话中被人类尊崇的伟大的原型事件。

没有雄性大猩猩会爱老婆爱到以家长的身份赶走自己的儿子，"以保护自己免受子孙后代的侵犯，避免他快速长大成人并渴望权力"；也没有邪恶的国王打发自己的儿子去对付他自己幻化成的怪兽，即使这正是毫无意义的心理分析想让我们信以为真的。不，正如我们现在看到的那样，龙战代表着不同的图景。

我们必须将两父两母的形象牢记于心。"邪恶的国王"，或个人性的父亲形象，代表了旧的统治体系。他派遣英雄与斯芬克斯、巫师、巨人、野兽等交战，希望后者能就此一败涂地。这场战斗是与乌罗波洛斯大母神的交战，是与无意识的交锋。英雄也许会因为自我的焦虑而轻而易举地束手就擒，感到无力感的威胁。但英雄得到了天神父亲的援助，于是，英雄成功地战胜了怪兽。他更高的天性和高贵的出身是胜利的凯歌，并在这场战斗中得到了证明。他的反面父亲希望他被毁灭，却意外地为他带来了荣耀，并加速了自己的灭亡。因此，老国王会驱逐他的儿子，而英雄会努力奋战，并最后杀死这位父亲。无论在象征意义上还是在事实上，这些形成了必要的事件准则，这些准则恰恰以英雄的存在为前提条件。英雄带来了新秩序，他便不得不摧毁旧的秩序。

在他身边支持他的是一位好母亲。她以他母亲的形象出现，或化身为他的处女姐妹。这两种形象要么合为一体，要么自成一体。天神父亲可能会在重要时刻提供帮助，也可能只是在后方等待。他会等待，因为只有英雄通过了重重考验，他才能证明自己的真实身份。荷鲁斯就是这样，在他推翻塞特的统治后，奥西里斯才承认他是自己的儿子。因此，在等待和考验的过程中，天神父亲和反面父亲是混淆在一起的。因为使儿子置身于危险中的父亲是一个含糊不清的形象，他既有个人性的特征，又有非个人性的特征。

但是从始至终，英雄作为新秩序的提供者，都是天神父亲用来实现新的显化的工具。通过他，父权天神与大母神交战，入侵的天神与本土天神作战，耶和华与异教诸神斗争。从根本上说，这是一场两种天神意象或两种类型的天神之间的较量，代表旧秩序的父神保护自己免受代表新秩序的儿神的伤害，旧的多神论保护自己免于被一神论取代。诸神之间的原型战争便是例证。

当英雄不再是诸神的工具，而开始作为一个独立的人行事时，当他最终成为现代人的超个人力量的战场（在其中，人类自我能对抗神性）时，情况就变得更复杂了。英雄授予人类对抗旧神的意志。人类成了旧规则的破坏者，站在旧体系的对立面，并带来新的规则。最典型的一个例子便是普罗米修斯盗火的故事，另一个例子是诺斯替教中关于天堂的故事。在这个故事中，耶和华是复仇心切的古神，而亚当与夏娃和蛇一道，是为人类带来新知的英雄。亚当同样是一位新父神的儿子，这位新父神是救世主，会创生新的体系。在诺斯替教的所有体系中，他就是更高的未知神祇的儿子，必须承担起与旧神战斗的责任。

在这里，我们必须努力分辨出，英雄在每个层面中的"恐怖男性"体验。

我们已经指出，英雄与雌雄同体的乌罗波洛斯交战。在天神的战斗的天体投射中，我们发现，光明与黑暗之间的较量从一开始就存在着。在这里，黑暗与许多象征性的元素相关联，而光明始终等同于英雄，他要么是月亮英雄，要么是太阳英雄，要么是星星英雄。然而，吞噬一切的黑暗可以表现为女性形式，如提亚玛特、混沌，等等。与此同时，怪兽总是以男性的样子出现，如塞特和芬里斯狼（Fenris-wolf）。

因此，所有吃孩子的父亲形象代表的都是乌罗波洛斯的男性面向，以及初始父母的男性消极面向。在这些形象中，首先被强调的是吞噬力量，也就是子宫洞穴。就算后来在父权社会中，他们表现为真正的"恐怖父神"形象，如克洛诺斯（Cronus）或摩洛克（Moloch），但只要吞食的象征意义仍占据主导地位，他们仍然与大母神拥有血缘关系，他们的乌罗波洛斯特征仍然清晰可见。

同样，正如巴霍芬所指出的，与阴茎有关的阴暗的土地神和海神，只不过是大母神的侍从。希波吕托斯的大母神是阿佛洛狄忒，珀耳修斯的大母神是美杜莎。在这两个神话中，波塞冬虽然是一位独立的天神，却仍然是大母神毁灭意志的工具。

在较早的这个阶段，我们看到了柔弱的青少年形象，他是自我意识的英雄，但我们把这种自我意识描述为受制于大母神的。这个阶段由两个子阶段所组成：在第一个子阶段，劫数难逃的悲情英雄屈服于大母神；在第二子阶段，他的反抗不断增强，并发现自己处于无望的冲突状态之中。他的反抗在第二个子阶段中不断增强，于是，他开始从大母神转向自身，转为自恋。正是在这个时候，被阉割和被逼疯的被动宿命被主动的自我阉割和自杀取代。

现在，年轻英雄不断发展的男性特质把大母神的毁灭面向体验为某种男性化的东西。这是心狠手辣的侍从，这些侍从通常与毁灭性的元素，如石头和钢铁相关联[①]，他们是杀害青春期儿子来献祭的刽子手。在神话中，这一面显化为嗜杀成性的黑暗男性力量———一种野兽，特别是公猪。因为公猪与母猪（大母神的象征）同属一类。但是后来，它显化为大母神的男性战士配偶，或执行阉割的祭司。举例而言，男性关于自身的体验、他在古老的繁殖仪式中被另一位男性作为祭品献祭，都开始于这个时候。随着自我意识的发展，他体验到他和他的敌人的关系。被献祭者意识到他就是执行献祭的人，反之亦然。迄今为止，宇宙中黑

[①] 参见塞特、伊西斯的兄弟和燧石刀之间的联系，或马尔斯、阿佛洛狄忒的情人和铁之间的联系。

暗与光明的对立被体验为人类的或神的双生子之间的对立。在神话中，不断上演的兄弟间的不和，开始于奥西里斯和塞特、巴力和莫特之间的争执。①

双生兄弟冲突的最早阶段以夏与冬、昼与夜、生与死的自然周期为基础，它仍然完全在大母神的控制之下。黑暗——男性消极的死亡力量——被体验为大母神的毁灭工具，正如社会学意义上和神话意义上的塞特，他既是荷鲁斯的舅舅，也是母权制下充满敌意的执行权力工具。

随着男性的自我意识越来越强，母权阶段会渐渐分崩离析。这一过渡时期的特点对应着神话中双生兄弟的主题。这些主题表现了对立面的相互吸引。这种分裂会变成自残和自杀式的毁灭。正如我们看到的那样，在乌罗波洛斯和母权阉割中，大母神的意志是至高无上的。但是，中心化倾向（自我—英雄自我保护的战斗基础，首先会采取焦虑的形式）会向前发展，会超越被动的、自恋的阶段，开始反抗、挑战和直接攻击大母神。希波吕托斯神话中所阐述的就是这种情况。一个对无意识充满敌意的自我系统（在神话中，这种敌意象征性地表现为迫害、肢解和发疯），其毁灭的先决条件是自我获得了较高的自主权和成熟度。对于大母神而言，父亲和儿子事实上只是用来繁殖的男性生殖工具。因此，从男性的角度来说，胜利者和受害者都是同一个对象：取得胜利的献祭执行者成了下一个牺牲品。联结男性对立面向的意识是男性产生自我意识的开端。这并不是说，执行献祭者和祭品彼此间的"个人"感情得到了发展。鉴于我们所描述的过程是超个人的，所以我们只能从典型事件中得出结论。其中一个典型事件就是，在母权社会中处于从属地位

---

① 兰克，《神话研究的心理分析文稿》（*Psychoanalytische Beitrage zur Mythenforschune*）。像所有弗洛伊德派学者一样，作者仅用哥哥与弟弟之间的冲突，或父亲与儿子之间的冲突来替换双生子冲突。他这样做是为了把整个事件再次削减至俄狄浦斯情结。我们必须将这里的历史阶段和心理阶段问题分开来看，而且不能从人格上对其进行解释。

的男性群体渐渐体验到一种独立性并开始维护它，再也不允许自己成为戕害自身的仪式的工具。男性自我意识的发展既是这一自我发现的原因，又是其产物。渐渐地，男性之间的敌意被友谊取代。

男人与男人关系的增强最终带来了父权统治对母权统治的颠覆。斯巴达虽然保持着最后的母权特征，但男性关系在年轻战士中仍是显而易见的。在更早一些时候，我们在《吉尔伽美什史诗》和许多其他英雄神话中也发现了这一点。希腊神话中的男性友谊不胜枚举，比如吉尔伽美什和恩基杜就曾并肩作战，在英雄战争中合力对抗化身为龙的大母神。

对立法则先前分裂为敌对的兄弟，现在却变成了兄弟情谊法则。这些友好联盟通常存在于两个身份截然不同的兄弟中。尽管他们一个是凡人，另一个是天神，但他们必须被看作双生子。我们可以回想一下，在英雄的诞生中，天神和他的凡人兄弟在通常情况下虽然各有其父，但他们都是在同一个晚上被孕育的。现在这两部分结合了。在任何情况下，男人与男人的友谊都会增强意识和自我法则，无论这种联盟是心理上的自我和阴影的结合，还是自我和自性的联合。也就是说，一方面，这是自我与其尘世的阴影——兄弟的同化，这是它本能的毁灭性和自我毁灭的面向；另一方面，这也是尘世自我与它不朽的双生兄弟，即自性的结合。

不同于对母亲被动地、自私和自恋性的反抗——这种反抗稍纵即逝，而且会导致自我毁灭，这种男性意识的增强将导致自我对母系霸权的挑战。这个过程既可以在社会学意义上被追溯，也体现在心理上。从社会学角度说，母系氏族的男方从妇居住的婚姻发展为女方从夫居住的婚姻，最后再发展到父权婚姻。我们可以从女人地位的演变清楚地看到女性权力的丧失。最初，作为孩子的母亲，她享有对孩子的绝对控制权。父亲不能与她相提并论，特别是在性行为和生孩子之间的联系并不明确时。稍后，在制度层面，父亲是一个外来人，被排除在管理孩子的权力之外。但是在父权社会，让母亲怀孕的父亲却是孩子的主人，而女人只是一个容器，一个生孩子的通道，一个看护者。这里存在着一个相对应的心理过程：随着男性特质和自我意识的增强，与龙母交战变成了英雄自己解放自己的斗争。在这场斗争中，英雄与男性化的"天国"结合起来，带来了一场自己的重生，于是，男性在没有借助女性帮助的情况下重新创造了自己。

父权社会的崛起带来了价值观的变化。代表着无意识至高无上之霸权的母权社会现在变成了负面的。因此，母亲身兼恶龙与恐怖母神的特点。她是不得不被超越的旧秩序。兄长、舅舅，这些母权社会中权威情结的承载者将取代她，我们在塞特和荷鲁斯的冲突中就看到了这一点。

儿子与舅舅的冲突最终会被儿子与父亲的冲突取代。这一发展清晰地展示，旧的不良秩序和"敌人"之间的原型联结是如何随着意识阶段而变化的。同时，这一联结也被投射到不同的载体上，但它仍然存在，因为它是原型层面上的。对于代表新意识的英雄来说，敌对的恶龙是旧秩序，是一种陈腐的心理阶段，它会再度带来吞食他的威胁。其最常见以及最古老的形式是恐怖母神；她的后面跟着母权社会专制的男性代表，即舅舅；舅舅的后面跟着怀有敌意的老国王；在老国王之后才是父亲。

神话中的弑父是初始父母问题的一部分，它并非源于个人父母，更不是源于儿子对母亲的性固着。布里福尔特正确地指出，对父权家庭起源的推测是一种心理上的残留，产生于对圣经研究的过分依赖。①这一猜测遭到驳斥后，弑父理论也分崩离析了，和它一起瓦解的，还有弗洛伊德从图腾和禁忌中总结出的俄狄浦斯情结和人类学证据。

---

① 布里福尔特，《母亲：情操与制度的起源研究》（*The Mothers*）。他指出，社群的开端是在母权家庭中而不是父权家庭中被发现的，而且，就其起源来说，没有证据证明类人猿心理中存在着父权思想。

第二章 英雄神话

　　神话使我们清楚地看到，荷鲁斯对他的父亲心存善意，而对他的舅舅塞特却心怀芥蒂。正如我们看到的，塞特将所有权威都投注于母权家庭。这就肯定了马林诺夫斯基（Malinowski）的发现①。他认为，建立在母权规则上的原始社会存在着杀人的意图。他们想杀的不是父亲，而是母亲的兄弟，因为后者"代表了家庭中的纪律、权威和执行力量"。杀人意图，或者更准确地说，蕴藏其中的矛盾心理，无论从哪个层面来说都与性无关，因为它的目的并不是占有母亲。

　　如果说有什么不同的话，那就是儿子与父亲——那位在性上占有母亲的人——的关系是温和的，但是他对舅舅却有一个致后者于死地的愿望，因为在他幼年时期起，母亲就与舅舅在性上和其他各个方面有着禁忌。如果在这些文化中，舅舅的姐妹们作为性禁忌被舅舅无意识地渴望着，那么对舅舅和男孩自己而言，男孩的母亲都是性禁忌，因此，针对姐妹的性嫉妒的动机会发生故障。

　　那么，为什么他想杀死舅舅？因为舅舅代表着被我们称为"天国"的东西，而"天国"代表的是男性特质。马林诺夫斯基认为，舅舅将"责任、禁令和高压"带到了孩子的生活中，"他行使权力，他是理想化的，母亲和孩子都受制于他"。通过他，这个男孩获得了像"社会抱负、名声、骄傲的出生、部落感情、名利双收的美好将来"这样的想法。这一权威代表了集体规则，而这正是男孩希望毁灭的东西。②一方面，作为孩子，他觉得这种权威太盛气凌人了；另一方面，作为英雄，他又觉得这阻碍了他的发展。因此，他通过舅舅体验到了集体决断性的父亲原型的超我因素——道德心。儿子的这一杀戮并不涉及，也不可能

---

① 《母权家庭和俄狄浦斯情结》（Mutterrechtliche FamiOe und Odipus-Komplex），《原始心理学中的父亲》（The Father in Primitive Psychology），等等。
② 阿尔德里希（Aldrich），《原始思想和现代文化》（The Primitive Mind and Modem Civilization）。

涉及对母亲的争夺，因为这样的争夺本身并不存在。（我们已经意识到，"父亲原型"一词是被我们自己的父权文化粉饰过的，但是我们仍然保留了这一词语，因为这有助于更清晰地表达其含义。）

心理分析理论的这一惨败特别具有启发性，它揭露出心理分析学者习惯于根据后期的人格现象伪造一个普遍原理。但是这一理论还是很有意义的，因为它证明了诸如父亲原型的权威面向等超个人因素的重要性。超个人因素被投射到了不同的对象上，有时是舅舅，有时是父亲，视社会和历史情况而定。但是无论在哪种情况下，它都必须有一个载体，因为如果没有杀害"父亲"的凶手，意识和人格就不可能发展。

随着男性权力的增加，男性群体中也出现了激烈的竞争，而且竞争随着村庄、部落、国家的扩大和财富的积累而愈演愈烈。原始文化的特点是独立群体的严格隔离，有时甚至奇怪到生活在同一座岛上的不同部落竟不知道对方的存在，而仍然保留着史前的仇外恐惧。文明的传播使得部落之间的联系不断增加，冲突不断激化。政治生活几乎是随着父权的崛起产生的。和它一同产生的，还有对立法则的另一种变化，也就是青年男性与老年男性的对立，当然，这在最初并不等同于父亲与儿子的冲突。

最初，在繁殖仪式中牺牲的国王（代表着过去的一年或者一年的循环）和他的继任（新国王）一样年轻。只是因为他代表过去的一年，他才会象征性地变老并难逃一死。甚至在很晚的年代，哀悼会经由接踵而至的复活来进行，这就证明了这种牺牲的仪式性。这一点驳斥了自然主义的解释。自然主义认为植物被暑热摧毁，并在春天复苏。这可能让人推测在死亡和复活之间存在着干旱和冬季，这是一段持续的时间，但事实并非如此。相反，复活——最初是由新国王代表的——是紧接着老国王的死亡进行的。两王之间表达的老者和年轻人的冲突不是事实性的，而是象征性的。后来，在向父权社会过渡的过程中，一年任期或数年任期的国王,才被在战斗中能够捍卫其生命的国王取代。任期为一年或更长的国王,拥有一个任期为一个季度的国王代理人作为祭品,后来,动物代替他成为祭品。以这种方式,终身制国王——其精力代表着其族群的繁殖力——才能够真正地慢慢老去,慢慢变衰弱,才有可能被他的代理人或任何挑战者击败。只要他立于不败之地,他就永远是国王。如果他战败了,他就会成为祭品,而战胜他的人将取代他的位置。

弗雷泽描述道,随着王权终身制的建立,年轻人和老年人的冲突出现了,因为终身制的国王代表老年人,他的对手就是年轻人。这一父权社会的早期阶段对于英雄神话来说至关重要,因为在这之后,也只有在这之后,老国王和青年英雄的冲突才被激化。神话元素——继父和英雄之间的冲突——不是个人父亲和儿子冲突的伪装。我们又一次从古代历史中看到,英雄推翻了老国王和旧王朝,建立了新王朝,这是一个历史事实。其下面蕴含的对立原则,甚至在它以象征形式出现时,也比父权家庭的出现早得多。因此,它不可能来源于父权家庭,或者不应该被如此削减。

不得不被杀死的恐怖男性最终化身为"恐怖父神"。他有一段前史,这一点与恐怖母神有所不同。这就肯定了我们关于母亲原型恒定性和父亲原型文化复杂性的假设。龙母总是代表着可怕的事物,与这一点相比,龙父是一种有文化差异的结构。从这一角度来看,她是自然,而他是文化。恐怖男性,和恐怖女性一样,总是又老又坏,总会有人去推翻他。无论如何,对于英雄来说,他的任务就是做一些惊世骇俗的事。然而,恐怖男性起到的作用并非只是瓦解意识,更重要的是,他会把意识固着在一个错误的方向。正是他阻碍了自我的继续发展,维护了意识的旧体系。他是母权社会的毁灭性工具,是它的帮凶;和舅舅一样,他是它的权威;像双生子一样,他是自身毁灭的消极力量,是退行的意望。最后,他像恐怖父神一样,成了父权社会的权威。

恐怖父神在英雄面前呈现出两种超个人形象：他要么是拥有男性生殖器官的大地父神，要么是令人恐惧的精神父神。大地父神是所有神秘力量的主宰，从心理上说属于大母神范畴。他最惯常的显化形式就是生殖器本能的压倒性的侵略性，或者是一个具有毁灭性的怪兽。无论何时，当自我被男性的性本能、侵略本能和权力本能，或被其他形式的本能压倒时，我们都可以看到大母神的支配作用。因为她是无意识的本能统治者，是动物的主人，拥有男性性器官的恐怖父神只是她的随从，而并非与她势均力敌的男性法则。

但是恐怖父神也会挫败儿子，阻碍他的发展。恐怖父神的这一面是精神上的，与生殖器官无关。巴拉赫在他的《死亡之日》（*Der Tote Tag*）中写道，"恐怖的大地母神阻止她的儿子成为英雄，并因此想要'阉割'他，这时，恐怖父神出现了，他阉割了这个儿子，让他不能获得自我实现和胜利。"我们不得不再次强调，这里的父亲是超个人的。和过去一样，他扮演的角色类似一个精神体系。这个精神体系以超越性的方式，俘虏和摧毁了儿子的意识。这一精神体系表现为旧规则、旧宗教、旧道德和旧秩序的约束力量，如道德心、习俗、传统，或其他任何一种精神现象，它们控制着这个儿子，并阻碍他往未来发展。任何通过其情感动力发挥作用的内容，如惯性的令人麻痹的控制或本能的侵入，都属于母亲的、自然的范畴。但是所有需要意识去实现的内容——价值观、想法、道德标准或其他精神力量——都与父亲有关，不属于母亲体系。

父权阉割有两种形式：囚禁和占有。在囚禁中，自我作为集体准则的代表仍然完全依附于父亲，也就是说，它认同于低级父亲，并因此失去了与创造力量的联结。它仍然受到传统道德观和道德心的约束，而且仿佛被社会习俗阉割了一样，失去了其二元性中更高级的那一部分。

父权阉割的另一种形式是对父亲——天神的认同。这会导致一种神圣的自我膨胀的"附体"状态,"湮灭在精神中"。也是在这里,自我—英雄无法触及其世俗的一部分,因此失去对其二元本性的意识。

在膨胀型的父权阉割背后,隐藏着吞噬万物的乌罗波洛斯形象,并结合了男性与女性的贪婪面。在神圣的普累若麻的旋涡中,乌罗波洛斯的父性面向和母性面向融为一体。正如每一例精神错乱的研究显示的那样,在精神中消亡(湮灭在天神父亲中)与在无意识中消亡(湮灭在大地母亲中)是相同的。集体精神力量既是乌罗波洛斯的重要组成部分,也是往相反方向拉动的集体本能力量的一部分。

"湮灭在精神中",这一主题早在巴比伦的伊坦纳神话中就出现过。他被一只老鹰带往天国,却跌落凡间。(在这里,难以企及的天国与母亲女神伊斯塔相关。从乌罗波洛斯角度来说,伊斯塔既是天又是地。)同样的神话情节也出现在飞身靠近太阳的伊卡洛斯(Icarus)身上。柏勒洛丰(Bellerophon)试图乘飞马珀伽索斯(Pegasus)接近天国,却不幸跌下来,变成了疯子。忒修斯以及其他英雄的狂妄自大也展现出相似的情节。英雄,仅仅因为他是神的儿子,所以他必须"赤胆忠心",并充分意识到自己的所作所为。如果他的行事极端自私——希腊人把这种情形称为狂妄自大(hybris),并且对与之交战的天神没有敬畏,那么他注定会一事无成。从高处跌落,被困在低洼处,二者是相似的,都是高估自己表现出来的症状,会以灾难、死亡或发疯来收场。过分自负地蔑视超个人力量意味着即将沦为这些力量的受害者,不论是像伊坦纳(Etana)一样落到地上,还是像伊卡洛斯一样栽入海里,还是像忒修斯一般被困在地下世界,还是像普罗米修斯一样被锁于岩石上,或是像泰坦一样苦修赎罪,都是同样的情形。

父权阉割——涉及男人世俗面向的牺牲——同母权阉割一样,会导致男性生殖器官的献祭。这显示了父系式的对母性乌罗波洛斯的神秘认同。因此,阉割象征通常出现在那些被精神控制的人身上,比如在诺斯替教和一些神秘宗教中出现的。诺斯替教中有一种阿提斯崇拜（Attis-cult）[①]，阿提斯就等同于阿多尼斯、奥西里斯、赫耳墨斯、亚当斯（Adamas）、科律巴斯（Corybas）和帕帕斯（Papas），据说他们都是"死尸、神和不育之人"。"斗士"反抗母权时出现的元素再次出现在这里，也就是说，自我阉割是反抗大母神的挑战行为。诺斯替教的斗士被"精神父亲"（Spirit Father）附体了。他们像被摄了魂一样，屈从于父权阉割，因此也臣服于乌罗波洛斯式的普累若麻，而这个普累若麻就是大母神，正是他们试图反抗的东西。他们与神话中的斗士一样，被同样的宿命击败。

然而，父权阉割多少带有不同的色彩。母权阉割是纵欲的，父权阉割却倾向于禁欲。正如所有的两极，这两种形式也相互重叠。比如，某个诺斯替教派的人沉溺于性放荡，但是在典型的诺斯替教态度中，这种行事方式毫无价值。作为一种狂喜现象，纵欲与精神父亲紧密相关。此时，由母神和造物主主宰的繁殖原则不再有效，以至于出现了系统地堕胎和杀死小孩的现象。

父亲的儿子就是母亲的儿子，这一点我们已经在前面讨论过了。他们把自己的软弱归结于父权阉割。当父权阉割采取"囚禁"形式时，我们可以杜撰一个词——"以撒情结"。亚伯拉罕准备好献上他的儿子以撒，以撒暗地里很信任他。我们不需要考虑亚伯拉罕的宗教信仰和心理状况，因为在这里，我们关心的仅仅是他儿子的宗教信仰和心理状态。在这里，他有两种典型的特点。首先，《圣经》明确地指出，以撒完全依赖于他的父亲，他一直跟着父亲，不愿意自己做主。其次是他的宗教体验，也是他人格某一部分的特有性质，这一部分能够独立，并且将上

[①] 莱泽冈（Leisegang），《诺斯替教》（*Die Gnosis*）。

帝体验为"pachad jizchak"——以撒的恐惧和担心。①

在所有软弱和对规则的愚忠事例中,"道德心"或集体性老父亲的权威,淹没了"内心的声音",使它不能宣讲出新的神性显化形式。就像遮蔽儿子的光辉那样,恐怖母神也遮蔽了父亲—天神的光彩。他们被无意识地牢牢控制于子宫中,与生命的创造、太阳的面向失去了联结。因此,他们关于孕育英雄的女神的记忆会被恐怖父神抹去。他们完全生活在意识的星球,被监禁在精神的子宫中,它不允许他们接近自己丰饶的女性面向——那富于创造力的无意识。以这样的方式,他们像母亲的儿子一样被阉割了。他们的英雄气概被压制,表现为枯燥乏味的守旧性和对父亲的保守的认同,缺少了代际间活跃的、辩证的斗争。

这种父亲情结(无论如何,父亲情结都不是指从中获得解放)的反面在于发现"永恒之子",那位永恒的革命者。他认为自己是屠龙的英雄,却完全没有意识到自己是天神之子。父亲认同的缺失阻碍了这位永生青年得到他的王国。他拒绝成为一名父亲,拒绝掌权,并认为这可以令他永葆青春,因为掌握了权力意味着接受了必须把权力传递给儿子或下一个掌权者的事实。个人主义者从根本上说是非原型性的,也就是说,随着年华的逝去,这位永恒革命者会变成一个神经病患者。他没有准备好接受自己的年龄,无法接受自己的局限。对以撒情结的否定无非说明了这一点。

因此,英雄的屠龙任务不仅在于战胜母亲,也包括战胜父亲。这个

---

① 就算语言学研究可以证明"pachad"的意思是"关系",把它解释为"恐惧"是错误的,但是后一种解释仍被更多人接受,因此它是有效的。(参见阿尔布莱特在《石器时代》中关于"关系"的解释。)

以撒的父亲—儿子心理是犹太人的特点。在犹太人的心中至今仍然存在着以撒情结。对他来说,规则和旧秩序是逃离现实需要的避难所。规则变成了"亚伯拉罕之怀",而《摩西五经》是某种男性的精神子宫,在它的控制之下不会有任何新事物出现。

冲突从来就不是个人的,它从始至终都是超个人的。即使个人父母在其中发挥了一部分作用——实际情况往往就是这样,他们的个人作用也相对很小,而通过他们起作用的超个人父母意象却极其重要。当我们审视个体的历史时,会发现父母个人性的现实情形不仅会被歪曲,而且可能被完全颠倒——只要原型标准需要它这样做。甚至弗洛伊德也惊讶地发现,虽然父母没有明确提出过某项禁令,但禁令仍然来源于他们。[①]这样的事一再发生,除了二次个性化——它总是向自我传递错误的图像,起作用的还有无意识的超个人元素。

自我与超个人因素的邂逅,独自创造出人格,树立其"权威"。[②]在这个过程中,英雄起到了榜样作用:他的行为,他的苦难,述说着以后会发生在大多数个体身上的遭遇。人格的形成象征性地表现在他的生活中——他就是首个"人格",他就是后来所有人格的样本。

英雄神话中的三个基本要素是英雄、龙和宝藏。我们已经就英雄的本质在前面有关他出生的章节中给出了清楚的论述,也已经在杀母弑父的章节中清楚地讲述了龙的本质。现在,我们将分析第三个要素,即龙战的目的。

不管是心爱的少女陷入困境,还是"宝藏难求",都与交战过程中发生在英雄身上的事密切相关。

只有在这场战斗中,英雄才可能发生本质上的变化,成为英雄。不管他是救赎的实施者,还是获得解放的胜利者,他改变的事情也在改变着他。因此,第三阶段,也就是最后一个阶段,就是变形神话。第一阶段导致了与自然本性作战的英雄神话,这一阶段的本质和创世神话在凯旋的变形神话中达到了高潮。正如对变形神话概括:"天性战胜自然。"

---

① 《一个婴儿神经官能症的历史》(*From the History of an Infantile Neurosis*)。
② 见下文。

第三章 变形神话

俘虏和宝藏

在神话中,龙战指向的目标几乎都是处女,即俘虏,或者更常见的说法是"珍贵的宝藏"。需要强调的是,纯粹的实物黄金,如尼伯龙根,是后来才出现的主题,这是原始主题的退化形式。在最早的神话中,在仪式中,在宗教中,在传说中,或在神话、传奇或诗歌中,黄金和宝石,特别是钻石和珍珠①,最初都象征着非物质的价值观。与之相似的还有生命之水、可治百病的草药、长生不老药、魔法石、魔环和许愿环、魔法斗篷和会飞的斗篷,都象征着宝藏。

在心理学解释中,有一种现象特别重要。我们把这种现象称为对神话和象征类型学上的双重关注。这仅仅是说,虽然神话和神话属于完全不同的心理学类型,但从本质上说,两者的运作方式是殊途同归的。② 也就是说,不论是外倾型的人还是内倾型的人,都会在神话中找到"他自己"的影子。鉴于这种原因,对于外倾型的人而言,神话必须在客观层面上被解释,而对于内倾型的人而言,神话必须在主观层面上被解

---

① 荣格和威廉,《太乙金华宗旨》(*The Secret of the Golden Flower*);乔纳斯(Jonas),《珍珠之歌》(*Lied von der Perle*),摘自《诺斯替和古典后期的精神》(*Gnosis und spatantiker Geist*);普雷乌斯(Preuss),《原始人的精神文化》(*Die geistige Ktd-tur der Naturvolker*);荣格,《心理学与炼金术》(*Psychology and Alchemy*)。

② 荣格,《心理类型》。

释①。两种解释都是必要且有意义的。

我们可以举例说明这一点。"俘虏"从客观层面上说指的是一个真正活着的女人。男人—女人关系的问题、其困难和它的解决方法，都可以在神话中找到原型。因此，作为一个外部事件，即使是最天真的人也能够理解这一主题。但是在原始时期，伴侣的问题并不像在现代生活中这样麻烦，胜利和释放俘虏所代表的意思要比现在多得多。"为她而战"是男性与女性之间的一种邂逅形式，但是，像初始父母一样，这位女性是超个人的，代表着人类的集体心理因素。

因此，除去客观层面的解释，从一开始起就存在另一种同样有效的解释。这种解释把俘虏看作一种内在的东西，也就是灵魂本身。神话处理的是男性化的自我与这一灵魂之间的关系、冒险和战斗的种种危险以及她最终被拯救的事实。对于内倾型的人来说，龙战发生在心灵背景中，这是他们关注的中心。这些事件的突出之处在于神奇和幻想的部分，这导致龙战的目标必须在神话象征主义中得到确凿的描述。

毫无疑问，不同类型的反应始终是无意识的。现在，其重心放在心灵背景和世界这一外在客体上。灵魂中的背景事件被投射到外部，人们通过客体来体验。它是一个综合统一体，结合了外界现实和这一现实在心理上的被激活。然而，神话及其象征意义的特点在于强调内在的心灵内容，这些内容将神话事件和"事实性的"事件区分开来。

除了神话主题的双重焦点，心理学上的解释还必须考虑个体人格因素和超个人因素的并置。个体人格上的解释和超个人解释的差异并不等同于我们已经指出过的外倾型和内倾型之间的差异。这两种类型都可以具有原型性的体验，都可以被单纯地限制在人格领域之中。比如，内倾型的人可以依附于他个人的意识内容，也可以依附于他个人的无意识内

---

① 荣格，《心理能量》。

容,这两者对他来说都是至关重要的。外倾型的人则可以通过客体来体验世界的超个人性。因此,"俘虏"作为一个内在因素,在主观层面上既可以被体验为人格上的,又可以被体验为超个人的,正如它可以被体验为人格上和超个人的外部女性因素一样。人格上的解释不同于客观层面的解释,超个人的解释也不同于主观层面的解释。

神话——作为集体无意识的超个人投射——描述了超个人事件,而且,不管是在客观层面还是主观层面,在任何情况下做人格上的解释都是不适当的。另外,在主观层面把神话看作一种超个人的心理事件,从集体无意识中的神话起源来看,这种解释比客观层面的解释——比如把它当作一种气象或星体事件——更合理。

因此,英雄神话从来不关注个体的个人历史,它关注的始终都是一些具有集体重要性的原型事件和超个人事件。甚至准人格(quasi-personal)特质也具有一种原型意义,然而个体英雄的命运以及龙战的目的却可能存在差别。

同样,即使我们在主观层面解释这场战斗和它的目的,把它看作英雄的一个内心过程,实际上它也还是一种超个人的过程。虽然这是内在事件,但是英雄的胜利和变形适用于所有人。这些事件激发了我们的沉思,存在于我们的生活之中,或至少能被我们再次体验。现代史学有其人格偏见,倾向于在国家的生活中表现集体事件,或认为人类的存在依赖于君主和领袖的心血来潮,与此不同的是,神话反映了英雄生活中奇异事件背后的超个人现实。

在许多神话中,英雄战斗的目的是从怪兽手中解救出俘虏。这个怪兽就是原型意义上的龙,或者混合了原型和人格特征的形象,如女巫或魔法师,或者个人性的邪恶的父亲或母亲。

迄今为止,我们一直试图把龙战解释为与母亲—父亲原型的邂逅。俘虏、宝藏与其守护力量——由双面龙所象征——之间的关系尚待澄清，俘虏和宝藏对英雄的意义也尚待解释。

这位俘虏最终会嫁给英雄。与她联姻是世界各地的龙战的基本结局。与春天和新年节日相关的古老繁殖神话和仪式形成了宗教崇拜的原型，而英雄神话是这个原型的一部分。战胜怪兽和敌人，是年轻的英雄国王与大地女神胜利结合的前提。这种结合能够使土地神奇地恢复肥沃，实现丰收。通过龙战胜利解救和得到这位俘虏，是这种古老繁殖仪式的衍生物。我们已经讨论过，在龙战过程中，英雄的男性特质得到了发展，同时，英雄也推翻了恐怖母神的统治，因为这条龙就是恐怖母神。解救俘虏并赢得她的芳心，形成了男性意识发展中的下一个阶段。

男性在龙战过程中得以变形，这也包含着他与女性关系的变化。在象征意义上，这表现为把俘虏从龙的控制中解放出来。换句话说，女性意象挣脱了恐怖母神的控制。在分析心理学中，这一过程表现为阿尼玛在母亲原型中的具体化。

紧跟着青春期儿子和大母神的结合体的，是发展的另一个阶段。在这个阶段，一名成年男性将与一名同龄的、同类型的女性伴侣，在"神婚"（hieros gamos）中结合。只有到现在，他才足够成熟，能够繁殖。他不再是至高无上的大地母神的工具，而是像一位父亲一样，与一个女人建立起永久的关系，可以照料他的后代并对其负责。他发现家庭是所有父权文化的核心，在此之上还有王朝和国家。

随着俘虏被解救，新王国被创建，父权时代到来了。我们说的父权并不是指女性处于从属地位，而是指男性可以独立地控制他的孩子。无论是女人分享这种控制权，还是像在父权专制中，男人独揽这种权力，都不是最重要的，因为不争的事实是，母亲对其子孙后代的独裁统治现在已经结束了。

之前我们提到过，男性对女性的恐惧由来已久。这一点可能从他不再一味孩子气地依附于万能的好母亲，成为一个独立的实体时便开始了。①这种独立是自然而必要的。也就是说，这是一种内在趋向，其目的在于自我解放，而不是一种要求和强迫实现这种解放的外在趋向。并没有一个心怀恶意的父亲从母亲怀中抢走婴儿。虽然这种画面的确出现过，但它只是对内在的、"天国"权威的投射。这种权威坚持自我的解放，就像它会化身为父亲，劝诫英雄去战斗一样。青年对吞噬一切的大母神的恐惧、婴儿快乐地臣服于乌罗波洛斯这位好母神，都是男性体验女性的基本形式。但是如果要发展真正的男女关系，它们就不是唯一的形式了。只要男人爱的是女人丰裕的母亲面向，他就仍然只是一个婴儿。如果他把女人看作一个恐怖的阉割子宫，他就永远不能与之结合并繁殖。英雄杀死的只是女性的恐怖面向，他这样做是为了解放她的丰饶和快乐的面向。他们需要结合的，也正是她的这一面向。

女性积极元素的解放，以及它与大母神恐怖意象的分离，意味着解救俘虏和屠龙——那条囚禁她，使她日渐憔悴的龙。大母神——那个迄今为止唯一被体验到的至高无上的女性形式——被杀死并被推翻了。

对于神话中这一过程的伏笔和恐怖母神的变形，基斯②曾以"平息猛兽"③为主题描述过，但他并没有考虑到我们在这里所关注的关联。他写道：

> 猛兽身上的野性力量被平息了，正如我们在神奇地驯服"恶毒的"自然神的有害力量时看到的那样，特别是在征服神蛇乌赖乌斯（Uraeus），把它作为布陀（Buto）的冕旒时。平息猛兽的野性力量是历史对人类思想非常独特的贡献。

---

① 荣格，《心理能量》。
② 《上帝信仰》（Der Gotterglaube）。
③ 基斯（Kees），《食肉动物的需求》（Die Befriedigung des Raubtiers）。

毫无疑问，驯服恐怖神祇可以追溯到神话的史前时代，如安抚埃及爱神哈索尔（Hathor），她的"愤怒"会被舞蹈、音乐和美酒平息，或如狮头女神赛克美特（Sekhmet）的友善形式巴斯特（Bast），她变成了疗愈女神，而她的祭司也变成了外科医生。然而，在埃及神话中，这一发展很快达到了一个更高的水平：

> 现在，奇迹发生了。这位凶残的女神舍弃了她的天性，成了其神圣伙伴的"好姐妹"，变成了一个人类女性。

在这里，恐怖女性的变形仍然发生在神性领域中。智慧之神透特就是一个很典型的例子，他被派来安抚另一个可怕的狮头女神泰芙努特①。但是在英雄神话中，这一行动发生在人间，变形和解救女性的任务落在了英雄的身上。

这位女俘虏不再是法力无边的超个人原型，相反，她是一个人类，是男人可以在个体层面与之结合的伴侣。此外，她会大声呼救，请人来释放她，解救她，她要求这个男人证明自己的强壮，而不只是具有繁殖能力的男性生殖器官的载体。他是一股精神力量，一个英雄。她渴望他有力量、机警、足智多谋、勇敢，能够随时投入战斗，能够保护她。她对她的拯救者充满了期望。她希望他能够攻入地牢，将她从致命的、具有魔力的父性和母性力量中拯救出来；她希望他能够披荆斩棘，烧毁障碍，清除焦虑，解放她心中沉睡的或被压制的女性特质，在斗智斗勇中解开谜团，揭示谜底，并从无快乐的抑郁中将她解救出来。需要被解救的俘虏是一个人，而且是这个男人可能的伴侣，但他必须战胜的危险却是超个人的力量。从客观层面说，这些超个人力量困住了这位俘虏，或

---

① 厄尔曼，《宗教》。

者从主观层面说，阻碍了英雄与她建立关系。

除了这些英雄救美的神话和屠龙神话，这里也存在着另外的神话类型。在这类神话中，英雄会在女性友人的帮助下杀死怪兽。美狄亚、阿里阿德涅、雅典娜就是其中的例子，她们主动与化身为龙的毁灭母神为敌。这些神话向我们展示了女性的辅助作用，以及她们作为姐妹的面向。她们像英雄的爱人、帮手和伙伴一样，与他并肩作战，或像"永恒女性"一样，引领他实现救赎。神话就特别强调这些人物亲如兄妹的特点。她们救英雄于危难之中，令人感动地做好了牺牲自己的准备，发自内心地热爱着他。伊西斯具有多面性绝非偶然，她不仅是奥西里斯的妻子，也是让他获得重生的母亲，同时也是他的姐妹。

男女关系中亲如姐妹的一面是强调普遍人类因素的一部分。因此，它会为男人勾勒出一幅女人的图像，而这幅图像更接近他的自我，对他的意识也更友好。它是关系的象征形式，但不是真实的形式。母亲、姐妹、妻子和女儿是所有男女关系中的自然因素。它们不但从象征意义上来说各有不同，而且它们中的每一种因素都在个体正常（或不正常）的发展中占有合理的位置。然而，在实际生活中，这些基本类型很可能混杂交织。比如，母亲的特质和妻子的特质很可能同时存在于一个男人与他姐妹的关系中。但重要的是，这位姐妹，虽然这个女性的灵魂意象可能表现为人间的伊莱克特拉（Electra），也可能表现为超人类的雅典娜，但她却是一个精神存在，其代表的女性是一个独立的、拥有自我意识的个体。这个个体与作为"母亲"的女性—集体面向截然不同。

一旦男性通过解救俘虏体验到这一阿尼玛的姐妹面向，男女关系就可以在整个人类文化领域得到发展。被解救的俘虏所象征的不仅是狭义上的情欲关系。英雄的任务是通过她，解放与"你"，与整个世界的活生生的关系。

人类原始心理的特点在于力比多具有激活家庭关系乱伦的倾向，这被荣格称为"亲密驱力"（kinship libido）。①也就是说，神秘参与在乌罗波洛斯中的最初状态表现为一种惯性，这种惯性会使人固着于最古老和最亲密的家庭纽带中。在个人层面，这些家庭纽带会投射在母亲和姐妹身上。因此，象征性的乱伦、被拉回乌罗波洛斯中，代表着一种"低级女性气质"，这一气质将个体、他的自我与无意识捆缚在一起。

通过拯救俘虏，英雄能够摆脱同族婚姻的亲密驱力，推动"异族通婚"：他赢得了家庭外或部落外的一个女人。阿尼玛的"异雌"（heterogynous，指蜜蜂和蚂蚁有两种雌性种类，一种是多产的，一种是不生殖的。——编者注）面向始终具有"高级女性特质"，因为阿尼玛—姐妹既是等待被解救的俘虏，也是英雄的帮手，它关系着英雄的高级男性特质，也就是说，关系着他自我意识的活动。②

俘虏和帮手的体验指出，在威胁之中，巨大的无意识世界被母神掌管，而灵魂、阿尼玛所在的宁静空间，可以表现为与英雄对应的女性，以及他自我意识的补充。虽然阿尼玛的形象同样具有超个人特征，但是她更接近于自我，因此，与她取得联系不仅是可能的，也是丰收之源。

与女人"高级"面向的熟稔可以帮助男人克服他对长着毒牙的阉割子宫的恐惧。这个子宫就是戈耳工，她挡住路，不准他去拯救俘虏。这种恐惧会阻挡他进入真实女人创造性的、具有包容性的子宫。

除了索菲亚—雅典娜这个"永恒女性"形象，我们还发现了被俘的公主形象。她不但引得英雄"上升和向上"，而且吸引他"进入"她，并因此将他从一个乳臭未干的年轻人变成她的夫君和主人。从这个意

---

① 荣格，《移情心理学》。
② 毫无疑问，只有这一因素可以群集更高级的女性特质。那种激活亲密驱力并导致乱伦的所谓"精神性"内容属于较低级的女性特质，而导致龙战的性动机必须被归入更高级的一类。

第三章　变形神话

义上说，这位俘虏——阿里阿德涅、安德洛墨达（Andromeda）等——是情人，是阿佛洛狄忒。但是阿佛洛狄忒不再象征大母神，她已经从中"诞生"，并且旧貌换新颜。我们不能详述被俘公主不胜枚举的阿尼玛面向和它们与大母神之间的关系。我们只需要说一说这点就够了：英雄与他解救的这个女人结合了，并与她一起创建了自己的王国。

国王在古老的繁殖仪式中扮演着重要角色，而婚礼仪式来源于国王所扮演的这个角色。大地母神与神王的结合就是婚姻的原型，而且只有通过这种象征仪式的建立，性结合行为——即便几百万年来它被无尽地重复着——才开始被意识理解。现在显而易见的是，作为一种理想的和现实上的事实，无意识的结合过去只受本能控制，现在却有了意义。它与超个人因素的联结使得盲目地自然发生的情境具备了仪式行为的庄严意义。

因此，俘虏的解放对应着心灵世界的发现。这个世界很辽阔，是厄洛斯的世界，包含了男人为女人所做的一切，包含着他为她所经历和创造的一切。涉及英雄救美这一主题的艺术世界、史诗般的行为、诗歌、歌曲，就像已经脱离了初始父母的处女地，不断地蔓延。人类文化的广阔土地，不仅是艺术，都发源于性的作用和反作用，或者更确切地说，都发源于男性与女性的作用与反作用。但是与英雄救美相关的象征意义更为深远。因为，随着英雄救美的完成，一部分陌生而敌对的女性无意识世界开始与男人的人格结盟，即便其还不能真正地和他的意识结盟。

人格从很大程度上说建立在内摄行为之上：以前在外在体验到的内容现在被纳入了内在。这种"外在客体"，以及外部客观世界的内容，即人和事，同时可以是内在心灵客体世界的内容。从这种意义上说，解放俘虏和屠龙指的不仅是无意识的"分析"，而且还有它的同化，带来的结果是阿尼玛的形成。阿尼玛成了人格中的一个权威（参见第二部分)。

当一个女性的、"像姐妹一样"的因素——它虽难以捉摸，但又是真实的——能够作为"我的爱人"或"我的灵魂"被补充到男性的自我意识中去时，这是一个巨大的进步。"我的"一词从无名的、敌对的无意识领域中独立出来。这个无意识领域，特别容易被感到是"我自己的"，属于"我的特定人格"。虽然它被体验为女性，并因此而"不同"，但是它与男性化的自我存在着一种选择性亲和关系（elective affinity），即使男性化的自我一直和大母神不可思议地联结在一起。

龙战从心理上说对应着个体意识发展的不同阶段。交战的条件、它的目标，以及交战发生的时期，各有不同。它出现在童年阶段、青春期阶段，以及后半生意识变化的时期。无论在何时，它实际上表现的都是意识的重生和重新定位。因为俘虏是"新因素"，解放她，才能使进一步的发展成为可能。

男性特质的测试，以及自我稳定性、意志力、勇气、关于"天国"的知识的检验等，都是英雄所需要的，在青春期的仪式中都有历史对应物。正如初始父母的问题需要通过龙战来解决，现在，问题的解决要靠英雄与那位女子的相遇。她是他的伴侣、他的灵魂。因此，通过成人仪式，长大成人的孩子脱离了父母的管辖，成为一名可婚配的年轻人，获得了创立家庭的能力。然而，在神话和历史上发生的事也会发生在个体身上，也会以同样的原型决定论为基础。青春期心理的中心特点是"龙战征候群"。龙战的接连失败，也就是说卷入初始父母的问题被证明是前半生神经症的主要问题，也是个体无法与伴侣建立稳定关系的原因。虽然精神分析把小部分这种情况称为人格的俄狄浦斯情结，但就个人层面而言，这仅仅是与初始父母，即原型父母的冲突的表层。在这个过程中，不但男人"杀母弑父"，女人也一样（我们将在后文提到这一点，男人和女人都不得不推翻父母原型的暴政）。只有通过杀死初始父母才能找到解决冲突的方法，开始个人生活。

沉陷于这一冲突，并且屈服于它的魔力，是很大数量神经症患者的特点，也是男性某种精神类型的特点。这种男人的局限恰恰在于他不能成功地在龙战中控制其女性心理。

只要与初始父母的冲突仍占据着最显著的位置，意识和自我就仍然扎根于这种关系的魔环中。虽然这个魔环几乎是无限扩展的，而且在它之中的战斗代表着与生命初级力量的战斗，但是事实上，局限在这个原始环中的个体，其活动从根本上说仍然具有消极的特征。它是它自己孤立和隔绝的受害者。正如炼金术士说的那样，对于那些仅仅卷入这些初级力量的人来说，初始父母仍"在曲颈瓶中"蒸馏，还未到达"红石"（氧化铁）阶段。他们不能成功地解放和拯救他们自己的女性面向。在心理学上，这一点通常表现为对普遍性的全神贯注，而不考虑个人的、人为的因素。他们对人性的关注是英雄化和理想化的。在很大程度上，他们缺少那位具有自限性（self-limitation）的爱人——其更愿意忠于个体，而不是人类和世界。

救赎者和救世主在离胜利只有一步之遥时停下了脚步。他们没有解救出俘虏，也没能通过圣礼与她结合，也因此不能建立一个王国。所以，从心理学视角来看，这些形象是可疑的。他们缺乏与女性的关系，这一点被一种与大母神特别强的无意识纽带补偿。俘虏没能获得解放，这表现为被大母神的致命面向继续控制，其最终结果就是与身体疏远、远离世俗、憎恨生活和否定世界。

尽管这位俘虏对意识发展至关重要，但是我们并没有在神话中发现她作为个体的显著特征，也没有发现其与阿尼玛本质是一致的。

只有俘虏与"难以获得的宝藏"的联系才能揭示她的本质。因为这位俘虏自身就是宝藏，或者从某种程度上说与之相关。宝藏代表着神奇的财富：发现宝藏的人会获得法力，能够完成心愿，能够隐身和刀枪不入，能够变化身形，可以听到神的旨意，可以不受空间和时间的限制，也可以长生不老。

我们经常会发现这样的断言：神秘的宝藏仅仅是"幼稚的痴心妄想"，想要从中获得能力也只是痴人说梦。这看似就是后来被弗洛伊德称为"思想的至高权"的问题。这种说法后来很流行。他指出，所谓孩子气和原始天性相信，愿望和想法是有效的，即真实的。对此，荣格在他的《无意识心理学》一书中也陈述了一些重大的基本发现。当然，那时的许多材料都是他站在狭隘的分析心理学层面选取的，直到在他后期著作《心理类型》一书中才得以修正。这一点特别适用于内倾型。力比多的内转这一特性要求人们从主观层面予以解释。但是，在内倾型和外倾型被同等地认为是合理的态度类型之前，荣格自己也把内倾型解释为退化，并错误地把它理解为一种不成熟的退行现象。也就是说，他把它当作一种原始功能模式的再现。

当荣格把"难以获得的宝物"解释为自慰时，尤其是将英雄战斗的目标当成盗火时，这种观点就更加显而易见了。[1]最初，人们并不十分清楚，如果自慰是珍贵的东西，那么为什么它是"难以企及"的，而分析心理学家明明宣称它是婴儿期性行为中十分自然的阶段。当这位俘虏突然与这一珍贵的事物产生联系时，这一陈述就更接近于自相矛盾了。同样，分析心理学已经抓住了神话情景中的一个根本方面。把这些事实看作象征性的，这一点完全正确，但从人格的角度来解释它们，却是错误的。正如宝物的难以获得，自慰也被当成创造性生成[2]，与盗火联系在一起。从这个角度来说，自慰中的摩擦——伴随着不朽、重生和自我发现——很明显对应着火的制造。[3]诚然，如果在这种像神一样的创造

---

[1] 荣格，《无意识心理学》。
[2] 荣格，《无意识心理学》。
[3] 荣格，《无意识心理学》。

性行为中，俘虏的解放和宝藏的获得释放了灵魂中大量的生产力，使得个体感受到他自己，那么神话是如此充满激情地关注宝藏这一象征，就不足为奇了。

在论及创世神话时，我们曾指出，"生命源于何处"这一幼稚的问题紧密关联着父母的问题和诞生及生殖的本质。我们发现，人格化的阐释，以及只涉及性行为的解释是不合理的，而且在当下语境中同样如此。正如孩子真的会问所有生命的"初始父母"是谁，这里涉及的不仅是自慰的问题，还有灵魂的创造性及其自体繁殖力的问题。

人类并不幼稚，也不会被痴心妄想欺骗。尽管人性中存在着特异品质，但是甚至在原始人身上，一种完全虚幻的想法也会与他的适应性和现实感形成对比，而所有让文明成为可能的、基本的发明都要归功于这种适应性和现实感。

我们举一个例子来说吧。在旧石器时代的艺术中，在仪式中杀死动物，与在现实中杀死它，二者之间的魔法联结并不是"真实"的，也就是说，并不会起"作用"。然而，原始人却可能认为这种方式是有效的。我们运用逻辑思维，首先理解了这一魔法作用依据的是因果联系，然后宣布这个因果联系并不存在。但是原始人体验到了不同的魔法作用。在任何情况下，虚拟杀死真正的动物所产生的效用并非"思想"的效用，因此，"思想的至高权"这一说法是非常成问题的。我们可以确立一个科学事实：仪式并不会对动物产生任何客观效应，但这并不是说魔法仪式因此是虚幻的、幼稚的，或仅仅是异想天开。

仪式的神奇效应是足够真实的，无论如何都不是虚幻的。另外，它的确会起作用，正如原始人认为的那样，仪式会影响他的狩猎是否成功。但是这种影响并不是通过客体完成的，而是通过主体来完成的。魔法仪式——就像所有的魔法和所有的高级意图，包括宗教，都会改变和加强他自身的行动能力，以此作用于实践魔法和宗教的主体。从这个意义上说，这一行动的结果，无论它是狩猎、战争还是其他什么，都在最高程度上客观地依赖于魔法仪式的效用。留给现代人的，是一种心理发现：魔法中的操作因素是"灵魂的实相"，而不是世界的实相。最初，灵魂的实相会投射到外在实相中。就算在今天，人们通常也会认为，祈祷获得胜利，并不只是让心灵内在发生转换，而是试图感化上帝。同样，狩猎魔法被体验为对猎物的影响，而不是对狩猎者自身的影响。在这两种情况下，我们文明中的理性主义都误把魔法和祈祷者当作痴人说梦，它带着科学的傲慢，认为客体不可能受到影响。在这两种情况下，它都是错误的。来自主体的变化产生的作用，是客观的，也是真实的。

　　灵魂的实相是人类最基本、最直接的体验之一。它渗透在原始人的整个生命观中，当然他们并没有意识到这是一种内心体验。超自然力量的"活物"（animating）法则、魔法效应、精神的魔法作用以及集体观点、梦想和痛苦经验的实相，都被这一内在实相的法则支配。现代深度心理学也正试图使这一内在实相浮出水面。我们不应该忘记，对外部的客观世界的发现，是一种次级现象，是人类意识努力的结果——人类付出极大的努力，在仪器和现代科学抽象观念的帮助下，努力抓住独立于人类的基本实相的客体。就其本身而论，它是心灵的实相。但是，最重要的是，早期人类将自己与这种心灵优势因素、原型、原始意象、本能、行为模式关联在一起。这一实相是其科学的对象。人类在仪式和祭礼中努力处理它，恰恰是一种成功，表明他能够控制和支配无意识的内在力量，正如现代人在控制和支配物质世界力量上取得了成功一样。

　　对这一心灵实相的发现对应着神话中的英雄解救俘虏和发掘宝藏。心灵的原始创造力量在创世神话中被投射到宇宙中，现在它被体验为人类人格的一部分——他的灵魂。只有现在，英雄才变成了人，而且只有通过这种解放行动，无意识的超个人过程才能变成人类内心的心理过程。

通过解救俘虏和发掘宝藏，人获得了他灵魂的至宝。这些至宝不仅是"愿望"，即那些可望而不可即的事物的意象，而且更多地代表着可能性，即他能够而且应该得到的事物。英雄的任务，是"唤醒这些沉睡的、一定会从黑暗中涌现的意象，让世界变得更美好"，这种任务与"自慰"是不可同日而语的。但这是对自我的投入，这是对自己的关注。在这种情况下，个体没有伙伴，力比多都流向了内部，这是一种在乌罗波洛斯习性中自慰性的自我繁殖。事实上，乌罗波洛斯习性可以使心灵轮回或自生的创造过程成为可能。

所有文化，包括我们的文化的真实性，在于了解这些潜伏在心灵中的意象。所有的艺术、宗教、科学和工艺，所有被做、被说或被思考过的事物，都在这一创造中心有其根源。灵魂自我重生的力量是人类真正的终极秘密。凭借这个秘密，人类才变得像神——那位造物主，并同其他物种区别开来。这些藏在无意识宝藏中的意象、想法、价值观和可能性，被化身为英雄的救世主、实干家、先知和圣人、创始人和艺术家、发明家和发现者、科学家带出黑暗，并被他们认识和了解。

众所周知的事实是，创世问题是曾经盛行于近东的神话标准的核心：新年第一天，在每一个地方，作为神的继承者的国王会扮演死而复生的神祇，紧接着这个剧情而来的，是对当时流传的创世故事的唱诵。①

如果我们把这一神话表演看作英雄心理过程的投射，那么创世、新年仪式和重生之间的联系就是不证自明的。人类为什么会在祭礼和仪式中"再生"自然过程，而且如此不屈不挠、充满激情，又如此无意识？

---

① 胡克（Hooke），《神话和仪式》（*Myth and Ritual*）。

这个问题现在有了答案。如果原始人认为仪式可以使土地肥沃，认为仪式和土地的肥沃之间存在着神秘联系，那么我们不禁要问：为什么会这样呢？他为什么会忽视这样的事实呢？即植物会不断生长，即使没有他，自然也会完美发展。

人类的魔法—宗教行为是所有文化的本源，从人类中心学上看，这一行为包含了他自己的行动，他将其当作自然过程的基本部分。说人类"再生"了自然，并不正确。确切地说，人类运用一些类似的象征，在自己的灵魂中创造了同样的创造过程。他发现，这个创造过程在自然中独立于他之外。内部创造与外部创造的等同，可以被这样理解：代表人类和群体的杰出个体，比如多产的国王，等同于创物神。英雄是文化的提供者，和国王一样，都等同于神。在奥西里斯身上，这一点表现为他带领埃及人走出野蛮和食人的状态，为他们引入法律，不仅教会他们景仰诸神，还教会他们种植庄稼，采摘果实和培养葡萄。[①]换句话说，文明和农业都应归功于他。但为什么是他呢？因为他不仅是一位繁殖神，可以控制植物生长，而且他的创造能力绝不局限于此。

每一位文化—英雄都能对意识和创造性的无意识进行整合。他已经发现，自己便是丰饶的中心——那个更新和重生的地方。在新年的繁殖庆典上，重生会被认为是具有创造力的神性——世界的延续也依赖于它。这就是仪式所包含的"意味"：围绕这一创造点的知识、围绕着对宝藏——它糅合生命之水、不朽、繁殖力、来世为一体——的埋葬，人类的愿望永不厌倦地循环出现。这里的情结不是对自然的"复制"，而是一种真正的创造。在这里，在新年之际象征性地唱诵创世故事是合理的。[②]仪式的内在对象不是自然过程，而是运用人身上对应的创造元素，来对自然实施控制。

---

① 弗雷泽（Frazer），《金枝》（*The Golden Bough*）删节版。
② 胡克，《神话和仪式》。

然而，除非英雄首先发现并拯救他自己的灵魂——他自己的女性对应物，能够孕育且带来新生命的人，否则他就不可能发现宝藏。从主管层面来说，这一内在的接受面向，是被解救的俘虏。她是处女母亲，神圣的风怪（windghost）使之怀孕；她是男人的灵感，集爱人和母亲、魅惑魔女和女先知为一身。这一点，就像英雄既是她的爱人又是她的父亲一样。

大母神的繁殖力，也就是集体无意识的支配性，使无意识内容的洪流突然冲入人格，秋风扫落叶般，有时甚至会像自然力量一样摧毁它。但是，那位解救俘虏的英雄所具有的繁殖力，是人性化的、具有文化意义的。当英雄"知道"并同时意识到世界和阿尼玛时，从他的自我意识与灵魂之创造面向的联合中，出现了真正的诞生。二者的混合体被创生出来。

作为丰饶的前提，自我—英雄与阿尼玛的象征性婚姻，为人格的建立和龙战提供了一个坚实的基础。无论这是世界之龙，还是无意识之龙，都无关紧要。英雄和公主、自我与阿尼玛、男人和女人成双结对，组成了个人中心。这一个人中心以初始父母为榜样，却与他们对抗，这构成了特有的人类行动范围。在最古老的神话中[①]，龙战败后，这一联姻便立即在新年庆典中完成。在这一联姻中，英雄是"天国"和父亲原型的化身，正如母亲原型的多产面向化身为一位恢复了活力、富于人性化的人物。她是一位处女，等待着英雄的营救。俘虏的解救意味着那位处女—妻子，即这位年轻的母亲和伴侣，从她与乌罗波洛斯母亲的融合中被释放。在这一融合中，龙与处女—母亲仍是一体的，但是现在，它们最终通过英雄被激活的男性化的意识，实现了彼此的分化（参见第二部分）。

---

① 胡克，《神话和仪式》。

在讨论过俘虏象征的所有分支现象后，我们将以珀耳修斯的故事为例总结一下英雄神话，因为我们现在已经能够理解这些神话资料的背景和象征意义。

珀耳修斯是达娜厄（Danae）的儿子。达娜厄淋了由宙斯变幻而成的黄金雨（见图23）之后，怀孕生下了他。"反面父亲"曾两次以个人的形式出现。第一次是作为祖父，阿戈斯的国王阿克瑞斯（Acrisius）。神谕指出，他将死于孙子之手，于是他将女儿达娜厄和她的孩子囚禁在一个箱子里并扔到了海里。第二次是波吕得克忒斯（Polydectes），那位娶了达娜厄的"开明"的统治者。为了除掉珀耳修斯，他派珀耳修斯去对付戈耳工，并取回她的头。

图23　达娜厄和金雨。来自一个红彩圣餐杯。特里普托勒摩斯画师，雅典，公元前五世纪早期。（彼得格勒，艺术博物馆。乔斯林·伍德沃德，《珀耳修斯，希腊艺术和传奇研究》，剑桥，1937。）

戈耳工是福耳库斯（Phorcys）的女儿。福耳库斯是"灰色的那个"，他和两个妹妹，刻托（Keto，怪物）、欧律比亚（Eurybia，大力士）以及他的兄弟陶玛斯（Thaumas，奇迹制造者），都是庞多斯（Pontos）的孩子。他们都生过许多可怕又怪诞的怪物。戈耳工长着金属翅膀，头上缠满了毒蛇一样的头发。她有野猪一般的獠牙，满脸胡须，舌头长长地从嘴里伸了出来。她是被我们称作"地府女性"的乌罗波洛斯象征。她们的姐妹和守护者是格里伊三姐妹。格里伊这个名字代表着恐惧与害怕。她们三姐妹共用一只眼睛和一颗牙齿，她们是乌罗波洛斯式的生物，栖息在黑夜和死亡之地，即世界的最西方，原始海域的岸边。

珀耳修斯得到了赫耳墨斯和雅典娜的帮助，他们是智慧和意识的守护神。在他们的帮助下，珀耳修斯以智慧战胜了格里伊三姐妹，并用计谋从她们那里获知了找到宁芙的办法。这些善良的女海神给了他本属于冥王哈德斯（Hades）的隐身斗篷、一双翼鞋和一个袋子。赫耳墨斯给了他一把宝剑，而雅典娜把自己的黄铜盾牌借给他当作镜子。这样，珀耳修斯就用这面镜子来看美杜莎的头，并杀死她，因为他是不能直视美杜莎的，如果直视，他很可能马上会被变成石头并被她杀死（见图24）。

图24　珀耳修斯与赫耳墨斯一起屠杀戈耳工。来自雅马西斯的一个黑彩壶。雅典，公元前六世纪。（伦敦，大英博物馆。乔斯林·伍德沃德，《珀耳修斯，希腊艺术和传奇研究》，剑桥，1937。）

除非我们认为智慧和精神化的象征扮演了最重要的角色，否则我们无法进一步讨论这一非常有趣的象征。飞行、隐身和反射构成了一个同质群体。我们也可以将袋子归入这个群体，戈耳工的头被珀耳修斯装进这个袋子后，就变得不可见和无害。它也因此成了压抑的象征。

现在，奇怪之处在于在早期希腊艺术中人们表现珀耳修斯的形式。[1]这一神话主题的主要特征并不像人们认为的那样是杀死戈耳工，而是这位英雄为了逃离姐妹的追赶而头朝下飞行。看到英勇的珀耳修斯被一而再地描述为痛哭流涕的逃亡者，我们不免感到奇怪。

显然，飞行鞋、隐身斗篷和隐身袋对他来说都比致命宝剑要重要得多，他的恐惧也极大地强化了戈耳工的恐怖面向。我们再一次看到了俄瑞斯忒斯被复仇三女神追赶的神话原型。像他一样，珀耳修斯成为英雄是因为他杀死了恐怖母神。

戈耳工的乌罗波洛斯特征不仅可以从象征中得到引证，还可以从宗教历史中得到证明。伍德沃德（Woodward）根据科孚岛上阿耳忒弥斯神殿中六世纪的戈耳工雕像写道：

> 这个粗俗的、怪模怪样的人也能在这寺庙的三角墙上占有一席之地。这也许看似很奇怪，但是背后的原因却把我们带回到了许久以前。那时候，这些戈耳工形象还不是珀耳修斯传说中的生物。她体现了原始信仰中伟大的自然精神，以女神的身份出现在早期亚洲人和伊奥尼亚人的作品中。狮子是她的侍从。鸟儿、狮子或蛇被作为纹章装饰她的两边，她是弗吉里亚西布莉崇拜和希腊阿耳忒弥斯的原型。在这里，透过其本质，我们可以看到，她的某部分已经与

---

[1] 伍德沃德（Woodward），《珀耳修斯：希腊艺术和传奇的研究》（*Perseus: A Study in Greek Art and Legend*）。

第三章　变形神话

美杜莎很相似了。①

无须停下来讨论这段文字，我们就可以认为珀耳修斯终结了戈耳工的特性。戈耳工是统治野兽的大母神形象，这一点对于那些并不熟悉神话背景的研究者来说，也是毋庸置疑的。

于是，英雄的飞行和逃离非常清楚地证明了大母神无法抵挡的特点。虽然他得到了赫耳墨斯和雅典娜的帮助，得到了宁芙给他的神奇礼物，躲过了致命的一击，但他还是不能杀死她。[注意：在忒修斯的故事中，可怕的死亡面具的麻痹和石化作用以"陷入困境的主题"②再次出现。忒修斯试图从地府中绑走珀耳塞福涅（Persephone），却被牢牢地定在岩石上。他被厄里倪厄斯折磨，直到赫拉克洛斯将他救走。]大母神的威力对于任何意识来说都是压倒性的，意识根本无法与之正面抗衡。英雄只能使用间接的手段，只有被反射在雅典娜的镜子上，戈耳工才可能被消灭。换句话说，只有通过意识女神的帮助，大母神才能被消灭。因为意识女神是宙斯的女儿，代表着"天国"。

珀耳修斯杀死戈耳工后，在回来的路上，他从可怕的海怪手中救出了安德洛墨达。这个海怪毁坏土地，正想吞掉这个女孩（见图25）。这个怪兽是波塞冬派来的，波塞冬是"美杜莎的情人"③，而且，作为海洋的统治者，他自己也是一只怪兽。他是恐怖父神，因为他是美杜莎的情人，很明显他也是大母神所向披靡的男宠。一次又一次地，他愤怒地派遣怪兽毁坏土地，杀死那里的居民。他是代表乌罗波洛斯毁灭性之男性面向的龙和公牛。此时乌罗波洛斯已经分裂，分裂部分已经取得自

---

① 伍德沃德，《珀耳修斯：希腊艺术和传奇的研究》。
② 库马拉斯瓦米（Coomaraswamy），《"陷入困境"主题的笔记》("A Note on the Stickfast" Motif)。
③ 伍德沃德，《珀耳修斯：希腊艺术和传奇的研究》。

主。打败这个怪兽是英雄的使命，不管这个英雄被称为珀洛勒丰还是珀耳修斯，忒修斯还是赫拉克勒斯。

图25　珀耳修斯和安德洛墨达。庞贝壁画，公元一世纪。（那不勒斯，国家博物馆。乔斯林·伍德沃德，《珀耳修斯，希腊艺术和传奇研究》，剑桥，1937。）

因此，英雄神话的典型情节又出现在珀耳修斯的故事中：先是杀死超个人的母亲和父亲（美杜莎和海怪），然后救出俘虏安德洛墨达。他的父亲是一位天神，他的母亲是天神的新娘，他在人间的父亲恨他，然后他杀了超个人的初始父母，并最终解救了俘虏。这些都是标志英雄进步的阶段。但是这条路只有在天神父亲和雅典娜的帮助下才走得通，并取得胜利。在这里，天神父亲的代理人是赫耳墨斯，而雅典娜的精神特点和她对大母神的敌意，我们已经在前面强调过了。①

珀耳修斯随后把戈耳工的头颅交给了雅典娜。雅典娜把这颗头作为装饰安在她的盾牌上，这使得整个发展圆满完成。雅典娜战胜了大母神，她的战士面向取得了胜利。这一面向对男人和意识是有利的。在俄瑞斯忒亚（Oresteia）的故事中我们也看到过这一点。在雅典娜的形象中，最引人注目的特征是通过新的、女性的、精神的原则击败了旧母神。雅典娜仍然具有伟大的克里特女神的所有特点。在许多画像中，她都被蛇环绕。事实上，大蛇是一直伴随她左右的忠实伙伴。同样，她的徽章，那棵树，以及她像鸟一样的外形，都暴露出她的克里特身份。但是女性的原始力量已被她压制。她现在把戈耳工的头颅当成战利品镶嵌在盾牌上。从很早的时候开始，雅典娜就一直是统治者的庇护神，在统治者的宫殿中受到膜拜②。因此，她成为革命的象征，在父权时代，革命会打破母神的权力。雅典娜是从宙斯的头中生出来的。她由父亲所生，没有母亲，这和远古时候由母亲所生、没有父亲的人物截然相反。因此，与恐怖母神仇视所有男性不同，她是男性英雄的伙伴和帮手。这种男女之间的伙伴关系出现在一个公元前六世纪下半期的花瓶上，画面展示了珀耳修斯向怪物扔石头。与平素不同的是，安德洛墨达没有像通常那样被锁住，也不是被动的，她作为珀耳修斯的帮手站在他的身边。

在神话中，另一个很重要的象征角色是一匹飞马——珀伽索斯。它同样来源于被斩首的戈耳工的故事。这匹马属于与"幽暗—生殖器"有

---

① 参见上文，赫耳墨斯、雅典娜和珀耳修斯代表自性、索菲亚和无意识（也就是美杜莎）对抗的自我的三角联盟。这三人的结合对应着更早一些的奥里西斯、伊西斯、对抗塞特的荷鲁斯的三人组合。我们将在后面一章谈到这个内容。雅典娜代表英雄的处女母亲索菲亚。英雄从安德洛墨达中解放了其世俗阿尼玛的代表，这意味着他释放了其尘世阿尼玛的代表。

② 尼尔森和索塞耶的《教科书》。

关的神秘世界，据说是波塞冬的后裔。它代表着天性和本能，像肯陶洛斯（centaur）一样，它是一个无所不能的马人。海马在白浪中冒险，是同一主题的变体。它是无意识海浪中不断移动和被冲击的因素，是破坏性的冲动；同时，它也有家养动物的天性，是驯服而温顺的。有趣的是，在一幅公元前七世纪的[①]杀死美杜莎的早期画像中，美杜莎被画成了肯陶洛斯。[②]这一象征意义似乎很原始，而且，珀伽索斯源于被杀的美杜莎，也是以此为基础的。当女马人被飞人杀死之后，飞马便获得了自由。

飞马象征的是力比多挣脱了大母神，象征着力比多的飞升，即力比多的精神化。也正是在这位珀伽索斯的帮助下，柏勒洛丰完成了他的英雄行为。他抵御了安忒亚（Antheia）的诱惑。随即，安忒亚护送他去与喀迈拉（Chimera）和亚马孙女战士交战。在这里，象征意义再一次非常明显地指向了男性的胜利，意识精神战胜了母权力量。

珀伽索斯从美杜莎的身体中被释放出来后，被誉为大地的创意作品。在这一神话中，深邃的心灵直觉被突出地揭露出来。我们知道，当飞马穿越雷电飞向宙斯时，踩踏出缪斯的喷泉。马与喷泉的原型关系等同于自然冲动与创造性繁殖力的关系。珀伽索斯的故事采取了变形和升华形式：飞马在地上踩踏出喷泉。正如我们以后会看到的那样，珀伽索斯神话的这一部分是一切创造力的根源。

龙的毁灭不仅意味着俘虏的解放，也意味着力比多的上升。这个过程在心理学理论中被称为阿尼玛从母亲原型中脱离并结晶。这一点在珀伽索斯神话中得到了生动的描述。龙死了，高昂的创造力被释放出来。珀伽索斯就是力比多。它是长着翅膀的精神能量，载着英雄柏勒洛丰

---

① 伍德沃德，《珀耳修斯：希腊艺术和传奇的研究》。
② 大母神菲拉耳—赫卡忒—德墨忒耳、美杜莎和马的关系，参见菲利普逊（Philippson），《塞萨利神话》（*Thessalische Mythologie*）。

［也被称为希波诺俄斯（Hipponous），他"擅长驯马"］奔向胜利。它也是向内流动的力比多，像创意艺术一样流淌。就这两种情况而言，力比多的释放都是有指向性的：它朝着精神的方向升腾。

因此，抽象地说，英雄珀耳修斯与精神结盟，他有翅膀，当他与无意识交战时，精神的诸神是他的盟军。他的敌人是乌罗波洛斯式的戈耳工，住在遥远的西方，死亡之地，旁边住着来自地底深处的可怕的格里伊三姐妹。珀耳修斯通过意识领悟这一典型行为打败了无意识。他并没有强壮到可以直视乌罗波洛斯的脸，后者会将他石化，因此，他将它的意象举到意识面前，并"通过反射"杀死了它。他得到的宝藏首先是被释放的俘虏安德洛墨达。其次是珀伽索斯，它是戈耳工的精神力比多，现在被释放并变形了。因此，珀伽索斯集精神象征和超验象征于一体。他结合了鸟的灵性和戈耳工身上马的特点。

人格的发展发生在三个不同的维度中。第一是向外适应，适应这个世界和各种事物，这就是大家所知道的外倾性。第二是向内适应，适应客观心灵和原型，这也被称为内倾性。第三是中心化倾向，它是一种自主形成或个体化的倾向，独立于其他两种态度及其发展，在心灵内部进行。

在前面的内容中，我们一直试图指出，龙战的目标和内容，即俘虏和宝藏，指向的是外倾型和内倾型的态度类型。接下来，我们不得不从"中心化倾向"的角度来展示它们的重要性。

变形，奥西里斯

外倾型英雄的目的是行动：他是创建者、领袖和解放者，他的行为改变了这个世界的面貌。内倾型英雄是文化的提供者，是拯救者和救世主，他发现了内在价值，把它们当作知识和智慧，当作规则和信念，当作需要完成的工作和追随的榜样。两种类型的英雄都会将埋藏的宝藏找出来，这一创造行为的先决条件是与被解救的俘虏结合。这位俘虏代表着这一创造行为的母亲，英雄则代表着父亲。

第三种类型的英雄不会借由与内在或与外界斗争来改变这个世界，而会通过人格的变形（transformation，也可译成转化。——编者注）来改变。自我变形是他真正的目的，解放世界只是其副产品。他的自我蜕变可能被看作人类的一个美好理想，但是他的意识并非狭义地指向集体。因为在他身上，中心化倾向表达的是人类心灵自然和根本的倾向。这一倾向从一开始就发挥着作用，不仅形成了自我保护（self-preservation）的基础，也构成了自我塑造（self-formation）的基础。

我们在整个原型阶段都追踪着自我意识的诞生和个体的诞生，这一阶段在英雄与龙交战时到达了高潮。在这个发展过程中，我们可以检测到中心化倾向的不断发展，它在自我的稳固和意识的稳定中发挥了积极的作用。这会引发一个立场（实际上是一种聚集力量），从中诞生出对世界和无意识的危险的魔力——降低意识水平和瓦解人格结构——的

第三章 变形神话

对抗。内倾型和外倾型，这两种态度类型都很可能轻易地向这种危险屈服。中心化倾向则会通过建立意识自我和强化人格，努力保护它们，抵消瓦解的危险。从这个意义上说，个人的成长和发展，是人类对来自内心"灵魂的危险"的威胁和来自外界的"世界的危险"的威胁给出的回答。魔法和宗教、艺术、科学和工艺都是人类的创造性努力，都是为了应对来自两端的威胁。创造性个体站在所有这些努力的中心，他被称为英雄，他以集体的名义——尽管有时他也会孤军作战对抗集体——通过模塑自己来模塑集体。

在检验这一过程的心理部分，换句话说，在检验人格的形成之前，我们应该先看看神话。神话是它的原型资料库。

稳定性和不可毁坏性是中心化倾向的真正目标，在征服死亡，对抗其力量的过程中，有其神话原型，因为死亡是人格毁灭和瓦解的原始象征。原始人不愿把死亡看作一种自然现象。古埃及国王的长生不老、祖先崇拜，世界上许多伟大的宗教中灵魂不朽的信仰，虽然表现方式不同，但这些都表达了人类心中存在着相同的基本倾向：人类认为自己是不朽的、不可毁灭的。

中心化倾向的最佳例证和象征意义被发现于古埃及，在围绕着奥西里斯这一形象的崇拜和神话中。奥西里斯的故事是对人格转化的最早描述，它对应的是精神法则从自然或生物法则中浮现，变得可见。在奥西里斯这一形象中，我们可以看到母权世界变成了父权世界，重点从关注死亡变成了关注精神，这一点绝非偶然。因此，奥西里斯神话不仅阐明了人类早期历史中的一个重要章节，也为英雄神话的主要方面提供了线索，换言之，它为龙战之后的变形，以及英雄儿子与父亲形象的关系提供了线索。

奥西里斯是一个多面神，但是在最初，他是一个无可争议的繁殖神。我们已经看到，大母神在母权阶段的繁殖仪式中是怎样处于支配地位的，年轻国王为了保障土地繁殖力又是怎样被血腥分解的。奥西里斯通过伊西斯获得重生就属于这一阶段。我们在金字塔铭文中读到了下列内容：

你的母亲已经来到你面前，你也许不会死掉。她来了，她是伟大的塑造者，你也许不会死掉。她为你把头放好，她为你安好四肢，她为你带来你的心脏和你的身体。你就此变成他，主宰着他的先驱者。你命令你的祖先，你让你的家庭兴盛，你保护你的孩子免受苦难。①

或者，在伊西斯为奥西里斯所唱的挽歌中：

回到你的家中，回到你的家中，你这根柱子！回到你的家中，漂亮的公牛，男人的主宰，心爱的人，女人的主宰。②

虽然这首挽歌源自较晚的莎草纸，但这是一首很古老的挽歌，被称为"曼勒洛斯挽歌"（Maneros Lament），是对失去"活生生的阳具"的哀悼。就也是为什么奥西里斯的符号——柱子的象征"节德柱"——与公牛有关联。奥西里斯的标志是阴茎崇拜。后来他变形成了荷鲁斯，不过那个阴暗的奥西里斯——他是女人的所爱、女人的主宰——的意义却很古老。正是这个奥西里斯，化身为伊西斯的儿子荷鲁斯，被称作"母亲的公牛"，正如在赫利奥波里斯城里，他被唤为"大白猪之子"一样。③低级的奥西里斯属于繁殖的母权领域，因此，豹皮长尾的高级

---

① 泽特（Sethe），《金字塔铭文》（*Pyramidentexte*）。
② 基斯（Kees），《埃及》（*Aegypten*）。
③ 罗德尔（Roeder），《文档》（*Urkunden*）。

祭司（sem priest）极有可能被称为"母亲之柱"。①

奥西里斯作为活生生的阳具，这一点和门德有关——这是另一个崇拜奥西里斯的地方，也和献祭的羊相关联。在祭仪中，某位女王会被指派扮演一个特殊的角色，她的画像将被供奉在寺庙中，被称作"羊的挚爱"（Arsinoe Philadelphos）②，这样的事情绝非偶然。神兽与某位献祭的女祭司的性结合是一种古老的仪式，因此，我们再次发现自己回到了与男性生殖器之神结合的古老的母权繁殖领域。

这一阶段受大地女神支配，也受作为谷神的奥西里斯管辖。在许多地方，繁殖神对粮食具有重要的意义，它们的死亡和重生类似于谷粒的"腐烂和再生"。在埃及国王的加冕仪式中，谷物的意义构成了最古老的元素：奥西里斯，即谷物，被他的仇敌塞特"击打"。

>人们把大麦置于打谷场，让公牛踩踏。公牛代表塞特的喽啰，大麦代表奥西里斯，他因此被踩得粉碎。这里的游戏是建立在"大麦"和"父亲"这些词语的基础上的。在科普特语中，它们都是"ϬⲰⲦ"。人们把公牛赶入谷场，让它们在里面横冲直撞，这种行为等同于荷鲁斯追击塞特的喽啰。荷鲁斯说道："他们追杀他（奥西里斯），我就追杀他们。"打谷结束后，大麦被放在驴背上运走。这象征着在塞特和其同党的支持下，奥西里斯升入了天国。③

布莱克曼的这种解释无疑是正确的，至少最后一句对奥西里斯重生的描述是正确的。在《埃及亡灵书》（Book of the Dead）中，我们也找

---

① 巴奇（Budge），《埃及亡灵书》（Book of the Dead）。
② 厄尔曼（Erman），《宗教》（Religion）。
③ 布莱克曼（Blackman），摘自胡克（Hooke）的《神话与仪式》（Myth and Ritual）。

到了把塞特等同于献祭的公牛的内容，这种等同很可能并非来源于最古老的层面，尽管它来源于王朝出现之前。最古老的情况可能是，塞特、伊西斯和奥西里斯，都是猪或公猪的样子。弗雷泽曾指出，谷物最初是被猪群踩入土地的。这似乎是塞特杀奥西里斯的最早形式，而脱谷很可能只是其第二种形式。①

正如我们看到过的，奥西里斯在神话中被塞特两次杀害：第一次他被淹死在尼罗河中或被关在箱子里；第二次他被劈成碎片，这等同于把谷物踩在脚下，使之脱粒。

肢解尸体，并把它的各部分埋在地里，魔法般地等同于在土地上播种。这种仪式很可能与前王朝时期埃及居民的葬礼方式有关，那时的埃及人真的会分解死人的尸体。②

母权繁殖仪式的另一个特征更为重要。被肢解的国王的阳具很可

---

① 因为围绕着猪的禁忌，所以猪在埃及所扮演的角色非常模糊。事实上，并没有猪践踏谷物的早期陈述，但这并不能证明是绵羊做的这件事，也不能证明猪在新王国时期这么做过。在新王朝时期，猪作为代表出现，很可能是因为直到那时这一禁忌才被放开。野蛮的公猪、敌人，与阿提斯、阿尼多斯、塔穆兹和奥西里斯等年轻天神中的毁灭者的关系，似乎指出猪在仪式中扮演的是负面角色。在早期的加冕仪式中，公牛和驴扮演敌人的角色，这是事实，但是在《埃及亡灵书》中，塞特既是公猪也是公牛。

对塞特、公猪和猪的抑制，与对大母神以及她所有的仪式和象征的压制一致。然而，在母权社会，猪是备受青睐的神圣动物，它是大母神伊西斯、得墨忒耳、珀耳塞福涅、善德女神、弗雷娅的圣宠。但在父权社会，它变成了邪恶的象征。"大神"塞特仍然是与伊西斯（即大白母猪）相关联的公猪。公猪最初代表着大母神野蛮、毁灭、阴暗的力量［耶利米亚（Jeremias），《发生在古老东方的旧约故事》（*Das Alte Testament im Llcht des Alten Orients*）］，但现在塞特取代了这个角色，他成为凶残的舅舅，并最终成了万恶之源。

猪被认为特别神圣并因此是不洁的［霍尔（Hall）和巴奇（Budge），《大英博物馆埃及第三第四展室指南》（*Guide to the Fourth, etc., Rooms*）］，埃及人在公元前不能食用猪肉，这样的陈述很难得到证实。事实证明，一位生活在十八王朝的王子拥有1500头猪，却只有122头公牛［厄尔曼（Erman）与兰克（Ranke），《埃及和埃及人的生活》（*Aegypten una Ugyptisches Leben*）］。猪在埃及经济中的重要性仍然不明。猪很有可能像鱼一样是人的主食，但是由于其是神圣或不洁的，上流社会的人并不吃它。

② 巴奇，《埃及亡灵书》。

能被当作男性性功能的象征制成了木乃伊，并被保存了起来，直到他的继任者死去。弗雷泽举了大量这一仪式的例证。他指出，植物的灵魂化身为一捆谷物或与之相似的东西，在下一次播种或收割前被保存起来，并被看作祭祀物品。① 繁殖国王或他的替代品——动物、成捆的谷物等——都具有双重命运。首先，他会被杀，被切割，但是他的某一部分——献祭的阳具——或某个代表物却"被保留下来"。这一保留物像种子或尸体一样被藏在"地里"或"地下"。在它"下降"至地下时，人们会唱起为亡灵所作的挽歌。这一下降，或在农民的节日历法中被称为"katagogia"的事件，对应的是将谷物藏在隐蔽的地下室里② 以备来年播种。因此，下降和埋葬不仅等同于埋葬死者和往地里播种，实际上还是"保持繁殖力永存"的仪式。最初，人们把被杀死的繁殖国王的阳具制作成永久的木乃伊保存下来，或将相应的阳具象征物，和种子、死者一起埋葬，保存在地下，直到新粮食长到"复活节"之时。

然而，在最早的时候，奥西里斯并不等同于这些年轻的繁殖神。在很早以前，对年轻人"永恒"的强调要远远大于对其生命短暂性的强调。他被当作植物、谷物之神崇拜。在比布鲁斯，他作为一棵树，是繁殖之神和土地之神，因此他的身上结合了所有大母神之神圣儿子的特征。但是他也是水，是汁液，是尼罗河，换言之，他是植物的生命力之源。比如，在阿多尼斯花园里，阿多尼斯仅仅代表着生长，奥西里斯在仪式上的雕像却长出了植物的茎秆。这一点证明了奥西里斯不仅是谷物，也是谷物生长所需要的水分和根源。他不仅是死后获得重生的天神，也是永不消亡的神祇，他长生不死。事实上，他是一个矛盾体，因

---

① 《金枝》（*The Golden Bough*）。
② 范·德·列欧（Van der Leeuw），《宗教的本质及其表现形式》（*Religion in Essence and Manifestation*）。

为他是"永生的木乃伊"。①

我们很容易就会发现，这一称谓传达了奥西里斯的本质。它符合神话的某些特征，尽管这些特征从未得到足够的强调，鲜为人知。神话说，当奥西里斯的各个部分被拼在一起时，他的阳具不见了。伊西斯只好用一根木头或祭品阳具来代替，然后，死去的奥西里斯让她怀孕了。因此，虽然没有了生殖器，或者用木头代替了生殖器，奥西里斯还是成了荷鲁斯的父亲。这是极其显著的繁殖神的特征。

在所有的母权繁殖仪式中，阉割和受精，生殖器崇拜和肢解，都是与象征原则相关联的部分。然而，奥西里斯的问题比这更深入，需要进行多层面的解释。如果仅仅把奥西里斯的繁殖力理解为低级的土地的阳具繁殖力，把它当作水，当作适合植物生长的尼罗河，当作植物的欣欣向荣，当作谷物，便限制了他的作用范围。事实上，奥西里斯的所有本质都蕴含在对这种低级繁殖力的超越中。

与奥西里斯的低级本质相对，其高级本质可以被设想为一种变形，或者是一个自我启示（self-revelation）的新阶段。两种本质都关乎同一对象，即受到狂热崇拜的男性生殖器。

正如我们看到的那样，原始繁殖国王的离世，带来了两种不同的仪式：尸体的分解和男性生殖器官的"硬化"。肢解、播种、脱谷都等同于人格的毁灭和身体器官的损坏。这就是奥西里斯尸体的最初命运。与之相反的是将男性生殖器官制成木乃伊，让它变硬，永远不腐。奥西里斯就是不朽的象征，是"永生的木乃伊"。

奥西里斯这一自相矛盾的双重作用，很明显从一开始就得到了很好的呈现，成了它在埃及宗教中发展的基础。一方面，作为被肢解的神，他是繁殖力的提供者，是死而复生的年轻国王；另一方面，作为具有生

---

① 《来自一篇不公起诉的祷告》（"From the Prayers of One Unjustly Prosecuted"），厄尔曼，《古埃及文学》（The Literature of the Ancient Egyptians）。

殖力的不朽木乃伊,他是永生且不朽的。他不但是活生生的男性生殖器官,而且他的能力被保留下来,即便只是作为木乃伊阳具。就这样,他孕育出他的儿子荷鲁斯。因此,作为一个灵魂,作为一个虽死犹"存"的人,他的繁殖力被赋予了更高的意义。在这个能生育的死人的神秘象征中,人类意外地发现了一个重要因素,而且这个因素投射到它外部。这已经是它最清晰的表达了:生命精神的不朽与丰饶,与自然的不朽与丰饶是截然相反的。

奥西里斯的大敌是塞特,它是一头黑色的公猪,其象征是一把原始的燧石刀——用于肢解和分尸的工具。这个塞特是黑暗、邪恶和毁灭的象征。作为奥西里斯的双胞胎兄弟,他是原型意义上的"对立面";从宇宙意义上来说,他代表"黑暗力量";从历史意义上来说,他代表着伊西斯的母权面向和毁灭面向,对抗着作为父权创立者的奥西里斯。

肢解的象征是"塞特之刀"、阿佩普蛇以及一切恶蝎子、毒蛇、怪兽和猩猩。肢解是威胁死者的危险。[1]它是心理和物理兼具的腐烂和消亡的危险。埃及宗教中最重要的部分,以及整部《埃及亡灵书》,都在致力于避开这种危险。

> 向你致敬,我的天父,奥西里斯,你已是一个完整之身。你没有腐烂,你没有变成蠕虫,你没有消亡,你没有腐朽,你没有恶臭,你没有变成虫子。我是天神科佩拉(Khepera),我的身体也应不朽……我应存在,我会活下去,我会生根发芽,我会安详地醒来,我不会发出恶臭,我的内脏不会腐烂,我不会受伤,我的眼睛也不会腐烂,我的面容不会消失,我的耳朵不会失聪,我的头颅不会离开我的颈项,我的舌头不会枯萎,我的头发不会被剪掉,我的

---

[1] 巴奇,《埃及亡灵书》。

眉毛不会被剃落。没有什么能够伤害我。我的身体坚不可摧，它既不会毁坏又不会消亡。

中心化倾向的基本趋势——不朽战胜死亡——在奥西里斯身上找到了其神话和宗教的象征。被制成木乃伊，不朽的身体被保存下来，这一统一体外在的、可见的标识，是奥西里斯反塞特的鲜活表达。

奥西里斯就是完美的自性，他推翻了塞特，逃脱了被肢解的危险。就母权层面而言，他通过他的母亲—姐妹—妻子（伊西斯）得到了重生，或者，如金字塔铭文中所说的那样，他的头被母神穆特（Mut）放回原位，成为统一体的象征①。然而，他最终能受到人们的膜拜却是因为他凭一己之力完成了重生。我们在《埃及亡灵书》中读到：

我已经将自己组合在一起。我已使自己变得完整无缺。我已恢复青春。我是奥西里斯。②

和惯常一样，肢解尸体然后埋葬，这一旧俗被后来的部落移居者拒绝，确切地说是被强烈谴责，这不过是更深层的心理变化在历史上的反映。只有那些没有人格意识的原始人才会碎尸，他们这么做的动机是他们对亡魂的恐惧。然而，在埃及，自我意识的增强和中心化倾向的发展特别清晰。因此在这些情况下，肢解尸体很可能被看作最危险的事，而保存某人的尸身，通过香料和药材为尸体防腐，才是最好的。被制成木乃伊的奥西里斯正是这种倾向的典型。因为，即使在母系繁殖崇拜占统治地位的远古时代，他也是阳具崇拜的载体和代表，就其本身而言，他就是"遗骸"。

---

① 萨卡拉金字塔。
② 萨卡拉金字塔。

第三章 变形神话

最早的奥西里斯的象征是节德柱。他最早的祭拜地德都，位于尼罗河三角洲的老布西里斯。如何解释节德柱在今天仍然是个难题。一般而言，节德柱被用来代表一根长满树枝的树干，树枝会延伸到顶端的两侧。在祭礼中，不管在哪种情况下，它都会像树干一样庞大而沉重。从对在节日期间立起节德柱的描述中，我们可以清楚地看到这一点。另外，奥西里斯神话也充分地表明，节德柱就是一根树干。伊西斯从腓尼基的比布鲁斯取回了奥西里斯的身体，并将其放入一根树干。那里的国王，"阿施塔特王后"的丈夫，把这根树干当作柱子，用来支撑他宫廷的大殿。伊西斯"用这根树干制成一个箱子"①，再用亚麻细布将之包裹起来，涂上油脂。直到普鲁塔克时代，这根树干仍受比布鲁斯人祭拜，被称为"伊西斯之木"。我们前面已经讨论过比布鲁斯的树崇拜，讨论过这一崇拜与伊西斯和奥西里斯之间的关系、与儿子—情人和母神的关系。在这里，我们只将注意力放在木材对埃及的重要意义上。埃及和腓尼基之间的宗教和文化链条尤为古老。②

树木，特别是像黎巴嫩雪松这样的大树，与生命短暂的植物形成了鲜明的对比。在埃及这样没有树木生长的国家里，植物会随着季节的更替盛衰荣枯。树木是能持续存在的事物，因此它在早期成为节德柱的象征，用来表示时间的延续。树是一种充分成长的事物，是经久不衰的。对于古埃及人而言，木头象征着有机的、活生生的时间延续，与石头无生命的持久和植物的短暂枯荣形成对比。在以比布鲁斯为中心的迦南文

---

① 《金枝》。
② 有人认为，奥西里斯最初是苏美尔人的神阿萨尔（Asar），并经由美索不达米亚来到埃及［参见温洛克（Winlock），《阿比多斯拉美西斯神庙的浮雕》（*Basreliefs from the Temple of Rameses I at Abydos*）］。如果这一主张正确无误的话，那么比布鲁斯就会成为更为重要的文化交流中心。在母权繁殖崇拜时期，埃及似乎在文化上依附于比布鲁斯。神话中曾提到，伊西斯带着奥西里斯从比布鲁斯来到了埃及，这也间接地说明了这一点。

化中，人们会砍掉树木的侧枝，仅留下树干，将此献祭给大母神"阿施塔特女王"[①]。这样的树会被归入圣树和圣柱这一大类中。

另一个要点是树干与木石棺的同一性，而木石棺是埃及亡灵仪式上最重要的物品。

奥西里斯被他的兄弟塞特神秘地埋葬在一个树棺里，这个情节与奥西里斯比布鲁斯的故事，都显出了他的节德柱本质。他既是一位外形是柱子的神，又是一具木乃伊。但是木乃伊和棺材都可以让尸体得以永久保存。因此，奥西里斯，不管是作为树木、柱子还是木乃伊，都等同于祭仪中的木头阳具。这一木头阳具代替了"季节国王"被防腐处理过的生殖器。

埃及人相信，奥西里斯被分解的肢体分布在各个朝拜地，而他的脊柱就埋在德都。从其结构上看，节德柱铰接式的结构很符合这样的概念。柱子由两部分组成。上端部分是从树干中长出的树梢，有四根分枝，对应奥西里斯的脖子和头部；而下端部分是树干，与脊柱有关。与其他许多埃及神物一样，节德柱清楚地向我们展示了原始形象是怎么被拟人化的。首先，它长出手臂，就像阿比多斯寺庙的西墙那样；其次，它被画上眼睛[②]；最后，它呈现出完整的奥西里斯形象。

正如我们看到的那样，巴奇清楚地指出过节德柱的出现方式。[③]他比较了各种绘画作品，指出节德柱结合了奥西里斯的骶骨（脊柱最底下的关节）和那根献给旧神布西里斯王的树干。通常的节德柱象征就是对

---

① 同样，木工手艺作为一种神圣的过程，也属于这一标准的范畴。木材与牛奶和酒一样，都被认为是荷鲁斯—奥西里斯的生命本质（参见布莱克曼，同前）。雪松油具有防腐功能且材质坚硬，所以在尸体的保存中起着重要的作用。［木材的象征意义在耶稣的故事中再次出现。耶稣在那个故事中是一个木匠。参见库马拉斯瓦米（Coomaraswamy），《文化难题》（The Bugbear of Literacy）。——原译注］
② 巴奇，《埃及亡灵书》。
③ 巴奇，《大英博物馆埃及第三第四展室指南》。

第三章 变形神话

这一结合的仿效：

三种成分在这里结合在一起。

第一种成分是有关男性生殖器官的。因为骶骨是"奥西里斯脊柱最底部的部分，是其男性特质的所在地"。

第二种成分是前面提到过的"持续性"。作为一种骨骼构造，骶骨在这里并非服务于生殖器的，而是像柱子一样，是用来强调"不朽"这一特点的。基于这一原因，节德柱的象征与长着树枝的树的意象很容易结合在一起，不管是其形式还是其内容。

第三种成分"立起"，对我们来说是最重要的成分。"立起"指的是将骶骨置于树干顶端。

通过这种方式，"永生的父亲"、"立起的"或"高级的"男性生殖器官，变成了头部。头部被证明具有"精子"或精神象征的特点。①像太阳生殖器（另一种精神象征）一样，树木的"头部"孕育和带来了树的降生。但是，不管是永生的父亲，还是降生的孩子，都不再代表"低级"法则。相反，正如仪式所展示的那样，他们是"立起的"，也就是"复活了的"。②

因为"升华"③、立起，以及低级法则向高级法则的变形，是节德柱象征的最重要的元素，所以它的上端后来被看作奥西里斯的头。

> 我是奥西里斯，我是活生生的头颅的主宰，是强壮的胸膛、有力的后背的主宰。我有着超越世人的生殖器官……我已经变成了一个灵，我已经接受了宣判，我已然是一个神圣的存在。我已经来了，我已经为自己的身体一雪前耻。我已经在奥西里斯孕育生命的

---

① 见下文。
② 见下文。
③ 见下文。

意识的起源
第一部分　意识进化的神话阶段

神圣房室中坐稳,我已经消灭了那里的疾病和痛苦。(《埃及亡灵书》)

奥西里斯祭礼的主要特征是头部和身体的重新结合。人们这么做是为了创造一个完整的形象,抵消之前的肢解。在《埃及亡灵书》中,有一章内容的题目叫作"不要在地府砍掉他的头"(The Chapter of Not Letting the Head of a Man Be Cut Off from Him in the Underworld)。[①]要使奥西里斯死而复生[②],头部的归位十分关键。阿比多斯的神话崇拜也正好证实了这一点。在"奥西里斯的复原"中,我们被告知,"精华情节是立起奥西里斯的脊柱,并把上帝之头放在上面。"[③]因此,节德柱象征着奥西里斯的重新结合,象征着不朽。他可以对自己说:"我已经让自己完好如初了。"

同样,祈祷词的内容也解释了头部和脊柱在节德柱中的结合。人们一边念颂祈祷词,一边把一根金色的节德柱放在死者的脖子上:

复活吧!哦,奥西里斯,你已经有了你的脊柱!哦,停止跳动的心脏,你已经有了联结脖子和后背的纽带!哦,停止跳动的心脏,把你自己放在上面。[④]

因此,这里存在两种决定性的主题,贯穿了埃及人对未来生活的信仰。两者都与奥西里斯密切相关。第一是无限期的持续性,身体的保

---

① 巴奇,《埃及亡灵书》。
② 见上文。
③ 巴奇,《埃及亡灵书》。
④ 巴奇,《埃及亡灵书》。死者得到承诺,他会成为一个完美的精神存在,一个卡胡,而且在新年庆典中,他会成为奥西里斯的侍从。这给了我们一个重要提示:节德柱在新年庆典中起着重要作用。我们将在后面讨论到这一点。

存，以及由此而来的人格保存，如在葬礼中使用防腐剂以及将木乃伊置于金字塔中保护起来。第二是复活和变形。

奥西里斯的形象从一开始就和升天有关。在奥西里斯最早的画像中，他的样子是他"天梯顶端的神"。①他是联结天与地的阶梯，至少，那些不能被埋葬在阿比多斯的人们会力图在"伟大上帝的天梯旁"放置一块石头。②巴奇写道：

> 金字塔铭文中提到过这个阶梯。它最初是为奥西里斯建的，奥西里斯可以通过它进入天国。它由荷鲁斯和塞特竖立，两人各掌一端，并协助卡特（Cod）爬上去。人们在古王朝和中王朝时期的坟墓中就发现过好几种阶梯。③

奥西里斯，这位繁殖神克服了被肢解这件事，他是升天的神和天国的阶梯。从神话的宇宙层面而言，他同样是月神奥西里斯。

布里福尔特收集了大量资料，以证明奥西里斯最初是一名月神。④这种联系是原型层面上的。在母权社会，青春期情人的繁殖力总是与月亮相关联。月亮有圆有缺，可以重生，因此为繁殖力提供了保障。然而，很重要的一点是，奥西里斯形象是怎样超越这些母权联想的。

通过从地面升上天⑤，战胜死亡并克服被肢解，奥西里斯成了变形和复活的典范。在《埃及亡灵书》中，死去的人，也就是奥西里斯，说道："我修建了一条通往天国的阶梯，它会带我来到诸神之中。我是他们中的一员。"他的升天和复活反映了心灵的转化。在神话中，这一

---

① 佩特里（Petrie），《埃及崛起》（*The Making of Egypt*）。
② 厄尔曼，《宗教》。
③ 厄尔曼，《宗教》。
④ 《母亲》（*The Mothers*），第II卷。
⑤ 金字塔铭文，摘自厄尔曼，《宗教》。

转化被投射为低级的、尘世的奥西里斯和高级奥西里斯的结合，或者被投射为奥西里斯被肢解但是又被重组的身体，和高级的"精神灵魂"及"精神身体"的结合。自我变形、变形和升华，都是与自己的结合，它们被描述为地府判官奥西里斯和太阳神拉的结合。

奥西里斯的升天在《埃及亡灵书》[①]中被描述为太阳神荷鲁斯——他代表着生命——从节德柱中诞生，而这根柱子也被放在日出和日落之间的双子山巅。节德柱因此是带来太阳灵魂的"物质身体"。另一方面，在孟菲斯节上，木乃伊和一根代表它头部的节德柱一起受到祭拜[②]。换言之，在其头部被修复之后，它又被当作一个完整的身体被祭拜。

布西里斯的德都，奥西里斯最古老的圣地，位于古埃及的一个省，其象征符号在奥西里斯象征意义的发展中非常重要。我们可以追踪这一基本象征的发展：奥西里斯崇拜从布西里斯延伸到了阿比多斯。奥西里斯借用了老主神安兹提（Anzt）的象征。安兹提是布西里斯最初的神，它的象征是鞭子和权杖。除了这些，安兹提的象征还包括像一根木杆或束棒的身体，上面有一个头，头上有两片鸵鸟羽毛。[③]显然，奥西里斯能够同时吸收两个象征：束棒和头。

同样的事也发生在奥西里斯信仰吸收阿比多斯象征时。在这里，旧象征，与对"西方首神"即死神的本地崇拜一起，轻而易举地适应了奥西里斯的本质。

奥西里斯在阿比多斯站稳脚跟之后，本土象征——一个束棒加上带有鸵鸟羽毛的头、太阳——都被同等地视为安兹提的象征和奥西里斯的头（见图26）。一尊古老的雕像显示，这根头部顶着太阳和羽毛的阿比

---

① 巴奇，《埃及亡灵书》。
② 厄尔曼和兰克，《埃及》。
③ 莫雷，《上帝》。

多斯柱，"被放置在象形文字'山'的上面"。①

图26　拉美西斯一世祭祀伊西斯和奥西里斯的头部象征。埃及，阿比多斯，十九王朝，公元前十四至十三世纪。（纽约，大都会艺术博物馆。摄影：博物馆。）

我们注意到，在阿比多斯象征图案的下方，支撑这根柱子的是立于两边的两只狮子，即阿克鲁，它们象征着早晨和傍晚的太阳，象征着昨天和今天。此时，它与太阳的联系就更强了。它们被装饰成侧面相接的样子，连接了日出和日落。②在阿比多斯，奥西里斯的象征是落日。温洛克曾忽略了这个事实：本土之神像奥西里斯一样被当作"西方诸神之首"，即被当作落日和死神受到膜拜。在稍晚时期，阿比多斯被认为是埋葬奥西里斯头颅的地方。

如果我们现在概述"融合"发展的要点，可以看到象征意义特别重要。奥西里斯、奥西里斯的头，以及太阳奥西里斯是密不可分的，因为太阳和头反映了他的精神性。安兹提的头、阿比多斯的头和奥西里斯的

---

① 温洛克，《阿比多斯拉美西斯神庙的浮雕》。
② 巴奇，《埃及亡灵书》。

头实际上指的是一个东西。但是鉴于阿比多斯"位于西方",所以它成了奥西里斯作为落日和死神被膜拜的地方,也是"奥西里斯头颅安息"的地方。

然而,不仅奥西里斯是落日,阿比多斯还象征着拉的"头的灵魂"(Head Soul)。崇拜者们被描述为长着荷鲁斯的头或长着胡狼的头的魔鬼,这表明他们会同时祭拜早上的太阳和傍晚的太阳。

奥西里斯有两种形象:他既是地府判官、亡灵的统治者,又是永恒之神、天国的主宰。最初,他是尘世和地府的统治者,掌管着西方世界,而天神拉掌管着东方世界。但是不久之后,这两个形象合二为一,奥西里斯集两者为一体,形成了双重灵魂:

汝之肉身存于德都,(在)尼福特。汝之灵魂日日游于天国。①

神话中关于奥西里斯双重性、奥西里斯与拉的结合的描述,对应着心理学中关于心脏与灵魂"巴"(ba)相结合的阐述。它是超个人的身体中心,有精神灵魂或精神身体"卡胡"(khu)。这一结合蕴含了奥西里斯的秘密。

吾乃神圣灵魂,栖身于神圣的双生神中。问:他是谁?答曰:他乃奥西里斯。他游至德都,寻到拉之灵魂。两神拥抱彼此,神圣的灵魂在双生神中吐芽。②

这一章的内容还包括对这一双重性的其他系统阐述,如:

---

① 巴奇,《埃及亡灵书》。
② 巴奇,《埃及亡灵书》。

第三章　变形神话

> 昨日是奥西里斯，今日是拉。在那天，他应当消灭他的敌人，他应当成为王子，统治他的儿子荷鲁斯。
>
> 我知道栖身于此之神。那么他是谁呢？他是奥西里斯或（像别人说的那样）拉，（或者）它是拉的生殖器，他借此与自己结合。

再一次，在《万物之书》（*Book of Things Which Are and of Things Which Shall Be*）中，我们读到：

> 那么他是谁？他是奥西里斯，或者（像别人说的那样）是他死去的肉身或（像别人说的那样）是他的不洁。这是，也理应是他死去的肉身，或者（像别人说的那样）是永生与不朽。永生是白昼，不朽是夜晚。

更特别地，繁殖自己的神被称为"凯普里"（khepri），也就是圣甲虫或屎壳郎。因为它总滚着粪球，所以这种甲虫被尊崇为移动太阳的生物。更重要的是，任务完成后，它会把这个象征太阳的球埋入地下的坑中，然后死去。第二年春天，新的甲虫会从这个球中爬出来，而它们会被看作新生的太阳，从地下升起。它也因此成为"自我繁殖"的象征，并被尊崇为"诸神的创造者"。[①]巴奇说道：

> 他是东升的太阳的一种形式，他的座位位于太阳神的船中。他是物质之神，正要将万物从死寂中带入生命，将死去的肉体带入一个精神的、辉煌的身体。后者正欲从它之中喷薄而出。[②]

[①] 此处，凯普里自我更新的特性是最重要的特征。正如布里福尔特认为的那样，不论月亮最初的重要性是否已经转移至太阳身上，都是无关紧要的。

[②] 参看引文。

凯普里同样象征着心脏。然而，奥西里斯虽然被比作激活身体的心脏—灵魂，也被比作"我的心脏，我的母亲"，但他却是超个人的。心脏被表现为自我繁殖的圣甲虫。它是评判亡灵的仲裁人的道德力量所在的位置，而且，在孟菲斯的创世神话中，它是出类拔萃的创造器官。①

心脏让这一切发生，舌头重复（表达）着这些心脏创造的思想……创造诸神和其"卡斯"（kas）的造物主在他的心脏中。②

象形文字中的"思想"一词中含有"心脏"的意符，它指出心脏—灵魂是一种精神原则。同时，它也是所有尘世生命的力比多。因此，奥西里斯的阳具形式，门迪人的雄山羊或公羊，就等同于心脏—灵魂"巴"。

然而，奥西里斯不仅是低级的男性生殖器，他还代表着高级的太阳。他是贝努鸟（太阳鸟），是希腊人的凤凰：

汝乃伟大的凤凰，生于赫利奥波利斯王子宫殿的枝头。③

自我更新和出生于树——诞生于"更高的"出生地——是相伴相生的。生出自己的奥西里斯就生于树上，确切地说，他是从树棺中获得新生的。因为奥西里斯、树和棺材本是一体的，它们是相同的（见图27），所以，出生于树便等同于重生。奥西里斯是从树上升起的太阳④，就像他是从节德柱中产生的生命征象一样。这一片段阐释了《埃

---

① 见上文。
② 莫雷，《上帝》；基斯，《埃及》。
③ 梅特尼希，摘自罗德尔的《文档》。
④ 巴奇，同前。

及亡灵书》中最古老的章节——第十四章——的内容，这一章节的内容概括了奥西里斯神话的所有要点。

> 我是昨天，我是今天，我是明天。我有使自己第二次出生的力量。我是创造诸神的神圣的、隐藏的灵魂。

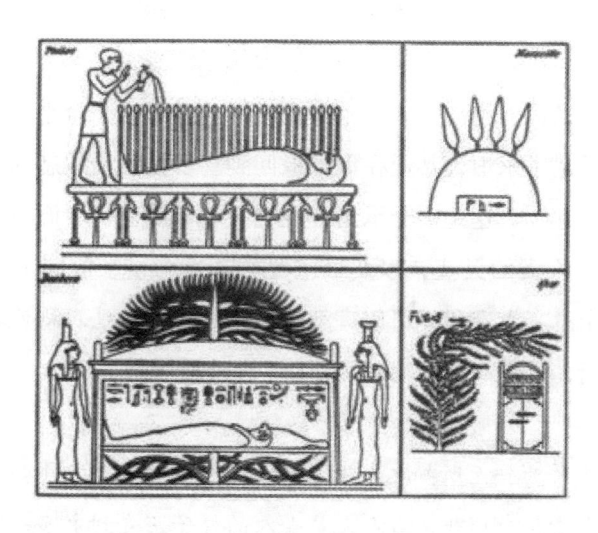

图27 奥西里斯的墓葬。埃及，晚期。（根据后来各种碑的图画，来自爱德华.迈耶，《金字塔修筑时期的埃及人》，莱比锡，1908。）

死亡问题最初的解决方式很简单，人们只需把来世看作这一世的延续就行了。这一观点的变化可以非常清晰地在死去的奥西里斯和创世神阿图姆的对话中反映出来。这一变化导致了对这一问题精神上而非唯物主义的回答，这同样反映在奥西里斯的变形中。阿图姆说道：

> 我不需要水和空气，只沉迷于感官享受。轻松愉快的心情取代了面包和啤酒。

结束时，他承诺道：

你会存在几亿年，几百万个世纪。但是我会毁灭我所创造的一切。地球会再次成为原始海洋，像开始一样汪洋一片。我会存活下来，和奥西里斯一起。我会把自己变回蛇，没有人知道，也没有"卡特"（Cod）看到。①

阿图姆的回答道出了未来世界的模样。这是一个合乎末世论逻辑的回答。它承诺了永恒，甚至在世界退回到乌罗波洛斯状态的时候。"与奥西里斯一起"，这是一个承诺，说明灵魂伴随创世者而不灭。奥西里斯的身份、人类的灵魂，以及最主要的创造力量，等同于上帝的创造力。在这个意义上，我们可以理解这样一个神秘说法：将死者当成变形的奥西里斯，是进入神秘轮回的开始。

我作为一无所知之人进入其中，我应当变成一个强大的灵魂，我应当看到我那既是男人又是女人的样子，直到永远。②

错误的理论比比皆是，它们都试图证明这一段文字的象征性内容表达了随后的精神化。但是，很明显，它与后来的章节无任何关系。它摘自一篇十分严肃的文献，而仅这一章的内容就概括了《埃及亡灵书》的精髓。其缩略本被认为作于埃及第一王朝时期。③

于是，拥有双重灵魂的奥西里斯成了天国和尘世的杰出代表。他是

---

① 基斯，《埃及》。
② 巴奇，《埃及亡灵书》。
③ 不管我们按照佩特里的说法，认为第一王朝始于公元前4300年，还是按照布雷斯特德的说法，认为其始于公元前3400年，都无关紧要，我们都会追溯历史时代的开始。

第三章　变形神话

实现自我统一之人（self-unifier），保留但改变了他的形体；他是战胜死亡之人；他是自我繁殖之人，是掌握了复活与重生的秘密之人。经由重生，低级的力量被转化为更高级的力量。

同样，法老也模仿奥西里斯，在死后也变成了栖于天国的灵。他经受了一次"奥西里斯化"的过程。这一过程在于灵魂各部分的结合，其首要条件就是把他的身体制成木乃伊保存起来以及它的神奇复苏。在《埃及亡灵书》中，这一仪式的最终目的在于，将死去的身体各部分结合在一起，避免被肢解，从而使肉体获得永生。

用防腐剂保存身体，这一净化［同样是"卡"（ka）］即鬼灵（ghost-soul）的净化，属于身体范畴。这些步骤为盛大的奥西里斯仪式做好了准备，也就是说，为精神身体从木乃伊中萌生①做好了准备。②

人头隼代表了心脏—灵魂［"巴"（ba）］，它是身体和木乃伊的生命法则，而与之相关联的精神灵魂卡胡却是精神身体沙胡的生命法

---

① 现在我们还无法回答"谷物的重要性是否在于其形式多样"的问题。粮食作为神秘宗教中的精神变形象征，最初与酿酒以及令人陶醉的现象并无关联。奥西里斯不但是一位谷神，也是一位酒神。另外，在1月8日的主显节上，人们会纪念水在迦拿婚礼上变成酒。这个节日也是在纪念奥西里斯将水变成酒［格雷斯曼（Gressmann），《奥西里斯之死与复生》（*Tod und Auferstehung des Osiris*）］。在古代世界，令人迷醉的酒和生殖纵欲始终是相互关联的，而且这种联系现在仍然存在。诚然，谷物转化成烈酒的过程在任何地方都会打动人类，因为这是自然变化最令人惊讶的瞬间。酒的原料，无论是谷物、大米、玉米还是木薯，都是大地的果实。这些"大地的儿子"在繁殖仪式中占据着主要位置。通过其奇异的变形，这些大地的产物获得了一种令人迷醉的特质，成了一种圣物、通灵的启示、智慧和救赎。这是神秘宗教仪式的古老基础。这一点简单明了，不但存在于狄奥尼西奥斯和基督教酒的象征意义中，在任何一个地方，圣礼也是以这样的方式产生迷醉作用。变形的秘密教义一直从古代世界流传到炼金师的时代，长盛不衰。如果这一教义与这一基本现象没有关联，那将是十分令人惊讶的。作为死者的身体，原初物质的精神性的纯化和提升、精神从身体中的解放、化质（transubstantiation），等等，这些过程在迷醉的秘仪中占有一席之地。与此同时，这些过程也被描述为大地之子的精神史。因此，这些意象很可能就是精神变形的象征原型。这些原型意义上的联系，不仅出现在西方，在墨西哥，我们也在年轻神祇和醉酒之间发现了同样的联系，其代表是龙舌兰酒神。

② 巴奇，《埃及亡灵书》。

则。卡胡是不朽的，而作为其伴侣的心脏—灵魂既是物质性的又是精神性的，这完全随它的心意而定。巴、卡胡和凯普里（心脏），三者互相协调。

当然，这些部分的灵魂或灵魂的一部分都是神话投射，不能被更严密地定义。它们最重要的任务是其变形和统一，这必然会带来不灭的双重存在：奥西里斯和拉。这是奥西里斯的"丰功伟绩"，也是法老继他之后完成的"壮举"。

卡在这一过程中扮演着尤为重要的角色。我们很难理解卡究竟意指何物，因为我们在现代意识中找不到卡对应的概念，它是一个原型实体。埃及人把它当成一个人的双重性，看作他的精灵或守护天使，当成他的姓名和为他提供滋养的东西。它青春不失，对它来说，"死亡"的原因等同于"用他的卡"（aller vivre avecson 'ka'）。[1]莫雷用下列文字概括了它的含义：

> 通过卡，人们不仅可以了解法老、神明和人类的生活准则，还可以了解所有的生命力和养分。没有了它们，世间万物都不会存在。[2]（原文为法语。——编者注）

他还写道：

> 这个卡是让人类延续的父亲和存在，掌管着智慧和道德的力量，提供精神和肉体生活。[3]

---

[1] 斐皮一世的金字塔，引自莫雷，《神秘的埃及人》（*MystUret Egyptians*）。
[2] 莫雷，《神秘的埃及人》。
[3] 莫雷，《尼罗河》（*The Ntie*）。

它与卡胡——食物相关联，因此是一种基本的力必多和生命象征。

从这个基本和集体的卡（即天国的原始物质）中，诸神为国王分离出一个单独的卡。

当卡和身体被净化和联合起来时，先于他的（君王似的奥西里斯）和后于他的所有个体，都是"一个臻于完美的完整存在"。

卡因此成了在今天被我们称作"自性"的原型样本。在它与其他灵魂部分的结合中，在由此产生的人格变形中，我们看到了这一心理过程在神话投射中的最早历史例证。我们把这一心理过程称为"个体化"或"人格的整合"。

通过灵魂各部分的联合，国王变成了巴，一个心脏—灵魂。他与诸神同栖同住，拥有灵魂。他现在已然是一个卡胡，一个完美的精神存在。

国王在东方阿赫特（Akhet，指尼罗河的涨水季）的地平线的荣耀中重生。他生于东方，变成了"阿卡"（一个辉煌、光明的存在）。①

光明、太阳、精神和灵魂在原型层面的紧密关联都得到了充分的表达，它们都涉及奥西里斯和他的变形。

只有通过对这一象征和神话背景的观察，仪式的真实内容才能更好地呈现其意义。

我们对奥西里斯仪式的认识有三个来源：奥西里斯节，特别是"庄

---

① 莫雷，《尼罗河》。

意识的起源
第一部分 意识进化的神话阶段

严的节德柱"会在新年的头一天在布西里斯的德都被立起来;加冕仪式;旨在巩固和重申国王权力的法老塞德节。

我们不止一次指出奥西里斯在繁殖中的重要性以及他与大母神的联系。然而,当德都的人们在新年宴会上举行奥西里斯仪式时,这一阶段已经发生了变化。过去任期为一季的王权仍然在苟延残喘,但主要特征却变成了"持久"。节德柱和这个城市的命名也由此而来。

伴随着奥西里斯身上的月亮特征的消逝,在接下来的一年里,他都会现身。我们可以在万灵节,即第二十二个卡哈卡(Khoiakh)节[①]上看到这一点:三百六十五盏灯伴随着二十四只小莎草纸船驶向尼罗河。前一年被埋在地里的奥西里斯木像随后被挖了出来,被放在无花果树[②]的树枝上。这是新年到来的象征,也是太阳从树中诞生的象征,而一个新的木像会取代那尊旧木像被埋在地下。作为这些庆典的主要特征,节德柱的立起象征着"奥西里斯的复苏",也就是说,它象征着亡灵获得新生,而非一位年轻植物神复活。[③]

丹德拉神庙中的节日日历上写着:

> 在尼罗河涨潮季(Akhet)第四个月的最后一天,人们会在布西里斯立起节德柱。这一天也是埋葬奥西里斯的日子。奥西里斯被埋在伯替地区的树下墓穴。这一天,奥西里斯的圣体会从被包裹起来的奥西里斯中重生。[④]

节德柱被立起来和复活的第二天,人们会庆祝新年的到来。这是埃

---
① 《金枝》。
② 《金枝》。
③ 布莱克曼,《神话与仪式》。
④ 布莱克曼,《神话与仪式》。

德夫神庙的荷鲁斯周年庆，也是埃及国王加冕的日子。这一天，人们会庆祝塞德节，以纪念埃及王权的周期性更新。

我们仍然可以从死去的年度老国王的葬礼以及新国王的加冕等仪式中看到节德柱被立起，这相当于对男性生殖器官进行防腐处理，以及国王在旧有的年度繁殖仪式中被杀死。在节德柱被立起和新王加冕的关系中，这一点同样明显。在丰收节中，我们还发现荷鲁斯王会用镰刀割下象征着旧植物灵魂的一捆稻谷。

然而，荷鲁斯王的加冕与奥西里斯同步复活之间的联系，揭示的却是另一个现象。它不仅意味着以新代旧。新老国王的冲突在繁殖仪式中非常明显，而在奥西里斯神话中，这一冲突的残留部分完全被一种新的心理群集充盈。在此心理群集之中，儿子和父亲之间有一种积极的关系。

我们已经看到，伊西斯原始的母权形象以及与她有关的仪式，是怎样被荷鲁斯法则取代的。这位荷鲁斯，渴望得到奥西里斯的父权保护。人们会说："这是子承父业。"伊西斯帮了他：她提起诉讼，证明她儿子的合法地位以及他获得王权的合理性，并让诸神意识到荷鲁斯的父系血统，即父权的基础。

父权时代取代母权时代是一个原型过程，也就是说，这是人类历史上一种普遍和必要的现象。从这个角度来说，我们既不是在说，前王朝时期的母权埃及有可能被效忠于荷鲁斯的父权部落推翻，也不是在讨论，后来的荷鲁斯太阳崇拜和早期的奥西里斯月亮崇拜相结合的可能性。

莫雷检视过这一母权"子宫系统"的衰退。他说："这是社会的演化，从子宫系统发展到了父亲系统。在子宫系统中，每个女人都相信是图腾使其怀孕；在父亲系统中，丈夫才是真正的父亲。"而且，他指出，从部落到家庭的过渡，从团体的至高无上转变到个体的无限重要，都跟这一发展有关。在这里，我仍旧要讨论神王的角色。他作为"杰出的个体"用他的英雄意识摧毁了大母神的力量（参见附录）。

很有趣的是，我们仍可以从埃及神话和仪式中看到这一重心发生变化的痕迹。早期上下埃及的首都，自古以来就被"光芒永恒"的女神统治：上埃及是尼肯的兀鹰女神奈荷贝特（Nekhbet），下埃及是布托的眼镜蛇女神瓦吉特（Uatchet）。在奥西里斯神话中，布托城与死亡和肢解有着邪恶的联系。荷鲁斯在那里被一只蝎子杀害，而这只蝎子是伊西斯的圣物。也正是在那里，塞特再次找出了奥西里斯的身体并砍碎了它。

布托和尼肯是双子城，它们也被称作"佩—德普"（Pe-Dep）和"尼可布—尼肯"（Nekheb-Nekhen）。重要的是，在北方和南方，荷鲁斯城和母亲城（母子城）虽然面对着面，却位于河的两岸。

代表父权的荷鲁斯和古老的母权统治者之间的冲突痕迹仍然能在仪式中被观察到。比如，在"佩"和"德普"的仪式表演战中，荷鲁斯会首先遭到攻击，然后以他战胜母亲并与之乱伦结束。这证明了他是一位英雄。① 后来，在王朝时期，秃鹰和蛇——被征服女神的象征——出现在荷鲁斯王的王冠上，它们的名字组成了皇室头衔的五部分。

这些父权君主，继承了奥西里斯的"荷鲁斯的儿子们"（见图28），必然会为父亲复仇，并成为其舅舅，即塞特的死敌的对手。"老荷鲁斯"之后是否会有"年轻的荷鲁斯"来接替，这一点并不重要：从奥西里斯延续至儿子的警戒，其根源在于他与塞特旧有的冲突。在这场争斗中，荷鲁斯砍掉了塞特的睾丸。荷鲁斯眼睛上的伤口也被治愈。死去的奥西里斯在"荷鲁斯之眼"的帮助下复活了，荷鲁斯因此被授予权力的象征：包含塞特睾丸的两根权杖。② 奥西里斯的复辟等同于他的重生和变形。重生和变形使他成为精神之王，他的儿子也成了大地之王。

---

① 厄尔曼和兰克，《埃及》。
② 布莱克曼，《神话与仪式》。

第三章 变形神话

图28 鹰头神荷鲁斯和国王内克塔内布二世。埃及，三十三王朝，公元前370年。（纽约，大都会艺术博物馆。摄像：博物馆。）

因此，儿子的加冕和统治有赖于父亲的精神化。从象征意义上说，死者的复活等同于立起节德柱，以及把头一年的奥西里斯雕像置于无花果树上。这先于荷鲁斯的加冕，先于每年的塞德节。

一些人把这些仪式看作恳请死者帮助活着的人，但是任何这样的理解都是不恰当的。奥西里斯仪式、加冕仪式和塞德节的联系相当紧密，这种笼统的解释根本不可能正确地解读它。

图腾崇拜和所有成人仪式的一个基本现象在于，图腾和祖先会在新成员中转世，在他之中找到新的栖居地，同时构建出更高级的自己。人们可以从荷鲁斯英雄的儿子身份追溯这一踪迹，也可以从这一身份与奥西里斯的崇拜关系、基督道成肉身、现代人的个性化现象来追溯这一踪迹。

以英雄的身份再生的儿子、其天神父母，以及死去的父亲在儿子身上的重生，这三者之间存在着一种基本的关系：我与父亲是一体的。在埃及，这种关系体现在神话中。这一过程一再吸引了我们的注意：作为父亲的复仇者，荷鲁斯变成了最高统治者。但与此同时，他的世俗力量根植于奥西里斯所践行的精神权威。

立起节德柱在荷鲁斯的加冕仪式和塞特节中占据着主要位置：荷鲁斯王的继位以这一仪式为基础。儿子荷鲁斯的继位权与父亲奥西里斯的扬升，在原型层面建立了普遍法则。代际传承从这一个传至下一个，保持了神秘的联结。这种父传子的父权链条依赖于其身份的精神现象，这种精神现象超越了他们的差异。每个国王都曾经是荷鲁斯，最后成了奥西里斯（见图29）。每个奥西里斯也都曾是荷鲁斯。荷鲁斯和奥西里斯本为一体。

图29　奥西里斯和荷鲁斯之前的国王。埃及，塞提一世神庙，阿比多斯，第十九王朝，公元前十四至前十三世纪。

这种身份被伊西斯强化了。对这二者来说，伊西斯既是母亲，又是妻子和姐妹。她是母亲，因为她给了荷鲁斯生命，又唤醒了死去的奥西里斯，使他重获生命（见图30）。她是妻子，她因奥西里斯孕育了荷鲁斯，又因荷鲁斯孕育了荷鲁斯的儿子。她是姐妹，因为她为死去的奥西里斯和活着的荷鲁斯的王权而战，如果我们把姐妹的作用等同于雅典娜对珀耳修斯和俄瑞斯忒斯提供的帮助的话。

图30 伊西斯让奥西里斯获得重生。埃及，塞提一世神庙，阿比多斯，第十九王朝，公元前十四至前十三世纪。

作为儿子和继承者，荷鲁斯王统治着"尘世"，并代表男性生殖器官的繁殖力。加冕仪式显示，他已成为老繁殖国王永久的继承者。这位国王最初的牺牲被他与副手之间的战斗取代。现在，这场与邪恶的战争成了英雄与凯旋的君主的义务。荷鲁斯击败了塞特，这在埃德福祭礼[①]和加冕仪式中占据了十分重要的位置，并对节德柱在塞德节的立起有重要作用。塞特被荷鲁斯击败，是神王成功繁殖的前提条件。荷鲁斯与阳具崇拜中的公牛神敏（Min）、创世神佩塔赫（Ptah）的关系，谷神的胜利，塞特睾丸的合并，哈索尔在埃德福神庙中的圣婚，以及丰收节上王权的仪式性的复兴，都是这种繁殖特征的明证。

现在，我们可以十分清楚地看到，荷鲁斯王不再是暂时的繁殖国王，也不再受控于大地母神，他已经变成具有持续繁殖力的家长。他不断地在大地上繁殖，统治着他的子孙后代。

---

① 布莱克曼，《神话与仪式》。

他已经可以独立于自然的节律，自行行使功能。虽然这一节律在旧繁殖仪式中被神圣地表现，但他获得独立仅仅是因为他得到了权威的支持，而这一权威自己便不受自然过程及其周期性的支配。像认同于自己的儿子荷鲁斯一样，尘世国王需要更高等的支持。于是他们在持续性的精神原则中找到了它——奥西里斯所象征的坚固和永恒。

在母权社会，死亡和重生出现在同一尘世领域，死亡意味着繁殖力的丧失，重生意味着植物重获生机。两者都仍然受制于自然节律。

然而，对奥西里斯而言，重生意味着实现他永恒和不朽的实质，成为一个完美的灵魂，逃离自然现象的不稳定性。这使得他的儿子荷鲁斯的加冕成为必然的结果。作为伊西斯的儿子，荷鲁斯不再是一位暂时的植物神，只能扎根于大母神永恒而又变化万千的本性中。现在，他和父亲——那个精神的主宰者，那个永恒不变的精神父亲——结合。像父亲一样，他会万古长存。他既是他的复仇者、他的继承人，又是他扬升的原因。当奥西里斯之梯在加冕仪式中被架起时，当节德柱被立起时，当老国王在荷鲁斯戴上王冠之际扬升时，他的力量便已来源于高级的父亲，而不再根植于低级的母亲了。

现在，我们便能够理解为什么死去的奥西里斯会生出荷鲁斯了。这是代表精神代际传承的原始象征性方式。这不是尘世中代代相传的那样：父亲是长有阴茎的木乃伊，或是长有阳具的、能够不断繁殖的圣甲虫。

同样，这也解释了为什么奥西里斯死而复生后会少了阴茎。伊西斯用一个木头生殖器代替了消失的阳具。阉人（即"有精液的"阉人）是精神代际传承的不寻常象征。这一象征会反复出现在神秘宗教和秘密教义中。

那个有生殖能力的死者是一位精神祖先。他是一个有精子的灵，他是风的灵，吹向任何一个地方，却无影无踪。在现代精神病患者身上表

第三章 变形神话

现出来的集体无意识①，以及埃及魔法莎草纸上的记录，都认为主宰这一动力的法则是太阳。他们会说，太阳的阴茎是风的来源。但是，太阳却是拉—荷鲁斯和奥西里斯的结合体。

创世、精神的联合，这两个问题都在奥西里斯神话中有确定的象征性阐述。从心理学上说，"我与父亲是一体的"——奥西里斯和荷鲁斯的关系——是一个单一人格的不同组成部分。

没有阳具的父亲，或者更确切地说，只有精神阴茎的父亲，在其长有神秘阴茎的儿子身上有一个副本：他们依赖于对方的创造力，但是荷鲁斯专属于尘世，是暂时的统治者，而奥西里斯是他背后的永恒力量，统治着精神。父与子一道成为在世和来世的主神。他们的关系类似于心理学中自我和自性的关系。

围绕奥西里斯的象征意义，既包含了人类心灵最原始的各个层面，又包含了其最高级的层次。这些象征来源于史前的埋葬习俗，结束于今天被我们称作整合过程的投射。如果简略回顾一下这些象征的不同层面（这些象征阐述了人类人格的变形和人类对这一过程不断发展的觉知），我们会看到，从一开始，中心化倾向就明白无误地试图在人类身上寻求确定的表达。

最原始的层面是被切断部分的复合，是保持持久的尝试，是为了保存的同时"扬升"。奥西里斯的尸体被高高地放置在树上、他在树上诞生、举起被埋葬的雕像、把骶骨放在象征节德柱的树上，尤其是立起节德柱，都说明了一点。立起和升天的奥秘，与完整性和整合的秘密紧密相关。把切断的部分重新组合，把身体制成木乃伊保存起来，构成了其基础，但是这种原始仪式很快变成了扬升和变形的象征意义。

于是，身体和头部的结合变成奥西里斯上体和下体的结合，并最终

---

① 荣格，"心灵与大地"（Mind and the Earth），出自《分析心理学》。

变成奥西里斯与拉的结合。但是这等同于一种自我变形，因为是奥西里斯自己与他的灵魂拉相结合，这构建了一个完美的存在。考虑到这些发生在诸神之中，所以所有这一切都是原型层面的。但是，当像荷鲁斯一样的埃及国王替代了奥西里斯这一角色，并与奥西里斯结合时，这一过程就变得人性化了。一旦国王被纳入神的戏剧中，神话过程就开始表现为心理过程。这一过程最终呈现的形式是心灵的统一和心灵的变形。通过这一统一和变形，分裂的灵魂部分被整合，人格的尘世荷鲁斯—自我面向与精神的、神圣的自己结合在一起。统一和变形过程在更高层面上的结果是战胜死亡，而这一直是人们的最高目标，甚至在原始人心灵中也不例外。

父权的父亲—儿子关系取代了母亲（即伊西斯）曾经的统治地位，在宗教、心理、社会和政治范围内都是如此。母权统治的原始痕迹依稀可见，但是在历史的长河中，父亲—国王已经掩盖了它们曾经的光彩。儿子的授权仪式和加冕仪式来源于奥西里斯的重生和其敌人的失败。从某种意义上说，荷鲁斯与邪恶法则——塞特——之间的斗争，是"上帝的圣战"的典型，是他的每个儿子不得不进行的。

于是，圆环闭合，我们又回到了英雄神话和龙战中。只是，我们在读奥西里斯神话时必须把荷鲁斯纳入进来，这位英雄是奥西里斯的一部分。

我们已经看到，英雄神话中的某些元素在本质上是集合在一起的。英雄是一位自我英雄，也就是说，他代表了意识和自我反抗无意识的战斗。自我的男性化和强化——很明显地表现在英雄的尚武行为中——使他能够战胜自己对龙的恐惧，并给予他勇气去面对恐怖母神伊西斯以及其亲信塞特。英雄是更高级的人，是"勃起的男性生殖器"，他的力量经由头部、眼睛和太阳象征表现出来。他的战斗见证了他与"天国"的亲属关系，见证了他的天神出身，并建立了一种双重关系：一方面，在龙战时，他需要来自天国的支持；另一方面，他不得不投入战斗，以证明自己配得上这样的支持。一旦英雄通过这场战斗获得重生，他在仪式上就等同于天神父亲，是他的转世。重生的儿子是天神父亲之子，是他自己的父亲，而且，通过在自己体内使父亲重生，他也是他父亲的父亲。

因此，英雄神话的所有基本元素都可以在荷鲁斯和奥西里斯神话中找到。只有一个条件，那就是必须用父权战胜恐怖母神。这个神话中包含了恐怖的伊西斯[①]，但是在孟菲斯节上，荷鲁斯砍下她的头，并与之乱伦的事实清楚地证明了她已经被制服。[②]然而，通常来讲，她的反面角色由塞特[③]来承担，伊西斯成了"好母亲"。[④]

通过这种方式，英雄神话发展成自我变形的神话，人的神圣儿子身份在一开始潜藏在他之内，但是只有经由自我（荷鲁斯）和自性（奥西里斯）的英雄结盟，这一身份才可能被实现。这一结盟最早出现在荷鲁斯的神话中，随后又出现在继承他的埃及王（见图28）身上。紧跟其后的是个体的埃及人，虽然对他们来说，认同国王涉及原始魔法。最后，在精神的进一步发展过程中，人类拥有不朽的灵魂这一法则成了每个个体不可剥夺的属性。

奥西里斯神话在世界各地的影响大到难以估量。在古代秘教中[⑤]，在诺斯替教中，在基督教中，在炼金术中，在神秘主义中，甚至在现代，都能发现它的痕迹。

---

① 见上文。
② 希罗多德。
③ 见上文。
④ 荷鲁斯—奥西里斯神话的女性对应者是得墨忒耳和科莱。荣格和凯伦依（Kereny）把相关资料结集成册，于是有了《神话学随笔》（Essays on a Science of Mythology）。
⑤ 莱岑施泰因（Reitzenstein），《古希腊的神秘宗教》（Hellenistische Mysterienreligionen）。

在一些古代神秘宗教中，有一些入会仪式，其目的是制造更高级的男性特质，把新信徒变成更高级的男人，并因此让他们与上帝相似或等同。比如，伊西斯秘仪中的"融合"（solificatio）强调对太阳神的认同，而另一些秘密仪式的目的在于通过神秘参与获得上帝的陪伴。道路虽不相同，但是无论司仪者是进入狂喜，变成了"神"，还是在仪式中获得重生，或者与上帝交流，让上帝进入他的身体，其目的都是成为更高级的人，成就他精神的、属天的（heavenly）部分。正如诺斯替教后来所表达的那样，新信徒变成了"恩诺"（ennoos），拥有努斯（nous，精神），或变成了被精神占据的人，一个"pneumahkos"。[①]

这些神秘仪式的一个普遍特征是阉割，很明显它象征着低级男性特质为了高级男性特质"坏死"。比如，当司仪者把自己当成阿提斯时，这样的事情就会发生。或者，当我们在阿尼多斯秘仪中，发现阿尼多斯休息的睡榻上铺满了莴苣时[②]会发生，因为莴苣是死人的食物和去势的植物，会"驱赶生殖力量"。毒芹在埃莱夫西纳秘仪中也扮演着相同的角色。这都说明了低级男性特质的牺牲是精神化的前提。

所有这些禁欲倾向都受到乌罗波洛斯和大母神原则的支配，并成为受难的儿子的奥秘。它们最终的目的都指向隐藏在阉割背后的神秘乌罗波洛斯乱伦。[③]从发展阶段来说，这些神秘祭仪既没有达到英雄战争的阶段，也没有固着于这个阶段。

这场斗争的目的是将生殖器—地下的男性特质与精神—天国的男性特质相结合。在"神婚"中，与阿尼玛的创造性结合就是其征兆。但是，因为在神秘宗教中，龙战被认为仅仅是与龙母之间的战斗，龙母代

---

① 荣格，《重生面面观》（*Die verschiedenen Aspekte der Wiedergeburt*）。
② 梅列日科夫斯基（Merezhkovski），《西方之秘》（*The Secret of the West*）。然而，在埃及，莴苣因其催情作用成为科普特人敏神的圣物（参见基斯，《上帝信仰》）。
③ 见上文。

表的只是无意识的地下的阴暗面,所以,只要龙战发生在神秘宗教中,那么对精神父亲的认同便是不可避免的结果。与龙父(即精神的压倒力量)的交战失利,会导致父权阉割、膨胀、丧失在扬升的狂喜中,甚至否认世界的神秘主义。这种现象在诺斯替教和诺斯替基督教中特别明显。伊朗和摩尼教的影响渗入进来,强化了英雄的尚武元素,但是,因为此人本质上仍是一个诺斯替教徒,所以他对世界、身体、物质、女人仍然充满敌意。虽然在诺斯替教中,仍存在努力使对立面整合的因素,但是它们总是在最后四分五裂。男人的天国面向取得了胜利,而其尘世面向不得不被牺牲。

　　在父权阉割的狂喜灵感背后,潜伏着乌罗波洛斯乱伦的威胁和吸引力。①乌罗波洛斯和大母神会被重新激活。这就解释了为什么古代秘密仪式总是和重生有关。但是,此处的重生并不是英雄神话中积极的自我更新,而是经由一个死去的人被动地经验到的重生。比如,在佛里吉亚宗教秘仪中,死者的四肢会被再次拼凑在一起。这被作为一种重生秘技。唤醒死者②是所有秘仪的共性。这一点很重要,不管这一点化是由母神,还是由代表自性(self)的祭司,还是由自我(ego)来完成的。情况正如我们在神话和仪式中发现的那样,一个复活的自性会以天神的样子出现,在这个过程中同时被经验到的,还有自我的死亡。只有在自我认同于自性时,英雄神话才能实现。换句话说,他只有在死亡那一刻才能意识到天国的支持,但这并不影响他被天神孕育,并获得再生。只有在这种矛盾的情形中,只有当人格把死亡体验为自我再生的同步行为时,这个双重的人才能作为一个完整的人重生。

　　因此,在《中阴闻教得度》一书中,死者和垂死之人会被召唤,在异象中获得这一重生行为的知识。同样,在广为流传的宗教秘仪中,司

---

① 见上文。
② 莱岑施泰因,《古希腊的神秘宗教》。

仪者让天神"下凡",也是早期的自我重生的形式。此外,司仪者会象征性地死去,但是复活的神却是由祭司来代表的。此时,父亲和儿子的相似之处还没有被充分地意识到。在古希腊秘仪中,我们可以看到,那些在仪式表演中被表达出来的象征性内容,是如何渐渐地转向内在的。这些象征内容成了新信徒最初的神圣体验,并最终成为个体化的心理过程。

这种渐进的内化是个体化和人类意识增强的征兆。这一法则在一开始促进了人格的成长,在下一阶段,仍会主宰其发展(见第二部分)。

然而,就历史的观点而言,这一综合的发展路径——包含了英雄的斗争阶段——并未被基督教遵循,虽然基督教是在诺斯替教的影响下发展起来的。只有在炼金术中,在卡巴拉中,尤其是在哈西德主义中,这一路径才被遵循。

"乌罗波洛斯"一词正是从炼金术中借用来的。在炼金术中,人们发现了所有原型阶段,它们的象征意义非常详细,甚至包含奥西里斯的象征。奥西里斯是神秘物质的基本象征,因此,炼金术变化和纯化的整个过程就可以被解读为奥西里斯的变形。①

意识发展的原型阶段在奥西里斯的变形中具有最高象征。奥西里斯变形是一种古老的、神话的形式。数千年之后,这一现象注定要作为现代人的个性化过程重新出现。但是现在,新的发展出现了。这一场哥白尼革命发生在心灵的内部。意识开始向内,并觉知到自性。围绕着自性,自我在同一性和非同一性的永恒悖论中心旋转。此时,将无意识同化到我们现代意识中的心理过程开始了,重心随之从自我转移到了自性上。这意味着人类进化的最新阶段已经拉开了序幕。

---

① 鉴于炼金术的确起源于埃及,所以,认为"对奥西里斯神话的秘传解释是艺术的基础之一",也并非行不通。奥西里斯是引领者的象征之一,把他变形为太阳神拉是这一"伟大工作"的主要目的。扬升和升华既是奥西里斯的特点,也是他与拉之间的关联。

第二部分
人格发展的心理阶段

第四章 原初的统一

（神话阶段：乌罗波洛斯与大母神）

中心化倾向和自我的形成

本书的第二部分内容旨在运用分析心理学，对我们在第一部分描述的神话投射的过程进行评述。现在，我们要指出神话对现代西方人的重要性，展示它是怎样促进其人格发展的。

除了总结第一部分所讨论的心理发展，我们还将补充和扩充主题，提出"超心理学"（metapsychology）这一推测性的概念。我们碎片化的体验和已知局限不会阻碍我们对情形做出暂时的评估，也不会妨碍我们发现统一的进化面向。单是统一的进化面向就可以让我们发现其特有的位置和价值。这只是分析心理学千万种可能性和必要面的其中一方面。我们相信，原型各阶段的进化面向很重要，不仅是因为其理论，更是因为它在心理治疗中的实践作用。我们一直试图描述阶段心理学（stadial psychology）的轮廓，它的作用并不局限于个体人格心理。如果分析心理学的发展没有超越人格领域进入集体心理领域，那么心理方法将不可能适用于文化。正是心理学方法对文学的运用，赋予了荣格的深度心理学以适当的人文意义。在对自我各阶段的发展进行心理学解释之前，我们必须就自我的概念、各个阶段以及我们的解释方法，做一些介绍性的评论。

分析心理学的基础是情结理论。这一理论指出了无意识的情结本质，把情结定义为"无意识心灵的活跃部分"①。它同样指出了自我的情结本质，因为自我作为意识的中心，在心灵系统中构成了主要情结。

自我这一概念，已被心理学发现和精神病理学发现证实，是分析心理学的一个区别性特征：

> 自我情结既是一个意识内容，又是意识的条件，因为只要一种心灵元素与自我情结相关联，它就能够被"我"意识到。但是自我仅仅是我之意识领域的中心，它并不等同于我的整个心灵，它仅仅是众多情结中的一个。②

我们在神话中追踪了这种自我情结的发展，我们在其神话投射中了解到部分的意识历史。在神话中，自我和无意识关系的发展性变化被表现为不同的原型形象，如乌罗波洛斯、大母神、龙等，无意识通过它们将自己呈现于自我面前，或自我通过它们，将无意识群集在一起。我们把原型阶段看作自我意识的发展阶段。通过这种方式，我们已经解释了神话中的儿童形象、青少年形象和英雄形象，它们代表了自我变形的不同阶段。自我情结是心灵的中心情结，构成了我们在第一部分所描述的事件的舞台。

与艺术作品中出现的每一个形象一样，比如在一出戏剧或一部小说中，自我的神话形象需要一种双重解释。一种是基于人物形象本身的"结构性"解释；一种是可能会被我们简要地称为"起源性"的解释，这种解释把这个形象看作心灵的表达和说明，而这一形象也来源于心灵。

因此，当我们对浮士德形象进行结构性解释时，就不得不考虑歌德

---

① 荣格，《情结理论概论》（*Allgemeines zur Komplextheorie*）。
② 荣格，《心理类型》。

赋予他的性格特点和行为特征，因为起源性解释必须把浮士德看作歌德人格的一部分，是他心中的一个情结。结构性解释和起源性解释互为补充。结构性（客观性）解释试图涵盖由浮士德这一人物所代表的整个结构跨度。然后可以结合起源性解释。起源性解释认为浮士德的形象代表了歌德心灵状态的总体，既是意识的，又是无意识的，也代表着他人格发展的整个历史。诗人的意识心使用了与创造过程无关的外来题材，如浮士德博士的故事本就是一个真实的故事，但这并不能否认内在联系的存在——这是起源性解释的先决条件，因为对这些题材的筛选和修改被心灵状态影响和决定。正如前一天的沉淀物会进入梦中，表面存在的、历史的和其他材料也会被无意识"编辑者"激发，以帮助心灵的自我呈现，而且，在经过富于创造力的艺术家的意识心加工之后，最终被同化至内在状态，而这一内在状态一直在试图投射自身。

无论是在诗歌中，还是在神话中，人物形象都必须服从于同一种双重解释。我们认为，自我意识的发展可以在神话中得到描述，然而，这一论点也是复杂难懂的。当我们从字面上理解神话，把年轻情人描述成"一个活生生的形象"时，必须同时把他当作人类发展中某一特定自我阶段的象征性代表。

这些神话形象是集体无意识的原型投射。换句话说，人类放了一些神话之外的东西在神话中，但它们的意义没有被人们意识到。

梦和白日梦这样的无意识内容会反映做梦者的心理状态，同样，神话也会阐明它们产生的人类阶段，并指出人类在那个阶段的无意识状态的特点。在任何情况下，投射都是无意识的，无论在做梦者心中还是在神话创作者的意识心中。

我们在第一部分清楚地指出，当我们提及意识发展阶段时，指的是其原型阶段，尽管与此同时我们一再强调其进化特征和历史特征。这些阶段，以及其自我意识的波动程度显示其是原型层面上的，也就是说，它们在现代人的心灵中是"永恒存在",并形成了现代人心理结构的各种元素。这些阶段的基本特征揭示了个体发展的历史顺序,但是极有可能的是,个体心理结构是人类在整体发展的历史顺序中自己建立起来的。"阶段"这一概念可以被看作"柏拉图式的",也可以被看作"亚里士多德式的"。作为心理结构的原型阶段,它们是心理发展的组成部分,也是这一发展的结果和沉淀,贯穿整个历史。不过,这一悖论有一个合情合理的基础,因为虽然原型是心理体验的条件和组成部分,但是人类的体验只有在历史进程中才能变成自我体验。人通过众原型体验这个世界,但是原型本身就印刻在他对世界的无意识体验中。在神话的各阶段,我们都可以发现意识修正后的沉积物。这一修正反映了一个内在的历史过程,这个历史过程可能与史前和历史时代有关联。然而,这一关联并不是绝对的,而是相对的。

弗林德斯·佩特里[①]建立了一种被他称为"序列断代法"的体系(缩写为"S.D"),用于研究早期的埃及历史。这意味着,在不知道时间上的关联的情况下,人们可以简单地使用"先"或"后"这一顺序。比如,虽然我们并不知道S.D30和S.D77指代哪个年代,也不知道它们之间的间隔是多长,但S.D30一定是先于S.D77的。同样,我们不得不运用心理学上的"序列断代法"在来处理原型阶段。乌罗波洛斯阶段"先于"大母神阶段,而大母神阶段"先于"龙战阶段。但在这里,我们无法给出绝对的关联,因为我们不得不考虑每个国家和各种文化的历史相对性。因此,对希腊人而言,克里特—迈锡尼文化是史前的大母神时期。在其中,对大母神的崇拜占据了主导地位。希腊神话从很大程度上说是龙战的神话,代表了意识争取独立的斗争。这场斗争对希腊人的精神来说是决定性的。在希腊,这一发展发生在大约公元前1500到公元

---

① 《埃及崛起》(*The Making of Egypt*)。

前500年之间，但在埃及，这一过程却可能发生在公元前3300年之前。这一发展已经在奥西里斯和荷鲁斯的神话中完成。国王等同于奥西里斯被证明可追溯到第一王朝时期，但是这并不是说，在此之前就没有这样的事情发生。这些阶段的相对性，以及这些阶段在不同时期和不同文化中的出现，带来了两种重要的结果。首先，它们的原型结构得到了证明。这些阶段出现的普遍性和必要性表明，这里存在着一种普遍的心理亚结构，这种心理亚结构在每个人身上都发挥着同样的作用。其次，收集和比较来源于不同文化和时代的数据并以此来阐述特定阶段，这样的方法被证明是合理的。比如，弗罗贝尼乌斯（Frobenius）发现，大母神崇拜和仪式性弑君在某些非洲部落中①扮演着重要的角色。这些近当代的例子鲜活地阐释了埃及人在遥远的7000年前就开始践行这些宗教仪式了。只要这些原型象征意义涉及各阶段及其象征，以及关系到我们在不同的文化领域中对材料的运用，无论它们是自发出现的，还是来源于古埃及的影响②，都无关紧要。原型象征意义无论出现在何地，神话材料对我们来说都和人类学材料一样弥足珍贵。因此我们一再提到巴霍芬，虽然他对神话的历史性评价已有些过时，但是他对象征的解释从很大程度上说却被现代深度心理学证实。

我们现在的任务是评估意识发展的各原型阶段——它们作为神话投射被我们熟知，着眼于了解它们对人格的形成和发展的心理学意义。我们已经看到，自我和意识最初的发展出现在乌罗波洛斯和大母神的象征中，经由后者呈现自身，并在自我面对它们时的不断变化中，证实自己。这两个最初原型阶段的心理学解释及其象征意义是我们最先关注的，也就是说，我们不得不从萌芽时就开始追踪自我的发展，以及它与

---

① 弗罗贝尼乌斯（Frobenius），《非洲纪念馆》（*Monumenta Africana*）。
② 塞利格曼（Seligman），《埃及和撒哈拉沙漠以南的非洲》（*Egypt and Negro Africa*）。

无意识的关系。

原初乌罗波洛斯状态中的自我萌芽

从心理学角度说，乌罗波洛斯，这一最初的原型阶段构成了我们的出发点，它是一种"边界"体验，无论对个体还是集体而言，它都是史前性质的。因此，从这种意义上说，历史仅仅开始于一个能够体验的主体。换句话说，历史开始于一个自我和一个意识已经存在的时刻。乌罗波洛斯所象征的最初阶段对应着一个前自我阶段，正如其先于人类历史一样。在个体发展的历史中，它也属于最早的儿童阶段，这时，自我刚刚开始萌芽。尽管这一阶段只能被当作"边缘"体验，但是它的特点和象征意义对人类集体生活和个体生活的方方面面都产生了重要的影响。

原初状态在神话中表现为乌罗波洛斯，它对应着人类史前的心理阶段。那时，个体和群体、自我和无意识、人类和世界还处于紧密相连、不可分割的状态。此时，"神秘参与"法则、无意识法则在它们之中还很盛行。

人类的本质命运，至少说成熟的现代人的本质命运有三个方面。这三个方面相互关联，也有很清晰的区分。世界是外在的，是与人无关的事件的外部世界；社群属于人类产生关系的领域；心灵是人类内在经验的世界。这些支配人类生活的三个基本因素，人类与它们任意一个的创造性邂逅都对个体的发展起着决定性的作用。然而，在最初阶段，这些领域还没有彼此分开，人没有与世界分开，个体没有与群体分开，自我意识也没有与无意识分开。由个体和群体所组成的人类世界也没有办法与被我们称为客体的外部世界区分开。虽然我们知道事物的原始状态只是一种边界体验，但是我们仍然能够描述它的症状学，因为，我们可以借助心灵中那些不属于我们自我意识的部分，继续参与这种原型阶段。

无论在什么情况下，群体、个体和外部世界的不可分割性在每个心理内容中都能看到。这个内容，就是我们现代意识认为的那个心灵，以及归入我们内在世界的东西。它们在很大程度上被投射在外在世界中并被体验，仿佛它们在我们之外。当这样的内容源于早期，源于陌生的文化领域，或源于他人时，很容易被看作投射。但是，当它们越来越近似于我们的时代、文化和自己的人格的无意识状态时，这样做就变得越来越困难了。泛灵论赋予树木以自己的灵魂，赋予雕像以神性，赋予以圣地创造奇迹的力量，或者赋予人类神奇的天赋，但它很容易被识破。对我们来说，它是一种太明显不过的"投射"。我们知道，树木、雕像、圣地和人类都是外部世界可识别的客体，早期人类把他内在心灵的内容投射其上。识别它们，我们就能撤销"原始投射"。我们把它们看作自动暗示或类似的东西，因此，人与外在世界的客体之间的参与形成的融合效应就失去了作用。但是，当我们体验到的是历史中上帝的介入时，或者是由旗帜或国王所象征的祖国的神圣性时，或者是其他国家的恶意时，或者是我们嫌恶的人的缺点、喜欢的人优点时，当我们将这些都体验为投射时，我们的心理洞察力就再也不起作用了，甚至是最显而易见的例证我们也是看不到的。原因很简单，它们都是无意识的，是我们会毫无异议地接受的先入之见。

在人类学中，人与世界，与环境，与动物的最初融合，在图腾崇拜中有流传最久远的表达。图腾崇拜把某种特定的动物看成祖先、朋友或某种权威和幸运物。信仰图腾的人会对图腾动物和祖先，以及所有此类动物产生亲密关系，这种亲密关系会带来某种认同。但大量事实证明，这样的感情不仅关乎信仰，还关乎事实，也就是说心灵现实。这一心灵现实有时会引发诸如心灵感应的魔法。[①]毫无疑问，早期人类认为世界

---

① 弗罗贝尼乌斯，《非洲文化史》（*Kulturgeschichte Afrikas*）。

是有魔力的，就是因为这种认同。

最初存在于人类和世界之间的融合现象，也发生在个体和群体之间，或者更确切地说，也发生在作为群体成员的人和集体之间。历史告诉我们，个体最初并不是一个独立的实体，群体占据了主导地位，它不允许一个独立的自我脱离出去。这种情况在社会生活和文化生活的各个部分都随处可见，每个地方开始时都只存在无个人特征的集体性。

这种原始的群体统一性并不意味着有一个与其载体分离的客观群体心理。毫无疑问，群体成员在一开始就存在个体差异，在某个范围内，个体是可以有独立性的①。但是，在最初的事态中，个体在很大程度上必须经由群体来变得完整。这种完整并不神秘，不会像"神秘参与"这一含糊不清的术语一样引起他人的猜测。它指的仅仅是，在原始群体中，群体成员的团结被认为类似于器官与身体之间的关系，或者是部分与整体的关系，而不是部分之于整体。同时，它也指整体的影响至高无上，因此，自我只能非常缓慢地从群体的暴政中解放自己。自我、意识和个体的晚出现是一个不容争辩的事实。②

虽然现代研究指出，在原始社会，很早便有了个体和群体的冲突，

---

① 见附录。

② 虽然与马林诺夫斯基（Malinowski）有关的人类学派影响了我们对原始人集体心灵概念的理解［参见马林诺夫斯基，《野蛮社会的犯罪和习俗》（*Crime and Custom in Savage Society*）］，但这一点仍然是真实的。对集体心灵的发现，以及"个体淹没于集体心灵中"这一发现，使"集体心灵"最初被过分强调了。马林诺夫斯基认为，个体所扮演的角色，即使在社会生活的早期阶段，也是重要的。他把重点放在个体和群体的辩证关系上，这是正确的，但这并不能削弱迪海姆（Durckheim）学派发现的基本价值。被列维·布留尔称为"神秘参与"和前逻辑思维的东西，等同于被卡西雷尔（Cassirer）在攻击迪克海姆学派时［卡西雷尔，《论人》（*An Essay on Man*）］提出的"生命的合一"和"感情优势"的体验。前逻辑思维并不是没有能力进行逻辑思维。原始人很擅长逻辑思维，但是因为他看待世界的角度由无意识决定，所以这种方式并不指向意识思维的逻辑性。如果现代人也是无意识的，他同样也会运用前逻辑的思考方式，挣脱意识规定的范畴，即科学的世界观［参见奥德里奇（Aldrich），《原始思维和现代文明》（*The Primitive Mind and Modern Civilization*）］。

第四章　原初的统一

但是可以确定的是，当我们进一步回顾人类历史时，个体特征少有形成和发展。事实上，就算在今天，心理分析仍然会遭遇集体无意识（现代人心灵中的非个体性因素）的重负。单是这两个事实就可以充分证明，人最初是其所在群体的集体心灵的一部分。作为个体，他只能在最狭窄的领域里行动，享受一丁点儿个人乐趣。所有社会的、宗教的和历史的证据都指出，个体是晚些时候才从集体和无意识中诞生的。①

这场哥白尼式的革命的本质便存在于此，深度心理学被应用在这里正说明了这一点。它的出发点是群体的集体心理而不是个体的自我和意识，群体的集体心理才是其决定性因素。

超个人心理的主要发现在于，集体心理，即无意识的最深层次，是活生生的基础动向。从它之中诞生出一个特定的、拥有意识的自我以及与之相关的所有事物。自我以此为基础，通过它得到滋养。没有它，自我也将不复存在。正如我们后面将看到的那样，集体心理不会被与大众心理混为一谈。集体心理的特点是无意识因素和成分占据优势，而个体意识退却了。然而，我们必须强调，在这个深层次上，问题不是衰退、分解或退化，而是此时意识仍然处于悬而未决的状态，还没有得到发展或仅仅得到部分发展。塔尔德（Tarde）说："像催眠一样，社会状态只是一种做梦形式。"②这句话言简意赅地概括了原始群体的状态。只是，我们不需要把现代的、清醒的意识看作明显的出发点，也不必用催眠来比喻，把集体心理的神秘参与当成这种清醒状态的限制。事情反过

---

①　在此处，我们必须注意到那个不太寻常的系统，它决定了第二部分的格局。我们在正文部分讨论了自我的发展、中心化倾向以及人格的形成，而在附录中，我们会试图勾画出个体与群体的关系、投射现象以及它们之间的内摄。我们因此有两种序列，这两种序列虽然是相关和互补的，但又是各自独立运作的。然而，我们不可能在初始的乌罗波洛斯阶段将这种划分贯穿到底。要从群体的心理发展中区分出个体的心理发展，已经是一个问题，因为两者会不断地交汇。而且，在最初阶段，个体和群体本就是不可分割的，这样的区分根本不可能完成。

②　莱沃尔德（Reiwald），《大众精神》（*Vom Geist der Massen*）。

来才是对的。意识状态是后来出现的非普遍现象，它的完全实现并不如现代人自吹自擂的那样频繁。相反，无意识状态才是最初的、基本的心理状态，它处处占据着统治地位。

在参与中实现群体统一，这一现象仍然十分普遍，这在现代人中也不例外。只有通过某些天才个体不断的有意识努力，我们才能渐渐地觉知到那些调整着我们每个人的生与死的心理因素。而这些心理因素作为无意识的"文化模式"，被我们盲目地接受着。虽然现代人享受着更高级的意识发展——也许已经超越了过去人类的高度，已经取得了现有的意识成就，但他们仍然深深地嵌入群体议题及其无意识的法则中。

我们在大事小事中都可以看到个体与群体的融合。比如，一个调查者这样描述原始人的附体（这里的附体指的是某人的人格被某种无意识内容操纵，这一无意识内容被认为是灵魂）状况：[1]

> 虽然附体常常是自愿的，但有时也会在不自觉的情况下发生。在后一种情况下，同一个家庭中的成员常常受到同样症状的折磨。[2]

这种情绪感染源于所有家庭成员彼此的无意识融合。他们的同一性是主要因素。尽管"感染"这个词假定了一种分离状态，但实际上这种分离程度微乎其微。只要这种分离存在，就像在完成个体化的西方人中那样，它在大体上就只适用于意识结构的某些特定差异——其原因仍待讨论。从另一个角度说，群体的情绪性构成了无意识的一个层面，即心理结缔组织。通常而言，它比"个体化"的意识拥有强得多的能量

---

[1] 荣格，《神灵信仰的心理基础》（*The Psychological Foundations of Belief in Spirits*）。

[2] 图恩瓦尔德（Thurnwald），《澳大利亚及南太平洋诸岛上的土著》（*Die eingeborenen Australiens und der Südseeinseln*）。

潜力。

集体成员之间的感情纽带与有意识的情感关系或爱无关。这一纽带的来源十分丰富，我们在这里就不详加讨论了。共同的部落起源、公共生活的分享，尤其是相同的经历，创造了感情纽带，而且据我们所知，今天仍是这样。社会的、宗教的、审美的和其他的集体经验，从部落的猎头到现代的群众性集会，不管被染上了什么色彩，都能激活集体心理的无意识情感基础。个体还没有从情感暗流中挣脱出来，对群体任一部分的刺激都可以影响全体，就像发热症状会蔓延到有机体的每个部分一样。于是，情感融合会横扫个体发展不足的意识结构差异，并不断地恢复至最初的群体统一。涉及群体时，这种现象就会以大众再集体化的形式出现[1]，严重影响个体生活。

在早期的乌罗波洛斯状态中，既存在人与世界的融合，也存在个体与群体的融合。这两种现象的基础都是自我意识还未从无意识中分化出来。换句话说，这两种心理系统还没有完全分离。

当我们提及投射或内摄时，我们是指经由投射或内摄，事物被经验为外在的，但它被带入了内在。此时，我们假定了一个定义清晰的人格结构，对它而言，存在着"外在"和"内在"。然而，在现实中，心灵在很大程度上开始于具体外化（exteriorize）。投射假定了先有投射的事物存在，也就是说，主动地将自身，即过去存在于内在心灵的东西，投到外面。但与投射的理念相反的是，心灵内容的具体外化意味着人格之中最初并没有发现外物的存在。内容的具体外化是其最初条件，这意味着在较晚的意识阶段，这一内容才被识别出来，并被看作属于心灵。因此，只有从这个角度出发，具体外化的内容才可以被判断为投射。比如，只要上帝被具体外化了，他就会作为"外界真实存在的上帝"存

---

[1] 见附录。

在，即便晚一些时候出现的意识会认为他是人类心灵中上帝意象的投射。①人类人格的形成和发展在很大程度上在于"摄入"（内摄）这些具体外化的内容。

群体的乌罗波洛斯式存在，以及每一部分都浸没在群体心理中，其基本的现象特点是，群体被集体无意识中的优势成分、原型和本能支配。这些内容也决定了群体的情感基调，而且因为它们的力比多能量超过了个体的意识能量，所以就算在今天，它们显化出来后仍会对个体和群体产生剧烈的影响。

与"个体淹没于群体中""意识淹没于无意中"有关的内容，我们可以引用特罗特（Trotter）对群族（herd）的有趣观察来解释：

> 个体的适当反应是从群族那里接收到的一种刺激，而并非直接来源于实际的警告物。看来，麻痹恐惧这种方法能够阻止恐惧进入个体。恐惧对他的影响只局限于活跃的、令人敬畏的恐慌。②

我们从莱沃尔德（Reiwald）的书中摘录了下列内容和评论：

> 个体在群族关系中的被动性从某种程度上说是其主动性的前提条件。③

特罗特的这一目的论解释有一定的问题，因为个体有时可能会因为

---

① 不可将超人格（transpersonality）的概念与具体外化（exteriorization）的概念相混淆。作为集体无意识的一部分，人格的内容（用我们的话说）可以是"超个人的"，因为它从根本上说不是来源于个人的自我领域或个人无意识。从另一方面说，个人无意识的内容很容易被具体外化。
② 《战争与和平中的群族本能》（*Instincts of the Herd in Peace and War*）。
③ 莱沃尔德，《大众精神》。

集体反作用而匆忙涉入危险或死亡。但是这种现象本身很重要，值得我们密切关注。在原始状态中，每一部分都得适应群体，而不是去适应外部世界，它的反应也完全取决于群体。与外部世界的关系很大程度上并非直接由个体驱动的，而是由假想实体（即"群体"）驱动的。群体的化身就是领袖或领头的动物，它的意识代表群体的各个部分起作用。①

正如我们所知，参与同样在儿童时期扮演着一个重要的角色，原因在于儿童会卷入其父母的无意识心理状态中。②乌罗波洛斯状态——我们曾在集体层面上描述过——会再次出现在个体发展的层面上。

在这种情况下，当意识还没有能力从无意识中分化出去，自我不能够与群体分离时，群体成员就会发现他自己既受制于群体反应，又受控于无意识群集。如果他处于前意识和前个体状态，他就会用集体的而不是个体的、神话的而不是理性的方式去体验这个世界，并做出反应。因此，对世界的神话统觉和原型的、本能的反应模式是初民的特点。集体和群体成员不能客观地体验世界，他们只能在神话意义上，在原型意象和象征中体验它。因此，他们对这个世界的反应也是原型的、本能的和无意识的，而不是个体的和有意识的。

考虑到群体成员的无意识反应包含在其群体中，所以这一反应会不可避免地会导致群体灵魂、集体意识，或别的类似的事物被人格化。如果我们在一开始将整体感知为总体性，这是无可非议的。事实上，我们仍然会用同样的方式提及国家、人民等。虽然这个"国家"是一种原质

---

① 这一关系——仍然在西方文明中灾难性地、大规模地保持着——是显而易见的。甚至在今天，大多数被统治者都是群体中懒散的成员，他们没有自己的直接定位。统治者、国家等，是个体意识的替代者，将我们盲目地拉入大众运动、战争中。参见附录。

② 荣格，《分析心理学和教育》（*Analytical Psychology and Education*）；威克斯（Wickes），《童年的内在世界》（*The Inner World of Childhood*）；福特汉姆（Fordham），《童年生活》（*The Life of Childhood*）。

（hypostasis），但它在心理上是真实的，而且形成这种原质也是必要的。因为，作为一个有影响力的整体，国家更像是一种心理上的存在，而非其各部分的集合，而且它总是会被群体成员体验为这样的东西。一个人的人格整体越无意识，他的自我就越原始，他的整体体验也就越会投射到群体上。自我萌芽和群体自性（group self）直接相关。反之，个体化、自我发展和通过个体化进行的自我体验会导致这种投射的撤退。人们的个体化程度越低，自性就越会被投射在群体之中，同样，群体成员的无意识参与就会越强。随着群体的个体化程度不断增强，自我和个体越来越重要，人与人之间的关系必然会变得越来越具意识性，此时，无意识参与便失去了作用。然而，在乌罗波洛斯状态中，自我仍然处于萌芽状态，意识也还没有发展成为一个系统。

脱离乌罗波洛斯后自我的发展

开始时，意识内容像一座小岛一样升起，但很快，它又沉回了无意识之中。事实上，意识的连续性并不存在。这就是原始人所处的状态。对原始人而言，如果不主动做点儿什么，他们就会昏昏欲睡，而且很容易就会因为意识努力而感到疲惫不堪。随着意识的系统化发展，意识的连续性得到了加强，意志力和自觉行为的能力也增强了。这正是现代人自我意识的显著特征。人的意识越强，他才能越能很好地运用它；人的意识越弱，他就只能"眼睁睁地看着事情发生"。乌罗波洛斯状态毫无疑问是一种"边界"状态。

我们常常在梦中回到心灵的乌罗波洛斯阶段。它像其他过往阶段一样，一直存在于我们之内，只要意识水平下降就可以被激活，比如在睡觉时，在身体虚弱时、生病时，或者在其他诱发意识下降的原因出现时。

当我们坠入梦之世界时，我们的自我和意识，作为人类发展的晚期

第四章 原初的统一

产物，会再次失去作用。在梦中，我们栖息于内心世界，却对此没有觉知，因为梦中所有的形象都是内在过程的意象、象征和投射。同样地，初民的世界从很大程度上说也是一个内在世界，他在这个世界中体验着那个外在自己，这是一种内在于外在世界没有区分的状态。与宇宙一体的感觉，根据相似性原则和象征性关系，即世界的象征性特征，所有内容转换形状和空间的能力，所有空间维度的象征性意义，比如高与低、左和右等，以及颜色的意义，等等，都是梦之世界分配给早期人类的东西。无论是在这里还是在那里，精神都以"物质"的形式呈现，变成象征和客体。光代表着启蒙，衣服代表着个人品质，等等。梦只能按照初民的心灵阶段来理解。正如我们的梦表现的那样，即便在今天，这一心灵状态仍活跃在我们心中。

自我的胚芽包含在无意识中的阶段，像胚胎在子宫中一样。在这个阶段，自我还没有表现为一种意识情结，自我体系与无意识之间也还未剑拔弩张。我们把这个阶段称为乌罗波洛斯阶段和普累若麻阶段。它之所以是乌罗波洛斯式的，是因为它受到环蛇象征的支配，而环蛇代表了完全没有分化的世界：一切万有从一切万有中生出，又回到一切万有中；一切万有依赖于一切万有，又联结着一切万有。它之所以是普累若麻式的，是因为自我的胚芽仍然居于天乡，在未成形的上帝的"完满"中，并且作为未出生的意识，沉睡于原始的巨蛋和天堂的幸福中。后来出现的自我把这种普累若麻式的存在看作人类原初的幸福，因为这个阶段不存在痛苦。在自我和自我体验出现后，痛苦才来到了这个世界上。

在自我的婴儿期，清醒的自我很容易感到疲倦，因为这时的自我缺乏力比多，因此，自我的胚芽在大多数情况下仍然是被动的，还没有真正的主观能动性。这假定了自我使用的是耗损性的力比多单位，比如意志力。因此，在开始时，意识主要是接受性的，但这种接受性是耗竭性的，会导致意识因疲劳而丧失。

自我渴望回到并融入无意识，这一倾向被我们称为"乌罗波洛斯乱伦"。这一退行——发生在自我仍然弱小，对自身相当无意识的阶段——仍然是令人愉快的。乌罗波洛斯阶段中象征符号的积极特征就表现了这一点。另外，这一点在婴儿期和睡眠中也是很典型的。我们在这里所说的"令人愉快"，是指自我和意识初期出现的所有紧张感都消失了。然而，自我和意识却以意识和无意识之间的张力为先决条件，没有这些力量，充满能量的意识就不能存活。

在早期阶段，自我在与无意识的关系中，体验到的是一种痛并快乐着的感受。乌罗波洛斯乱伦是这一表现的典型例子。甚至自我消融也是一种快乐的体验，因为溶质（即自我）很弱小，而溶剂很强大。无意识就是更强的溶剂，是乌罗波洛斯母亲，她带来了快乐。这种快乐在其稍后的性变态形式中被称为"受虐心态"。乌罗波洛斯溶解式的虐待，被溶解的自我胚芽之受虐，二者混合为一种模糊的、苦乐交织的感觉。这种感觉的主体没有形状，因为它是乌罗波洛斯和自我胚芽的无意识心理联合。这种"死于狂喜"的象征是普累若麻和"完满"。对自我而言，这是一种边界体验。无论把这种完满（即集体无意识）解释成天堂的幸福、柏拉图的理念世界，还是遍及一切的虚空，都无关紧要。

乌罗波洛斯乱伦阶段是自我发展史中最低级也是最早的阶段。退行并固着于这一水平，在大部分人的生活中占据了一个重要的位置。毫无疑问，它们在神经症患者的生活中起着负面作用，而在有创造力的人的生活中，又扮演着积极的角色。乌罗波洛斯乱伦是倒退的、毁灭性的，还是进步的、有创造性的，取决于意识的强度和自我所达到的发展阶段。鉴于乌罗波洛斯世界是一个起源和再生的世界，生命和自我会从这个世界不断重生，就像白昼从黑夜中重生一样，因此我们可以认为乌罗波洛斯具有创造性价值。出于这一原因，许多创世神话都会将乌罗波洛斯当作其象征物：乌罗波洛斯乱伦象征着死亡；母性乌罗波洛斯象征着重生、自我的诞生、意识的曙光，象征着光明的到来。

莱沃尔德（Reiwald）在他的书中提到了莱昂纳多·达·芬奇的一段话：

> 现在你可以看到，回到最初混沌状态中的热望就像飞蛾扑火一般。那个充满渴望的男人快乐地等待着，在每一年的春天、每一年的夏天，在新的一月、新的一年。他相信他渴望的事物马上就会到来，却没有察觉到他渴望的是自己的毁灭。但是这种热望是第五元素，是所有元素的精神。它发现自己与灵魂被囚禁在一起，渴望从人类身体中回到其给予者那里。你还必须知道，这一渴望也代表了与自然密不可分的第五元素。你必须知道，人类是世界的意象。①

正如"乌罗波洛斯乱伦"一词清楚阐述的那样，对死亡的渴望是一种象征性的表述，表达了自我与意识的自我分解倾向。这是一种具有深刻爱欲特征的倾向。我们已经在第一部分中看到这一乱伦是怎样反映母性乌罗波洛斯、大母神原型（即生死之母）的活跃度的。原型母亲的形象是超个人的，不可简化为个人性的母亲。乌罗波洛斯乱伦的原型意象一直在发挥作用，它的影响从莱昂纳多延续到歌德，又延续到我们的时代。我们在D.H·劳伦斯的一首诗中发现了下面的内容：

> ……划呀，小小的灵魂，向前划呀，
> 经过最漫长的旅途，朝着最伟大的目标前进。
>
> 这段路途不曲不直，非此非彼，

---

① 《莱昂纳多·达·芬奇的文学作品》（*The Literary Works of Leonardo da Vinci*），里克特（Richter）编辑。

只是阴影相叠，
越来越深，直至完全遗忘的中心，
像阴影的蛋壳不断盘旋，
或者更深，像子宫的褶皱和旋涡。

漂呀，漂呀，我的灵魂，漂向最纯粹、最黑暗的遗忘。
在倒数第二个门廊，身体记忆的黑红斗篷滑落下来，
像被吸入了蛋壳一样，被吸入子宫一般的盘旋的阴影中。

在坚不可摧的黑暗中转过最后一道急弯，
灵魂的体验之罩已然消失，
浆已离船，
已远去，已远去，
船像珍珠一般溶解，
灵魂却最终到达完美的终点——
那个完全遗忘和无比平静的中心，
那个活生生的夜晚里的寂静子宫。

啊，平静，愉快的平静，
我的灵魂滑入了平静，再愉快不过了。

哦，愉快的死亡，最后的消失，
在经历最漫长的旅途之后，
到达了纯粹的遗忘之中。
平静，彻底的平静，
但它也能繁殖吗？

第四章 原初的统一

哦，建起你的死亡之舟，

哦，建起它。

哦，除了漫长的旅途，什么都不再重要。①

虽然包含了死亡面向，但乌罗波洛斯乱伦并不能被看作一种被称作"死本能"的本能倾向的基础。

无意识状态是一种原始和自然的状态，而意识状态是努力的结果，这种努力会消耗力比多。心灵中有一种内在力量，它是一种倾向于回到原始无意识状态的心理重力。然而，虽然它是无意识的，这种状态却是一种生命状态而不是死亡状态。我们会认为"一个苹果落在地面上是因为它的死本能"这一说法是很荒谬的；同样，如果我们说自我的死本能是它陷入了无意识，这种说法也是荒谬的。简单来说，自我把这种状态体验为象征性的死亡，应该归因于意识发展的这一特殊原型阶段，而且我们并不能推测从这种状态中会产生死本能。②

巨大的块状无意识（即集体无意识）带着强有力的能量负荷，它的作用力只能被意识系统某部分的特殊表现暂时克服，尽管某些机制的建立能够修正和转化它。考虑到这一惯性，正如研究者指出的那样，儿童，特别是年幼的儿童，倾向于用既定的态度来体验任何一种变化，将诸如一个外部刺激、一种新情况，一个命令当作一种冲击。这种冲击会

---

① 《死亡之舟》（*The Ship of Death*），MS.B诗作的变体。

② 乌罗波洛斯乱伦是我们假定"死本能"的唯一心理学基础，把它和攻击倾向、毁灭倾向相混淆是错误的。乌罗波洛斯乱伦无论如何也不仅仅是一种病理学现象，对它的深入理解可以防止我们把它与一种精神上并不存在的本能——"分解所有细节，把它们削减为原始的无机状态"［弗洛伊德，《文明及其不满》（*Civilization and Its Discontents*）］——相混淆。乌罗波洛斯乱伦的"死本能"不是"厄洛斯的敌人"，而是它的一种原始形式。

导致惊吓、痛苦,至少会带来不适感。

甚至在清醒状态中,我们的自我意识——无论如何它只是整个心灵的一部分——也会呈现出不同的活跃程度,包括神游万里、部分专注、从半梦半醒地专注于某物到高度专注,直到最后的全面极度警觉。甚至对于一个健康人来说,他的意识系统也只能在生命的某些特定阶段被力比多充满。在睡眠时,力比多几乎是完全缺乏的,而且其活跃程度也会随着年龄而变化。此时,意识警觉区域相对而言要狭小得多,他主动出击的强度受到了限制,而且疾病、性格、年龄及所有的心理干扰都会影响这种警觉性。意识器官似乎仍处在发展的早期,相对而言是不稳定的。

无论如何,自我的明显不稳定性标志着心灵和历史的黎明状态,其象征就是乌罗波洛斯。对我们来说,意识或多或少都有清楚的界定。而意识各领域的融合,和过去一样,会导致一场无休止的与自己的捉迷藏游戏,也会导致自我位置的混乱。情绪的不稳定性、痛并快乐的矛盾反应、内在与外在的互换、个体与群体的互换,所有这些都导致了自我的不安全感。无意识强烈的情绪和情感矢量又会增强这种不安全感。

象征语言能使我们在最大程度上"界定",而不用去描述原型"不可捉摸的意义中心"①。而乌罗波洛斯,作为一个环,就符合象征性语言的悖论本质。它不仅是一个"完美形象",而且是混沌和无定形态的象征。它是前自我时期的象征,因此是史前世界的象征。在历史开端之前,人类存在于一种无可名状的无定形态中,我们对它知之甚少,也不能了解到更多的内容,因为在那个阶段,"无意识"占统治地位。我们希望用这种模糊的婉言来掩盖我们对这些事实的明显忽视。只要统觉的自我意识是缺乏的,就不会有历史。因为历史需要"具有反思能力"的

---

① 荣格,《儿童原型心理学》(The Psychology of the Child-Archetype),在荣格与凯伦依(Kerenyi)的《神话学》(Mythology)一书中。

意识，而意识就是通过反思来形成的。因此，史前时期定然一片混沌，毫无分化可言。

在宗教层面，这一无定形态的心灵的等价物是模糊不定的精灵。它们是主要的媒介或基质，"上帝"就来自它们的母体，诸神也从这一母体中被"孵化"出来。模糊不定的媒介，如超自然力量、魔法力量或甚至被我们称为"精神动力作用"的东西，都是前万物有灵论时期的典型现象。在那个时候，心灵还没有呈现出确定的形态，它还没有与个体化灵魂这一概念产生关联，也不能从这类概念中衍生出来。这种模糊的、包含一切的力量是魔法发挥作用的领域，万事万物都按照一致性法则和相似性法则行事。顺理成章地，对立的事物在"神秘参与"中实现了统一——这就是魔法世界的规则。在这个世界，万事万物都是神圣的产物。神圣和非神圣之间、天神和人类之间、人类与动物之间，没有严格和固定不变的区分。世界仍处于一种"媒介"状态，在那里，万物相互转化，相互作用。正如处于萌芽状态的自我引发了完整性的原型，这一原型作为"群体自我"被投射到群体上，因此，毫不令人惊讶的是，我们推论，认为最原始的人类的宗教是一种原始的一神论。我们在这里发现了乌罗波洛斯的投射，它作为一个总体性形象，即一种原始的神祇被投射出来。

因此，当说到"至高无上的神祇"时，人们对他的崇拜要么"不存在"，要么"微乎其微"，没有人能够与其建立起个人关系。普罗伊斯（Preuss）说道：

> 在大多数情况中，它很可能是夜晚的天空或白天的天空，或者两者的结合，以及呈现出来的多种多样模仿生命的现象。这使得他被视为一种人格。

他继续说道：

  关于上帝的理念——经由这一理念，各种现象在感觉上被理解了——必然产生于对细节的观察经验之前。比如星星后来被赋予了天国的属性。①

这种说法存在被误解的可能性，因为"理解"一词可能表示自我的理性活动。只有当"感官领悟"被理解为原始人的"完形想象"时，这个过程的描述才是正确的。在乌罗波洛斯状态中存在着不确定之力量的总体性，把万事万物都聚集在一起，并在参与中将它们统一。只有随着意识完形力量的增加，自我变得越来越有清晰的形态，个体形式才能被感知：

  庄稼地比单个的穗子重要得多，天空比群星重要得多，人类团体也比单个的人重要得多。②

同样，普罗伊斯发现：

  比起群星，夜晚的天空和白昼的天空更早被看作总体性，因为总体性可以被理解为一种统一的存在，而与星星有关的宗教概念常常导致其与天国的混淆，所以，人的想法不能脱离总体的角度。③

---

 ① 普雷伊斯（Preuss），《原始人的精神文化》（*Die geistige Kultw der Naturvdlker*）。
 ② 普雷伊斯，《原始人的精神文化》。
 ③ 普雷伊斯，《原始人的精神文化》。

第四章 原初的统一

同样,

> 太阳的至高无上晚于月亮,而月亮的变化随着作为一个整体的夜空的变化而变化。①

同样地,黑暗的土地内部——"包含着一切出现在土地表面的东西",以及土地自身和它之上的所有植物,都等同于繁星密布的夜空。只有在后来,它才被看成等同于太阳的老鹰。

这里的发展类似于自我意识的发展:它开始于一种乌罗波洛斯式的整体性观念,然后发展成为一种日益强大的可塑结构,以及现象的分化。

单个自我最初的弱小——对应着个体的儿童阶段——会使它更加依赖周围的整体,因为它从中得到的安全和保障是它自己无法创造的。这种情况自然而然会加强它与群体和超人类世界的感情纽带。此时被体验到的乌罗波洛斯是不断更新的,是万有的维系者和容器,也就是说,是大母神。在这种乌罗波洛斯状态下,它是"善良的"大母神。此时,"母权祝福"是最显著的,而不是原始的恐惧。

在普累若麻阶段,共同参与、心理内容的具体外化,以及高强度的情绪负荷的临在,共同制造了未分化的统一性情感。这种统一性将世界、群体和人联结在一起。虽然这种"淹没"于无意识之中会导致自我和意识的某种程度的迷失,但是它一点儿也没有破坏人格作为整体的平衡。后者的定位很显然受到本能和无意识矢量模式的指引,这是贯穿整个超人类领域不容置疑的规则。

几百万年以来,祖先的经验被储存在有机体的本能反应中,与此

---

① 普雷伊斯,《原始人的精神文化》。

同时，身体也会与这种活生生的知识合作。这种情形极为普遍，但没有任何一种类型的意识相伴。在最近的几千年里，人类费力地使自己变得有意识，运用物理学、化学、生物学、内分泌和心理学的科学，以及些微碎片化的细胞、功能系统和有机体的知识，"有意地"来调整自己的适应能力和反应。因为这种混合知识，乌罗波洛斯的普累若麻阶段也凭直觉被当成一种原始智慧。大母神具有一种智慧，无限地优于自我，因为反映集体无意识的本能和原型代表着"物种的智慧"及其意愿。

正如我们看到过的，乌罗波洛斯阶段受一对矛盾情感（快乐—痛苦情感）的支配。这种情感涉及所有回归乌罗波洛斯水平或被它征服的体验。在创造性乌罗波洛斯乱伦中，这种情感通过一种矛盾的经验，即从死亡中重生，来表达自身。而且，当乱伦属于神经质或精神错乱类型时，它也会在受虐或施虐的幻想中表现自己。但是在任何一种情况下，无意识的大母神原型都不代表"快乐的所在地"。作为现实原则的对立面，只将无意识与快乐原则相联系，是一种贬低倾向，对应着一种意识防御机制。

在早期阶段，冲动与本能、原型与象征比意识更能适应现实和外部世界。任何一种本能——只要想想筑巢和畜养本能就知道了——都不可能单单被当作"满足愿望"的快乐原则来运用，因为本能所要求的现实知识，无限高于我们今天意识中的知识。动物心理学提供了无数的例子，证明了在动物身上有一种令人困惑的、难以解释的现实适应性，包括适应周围的世界、其他动物、植物、季节，等等。这种对环境的本能适应是无意识的，但是这些本能中的智慧却是真实的，而且绝不受到任何"意愿"的左右。①

个体和无意识之间真正的冲突之源在于，无意识代表了物种和集体的意愿，而不是因为快乐原则与现实原则的背离，快乐原则被假定与无意识相关联，而现实原则被假定与意识相关联。

创世神话中存在着与乌罗波洛斯相关的宇宙象征意义。在这些象征意义中，我们发现了早期心理阶段对自我象征性的描述。那时，还不存在一致的核心人格。世界的多样性以及相对应的无意识的多样性，是在进化的意识之光中揭露自身的。

在乌罗波洛斯式的大母神阶段，自我意识，正如它所呈现的那样，还没有进化出自己的系统，也不是一个独立的存在。我们只能根据今天发生的事来想象，自我意识成分的最早浮现，发生在情绪激昂的一个特殊时刻，或在原型侵入的时候，也就是说，发生在某些不寻常的情况下。此时灵光一闪，意识暂时升起，像一座岛屿一样，其顶端浮出水面，一道启示之光中断了单调的无意识存在之流。这些孤立现象和习惯现象一直都被原始人或我们自己看作"杰出个体"的特点。这些杰出个体是药师，是预言家，是先知，或是后世的天才，他们拥有与众不同的意识形式。这些人被看作和尊崇为"神一般的人"，他们的洞见——神灵赐予他们的幻象、箴言、梦或启示——奠定了文化最初的基础。

然而，在通常情况下，存在于此阶段的人类——以及超人类存在——会受无意识指引。心灵的统一——分析心理学将之定义为自性——会立刻在自我调整和自我平衡的身心系统的总体性中发挥作用。

---

① 同样，在人类身上，无意识几乎总是直接和"满怀希望的"意识心对立，人类几乎从来不认同它。大母神之所以与自我意识对立，并不是因为她寻欢作乐和一厢情愿的本性，而是因为她的集体特点。一厢情愿并不是沉溺于幻想的无意识的特性，而是沉溺于幻想的自我的特点。所以，真正的幻想可能不应该用是否有"妄想"来衡量。如果这是一种妄想—幻想，那么它肯定来源于意识，或者顶多来源于个人无意识。如果不死，那么表示无意识的深层已经在想象中被激活了。

换言之，我们称为中心化倾向的趋势存在着一种生物上的和有机体上的原型。

有机体在乌罗波洛斯层面的中心化倾向

中心化倾向是一种与生俱来的整体倾向，它在自身的各部分中创造统一，把它们的差异整合为统一的系统。由中心化倾向控制的补偿过程维护着整体的统一，在它的帮助之下，整体变成了一个自体创造的、不停扩展的系统。在较晚阶段，中心化倾向表现为一个指令中心，这时，自我是意识的中心，自性是心灵的中心。在前心灵阶段，整体以生物学中的生物原质原则（entelechy principle）发挥作用，因此，将这个阶段称作整合倾向更合适。中心化倾向的这种特殊趋势只有在形成阶段才能主张自己，只有在此时，自我才会出现一个可见的中心，或者才能假定自性出现了一个可见的中心。作为完整性的整合功能，它无意识地作用于每一个有机体，从阿米巴虫到人类，都是如此。简单起见，我们应该保留"中心化倾向"这一说法，就算处理早期各阶段时也不例外，因为整合本身就开始于一个有中心的、但是不可见的系统的总体性。

中心化倾向调节着整体，补偿性地谋求平衡和系统化，以这种方式，中心化倾向在有机体中表达自身。它促进细胞的聚集，帮助不同的细胞、组织和器官协调运作。比如，阿米巴虫已分化的组织会构成一个整体，比起营养和排泄的代谢过程，这个整体是一种更高级的组织方式。这就是乌罗波洛斯层面上中心化倾向的表现。

中心化倾向无意识地作用于高级有机体器官与器官群的合作中，这个合作既变化多端又十分和谐。就一个有机体而言——其所有因果过程都要服从于它的目的关系系统，目的论取向是一个高级法则，属于有机体的天性，是对整体性和统一的表达。但是，无论如何，我们都没有理由用意识中心去调整这一目的性法则。对知识的吸收和无意识的目的性都必须被看作每个有机体的基本标志。

心灵水平越原始,它就越等同于身体活动,后者是它的主宰者。甚至个人的情结(即半意识化的"分裂"——属于个人无意识的较高层面,并能强有力地左右"情感基调")也能够唤起个体循环系统、呼吸、血压等方面的生理变化。更深层的情结和原型有更深的生理学基础,而且当它们闯入意识时,会对人格的整体性造成猛烈的影响。在精神病这一极端例子中,这种倾向非常明显。①

因此,在自我和意识发展程度最小的乌罗波洛斯层面上,中心化倾向和原始身体象征关系紧密。通常而言,身体代表着完整性和统一性,而它的总体反应代表着一种真正的、富于创造力的总体性。把身体感知为一个整体是感知人格的自然基础。身体和它的变化毫无疑问是被我们称为人格的东西的基础。其事实依据是,当我们提及"自己"时,仍旧指的是自己的身体。而且没有人会质疑,人体的独特性以及在其构造中遗传因素的混合是个体的基础。这就可以解释早期人类对自己身体的热衷以及对诸如头发、指甲和排泄物等身体各个部分的关注了。与此同时,他们也会关注自己的影子、呼吸和脚印,他们认为这些是其人格基本和不可或缺的部分。

关于这种"身体—自性",一个很有启发意义的例子是澳大利亚土著人身上所带的护身符。在新几内亚,其对应物是一个"阿普"(ap),即"人"。

这种护身符是一块木头或石头,它们被藏在一些特殊的洞穴中。"护身符"一词指的是"某人藏起来的身体"②。它来源于一些传说,这些传说认为大多数图腾祖先的身体都变成了这样的护身符。

---

① 身体—灵魂的结合和因果关系问题不是这里的重点。我们认为,生物和心理"似乎"是一种本质未知的"自在之物"或"自在过程"的两个方面。

② 图恩瓦尔德,《澳大利亚及南太平洋诸岛上的土著》。

> 护身符被看作这个人和他图腾祖先"因因古卡"（iningukua）共有的身体。它联结了个体与他自己的图腾祖先，确保他能够得到"因因古卡"图腾祖先的保护。①

这个护身符不是命脉，也不是灵魂。正如列维-布留尔（Levy-Bruhl）所说：

> 因此这个护身符是个体的"分身"，也就是说，是个体自己……一个人与他护身符的关系通过这种说法得以呈现：此仍汝之身（nana unta mburka noma）。②

同样，当年轻人成年后，祖父会拿护身符给他看，对他说下面的话：

> 这是你的身体，这是另一个你自己。

自性、另一个自己、图腾祖先和护身符的关系是一种参与。关于这种参与，列维·布留尔给出了正确的解释，他认为参与和同质性（consubstantiality）非常接近。另一个自己是个体的守护天使，但是如果因为藐视他而使他生气，他也会变成敌人，带来疾病，等等。

"因因古卡"伴随他一生，在面对危险和威胁时给他警告，

---

① 列维·布留尔（Lévy-Bruhl），《原始人的灵魂》（The Soul's of the Primitive）。
② 列维·布留尔，《原始人的灵魂》。

帮助他逃离。他是一种守护神或守护天使。但是，我们是否可以说"因为个体和他的'因因古卡'本是同一个事物，所以他就是自己的守护神"？是的，在这里，参与并不是指两个存在的完全混合。毫无疑问，一方面，个体就是"因因古卡"。但另一方面，"因因古卡"又与他不同。它生得比他早，而且不会与他一起消亡。因此，个体会参与到一个存在之中，这个存在毫无疑问在他之内，但从某些特点上说又与他不同，并使他处于一种依附状态。①

我们不厌其烦地引用这段文字，因为它是一个经典的例子，不仅对于列维·布留尔提出的神秘参与而言是如此，而且对于被分析心理学称为自性的投射而言也是如此。此时，被感受到的自性等同于身体，等同于祖先的世界，这就使得这种联系尤为重要。图腾祖先代表了"我们内在的先祖经验"，它们融入了我们的身体，同时也是我们个性化的基础。需要注意的是，这段文字来自一篇名为"个体中的群体内涵"（The Immanence of the Group in the Individual）的文章。也就是说，群体的总体性——此时等同于共有的图腾祖先——被同时包含在身体和自性之中。

在新几内亚，与澳大利亚护身符相似的是"阿普"，即"人"②。同样，在这里，个体被集体和身体统一在一起，统一在二者共有的祖先身体中。

---

① 列维·布留尔，《原始人的灵魂》。

② 图恩瓦尔德，《澳大利亚及南太平洋诸岛上的土著》。梵语中同样出现过有趣的对应词组。"atman"一词同样意指"全我"（universal self），这个"全我"中包含"小我"，同时，"atman"一词也指代身体意义上的"自己"，造物神波阇波提教导帝释天的有趣故事就清楚地说明了这一点［见《察汗多雅奥义书》（*Chhandogya Upanishad*）］。"purwha"一词也表现了同样具体的身体意义。虽然这个词后来意指"人"或"精神"，并最终具有了一种等同于"atman"的哲学价值，但它最初的意思却是"男人"，指代他的"灵魂"、他的阴影和分身。——英译注

这种与身体的原始纽带，正如与某种"自己所特有的"东西的原始纽带一样，是所有个体发展的基础。后来，自我与身体，与更高的力量，与无意识（这一过程在很大程度上等同于无意识），以另一种不同的，甚至是完全相反的方式产生了关联。随着高级法则在头脑和意识中发挥作用，自我与身体的冲突开始显现，这种冲突有时会导致神经症。不过，这只是后来过度分化的产物。即使是这样，身体的总体性似乎也还是与心灵的总体性（自性）保持了一种一致和等同的关系。这两种总体性形态或完整性意象，高于自我意识，并从一个总体的角度调整着各个系统。当然，这也包括了自我意识。从总体角度来讲，自我只能变得部分有意识。

这一切都符合完美的乌罗波洛斯状态。在这种状态中，身体和心灵是同一个。从心理学上说，这种基本情况有两个面向，我们已经在"提供食物的乌罗波洛斯"的象征之下总结过了。首先，是身体的无意识"心灵化"（psychization）以及其不同部分和区域的象征意义；其次，是新陈代谢象征意义的优势。在其后来的发展中，中心化倾向提升了自我意识的构造，把它当作自己的特殊器官。而在乌罗波洛斯阶段，自我意识还没有分化为一个独立的系统，中心化倾向仍然只能认同于作为一个整体的身体功能，认同于身体各个器官的结合。新陈代谢是身体与世界的互换，其象征是至高无上的。饥饿的客体、被"摄入"的食物，就是世界本身；而对另一方（即过程的生产面）而言，其象征是"输出"，也就是排泄。最主要的象征不是精子。在创世神话中，尿液、粪便、唾液、汗水和呼吸（以及后来的言语），都是创造法则的基本象征。

我们听说，所罗门群岛上大部分重要的食材，如芋头和山药，都是从"坦塔鲁"（Tantanu）的粪便①中长出来的。我们还听说，在新几内亚的入教仪式上，新信徒会被当作新出生的婴儿对待，只能吃混合了精液的食物。②那些缺乏经验的、对创世神话一无所知的新手，吃不到精液，因为他们"对提供滋养的植物和动物不够感恩与尊重"。这些说法可能都假定了对身体的象征性强调，以及与身体有关的事物的圣化。这正好是乌罗波洛斯阶段的特征。

身体与世界交换的动态过程，以滋养的乌罗波洛斯来象征。这个过程与本能的动物世界和谐无间。在动物世界中，吃与被吃是生命的唯一表现形式，也是人类努力统治自然的唯一表现。就算发展到了最高阶段，吃仍然是基础，也是性阶段的前提条件。性行为和前两性分化是进化方案后期的产物。由细胞分裂带来的繁殖是基本事物，因为细胞分裂会使有机体增殖成多细胞结构的样子。但是，只有当营养条件良好时，细胞分裂才会成为繁殖的主要手段。

为了拥有和行使权力，为了变得强壮、获得力量，所有这些倾向性都附属于滋养性乌罗波洛斯的原始领域。其表现是身体的安康感，是身体机能，最初等同于平衡的新陈代谢——此时，物质的摄入和输出（即力比多的内倾型和外倾型的生物原型）处于平衡状态。健康的感觉并不反映在意识中，而是被无意识地视为理所当然，它是最基本的"生活馅饼"（pie de vivre），是形成自我的基础。但就算健康的感觉是无意识的，自我也还是没有中心。心灵系统表现了心灵对世界的同化，而且它的痕迹已经储存在本能中。

集体无意识的本能构成了这一同化系统的基质。它们是先祖经验的贮藏室，是作为一个物种的人类对世界所有经验的贮藏室。它们的"领地"是自然这个客体的外部世界，包含人类集体和人类自己。人类在其

---

① 图恩瓦尔德，《澳大利亚及南太平洋诸岛上的土著》。
② 图恩瓦尔德，《澳大利亚及南太平洋诸岛上的土著》。

中就是一个同化反应的心理物理单位。也就是说，在人类的集体心灵中，就像在所有动物中（但是根据物种而异）一样，存在着一个层次。这个层次使人类建立起对自然环境特别的、本能的反应。更高的层次包含群体本能，也就是特殊人类环境的体验——集体的、种族的、部落的、群体的体验。这一层次包含了群居本能、特别的群体反应（这一点将特定种族和民族区分开来），以及所有与非我的差别性关系。最终的层次形成于身心有机体对本能的反应以及它的变体。像饥饿、荷尔蒙群集等，就是对本能反应的回应。这些层次会相互渗透。它们的共同点在于，反应都是完全出自本能的，心理生理单位作为一个整体，通过有意义的行为做出反应。这些行为不是个体经验，而是先祖经验的结果，而且在这些行为中没有意识的参与。

先祖经验扎根于身体，并通过身体的反应有机地表达自己。最低级的，而且迄今为止最大的"合并"体验层面是生理—化学的，无论如何都不会是心理表现。但是作为行动的推动力，本能和冲动却与心理相关，尽管并不需要集中呈现。身体—心理的总体性受神经系统调节，行为响应着神经系统。举例来说，饥饿是细胞供给不足的心理表现，在本能反应的帮助下，饥饿能把有机体调动起来，促使它采取行动。但是只有当饥饿被集中表现并被自我中心感知时，我们才能意识到这一点。如果本能仅仅通过反射作用就能调动起整个身体，我们是意识不到这一点的。

中心化倾向，自我和意识

我们现在必须思考自我和意识对身心有机体的总体性的重要性，以及它们与中心化倾向的关系。我们不需要构建一种意识理论，但是我们会试图勾勒出某些观点的轮廓。这些观点已经证明了它们在个体和集体心灵发展中的重要作用。

有机体的应激性是其基本特性之一,这种特性能够促进它适应世界。因为这种应激性,神经组织得以分化,感觉器官得以发展。与它们相配合的是意识,是中心化倾向的控制系统。意识的自我中心系统的基本功能是,对来自外在和内在的刺激进行录入和化合,对它们做出平衡的反应,储存刺激和反应模式。在数百万年的分化过程中,有机体曾在其结构中创造出更复杂的关系,但同时,录入、控制和平衡的需求也在不断地增加。在不计其数的平衡点中,大多数平衡点是无意识的,也是被结成一体的,也就是说,它们被构建进入身体系统的结构中。但是随着分化的加剧,处于控制下的区域会更多地被意识的控制器官表现出来。这种表现采取了意象的形式,而这些意象就是生理过程的心理对应物。

自我意识是一种感觉器官,它通过意象来感知这个世界和无意识,但是这种意象形成的能力本身是心灵的产物,而不是这个世界的特性。单是意象形成就可以使感知和同化成为可能。一个不可想象的世界——像低等动物世界那样不具可塑性的世界——当然也是一个生动的世界。在这个世界里存在着本能,有机体会作为一个整体通过无意识行动来回应它。但是这样的世界永远不会在一个反思它、形塑它的心灵系统中被呈现。心灵经由一系列条件反射被构建。它用无意识来回应刺激,但它没有呈现刺激和反应的中枢器官。只有当中心化倾向得以发展,产生了范围更广和水平更高的系统时,我们才能使这个世界呈现于意象中,这时,意识这个器官才能感知这一符号所代表的可塑世界。正如每一个象征所说明的那样,意象的心灵世界是内在和外在世界体验的综合体。

因此,心灵意象(象征"火")作为"红色的""热的""燃烧的"东西,包含着许多内在和外在体验的元素。"红色"不仅拥有红色本身可以感知的特性,还包含情绪元素——一个兴奋的内在过程。"炽烈的""热的""燃烧的""灼热的"等,不仅是知觉意象,也是情绪意象。因此，我们有理由认为，氧化、燃烧这一物理过程，是在一些意象的帮助下被人类体验到的。这些意象来源于内在世界，并被投射到外部世界，而不是外部世界的体验在人类内心的叠加。从历史的观点来说，人类对客体的主观反应始终是优先的，而客体的客观特性一直处于次要地位。在人类的发展中，客体从投射群中解脱出来是逐步发生的，而且速度异常缓慢。这个投射群产生于心灵的内在世界，客体就被包裹在里面。

中心化倾向始终作为心灵的主要功能发挥着作用，它将无意识内容通过意象呈现给意识。它首先会带来象征性意象的形成，然后会使自我对它们起反应。我们认为意象的形成和意识反应属于中心化倾向，因为在这些过程的帮助之下，心理生理单位作为一个整体的利益会得到更有效的保全。意象在意识中的核心表现形式给予个体更广泛和全面的内外部世界体验，也能使个体更好地适应生活的各个方面。内在反应，（自我意识对于本能世界的校准）似乎与对外界的反应一样，很早便已发端。

当本能被集体呈现时，也就是说，当它们以意象的形式出现时，荣格就把它们称作原型。只有意识在场的地方，原型才会呈现出意象的形式。换句话说，可塑性的本能的自我描述是更高阶的心理过程。它预先假定了一种器官能够感知的原始意象。这种器官就是意识。因此，它与眼睛、光明和太阳象征相关联。也正因为如此，在神话的宇宙起源中，意识的起源和光明的出现是同一回事。

在黎明前，意象的感知会导致一种即时的反射行动，因为意识只能被动地先于身体的执行器官行动，却不能凌驾于其上。从胚胎学上说，它的有机基质来源于外胚层，这一事实说明了意识属于感官的领域。但是它已经向两个方向分化，既能够感知到来自外部的意象，又能够感知到来自内部的意象。最初，自我是不可能辨别出这些意象的来源的。因为在神秘参与阶段，个体对外在的感知与对内在的感知没有什么不同，两类意象相互重叠，因此，个体对世界的体验与内在体验是一致的。

这一原始阶段（此时，意识是一种感觉器官）以感觉和直觉的功能为特点，也就是说，这一阶段以感知功能[①]为特点。这种感知功能不但在原始人的发展中是第一个出现的，在儿童的发展中也是如此。

因此，进化中的意识对内在刺激和外在刺激有着同样的开放程度。但是，很重要的是，这个从内在和外在记录刺激的感觉器官，能够感觉到，而且必然感觉到，自己是远离它们的，与它们不同，可以说是一个外来物。它像一个站在外在世界和身体中间的记录系统。这种超脱的姿态是意识的主要姿态，对于它的强化和进一步分化这种态度来说，也起着关键的作用。换句话说，对于这个被我们称作意识的记录和控制器官——同时向两个方向分化，这是一种历史的必然。

神经系统，特别是脑脊髓系统（其最终的典型就是意识）是无意识的有机产物，它旨在保持外在世界与内在世界的平衡。内在世界的范围包括生理反应及其变体，以及最错综复杂的心灵反应。它不仅对外部刺激起反应，不仅像物质主义者认为的那样只是一台刺激机器，它也是无穷种类的自发运动的源头。这些自发运动会表现为驱动力和情结、生理和心理的倾向。这些内在倾向必须被意识系统和自我认识，必须保持平衡，并适应外在世界。也就是说，意识不得不保护某人抗击野兽，对抗火灾的爆发，并同时控制所有的本能群集，给它们带来满足感。它的职

[①] 我们只需注意到，情感和思维作为一种理性功能，是后期发展的产物（参见荣格，《心理类型》）。理性功能与推理规则有关。推理规则只有在作为先祖经验的沉淀物时才可能被意识所用。荣格给出了下列阐述："因此，人的理性，只是人类适应事情平均运行的一种表现形式，它已经渐渐地沉淀在周密组织的观点的情结中，而这些观点构成了我们的客观价值观。因此，推理规则是那些被公认为'正确的'或适应态度的规则。"我们现在可以理解，为什么从历史角度来说，理性功能是后期产物了。对一般事件的适应，以及把观点变成牢固的有组织的情结是"人类历史的杰作"。这个组织化经历了"无数代人艰苦卓绝的努力"。

责和权限既包括为生产食物而改造环境，也包括改变内在，以使个体的自我中心倾向适应集体。只要自我意识系统能够健康地运作，它就仍然是一个隶属于整体的器官，它身上兼具执行和下指令的功能。

痛苦和不安存在于构建意识的最早的因素中。它们是中心化倾向发出的"警告信号"，表明无意识的均衡被扰乱了。这些信号最初只是有机体发展出来的防御手段，其发展方式与其他所有器官和系统一样神秘莫测。然而，自我意识的功能并不只是感知，它还要去吸收这些警告信号。出于这个目的，自我甚至在遭受痛苦的时候，也不得不对它们保持距离，如果它想做出恰当的反应的话。作为记录意识的中心，自我保持着超脱的态度。自我是一种分化的器官，为了保证整体的利益执行着控制功能，但它与意识并不相同。

自我最初只是无意识的一个器官，受到无意识的驱动和指引，去追逐无意识的目标，无论这个目标是事关生存的个人目标（如饥渴感的满足），还是物种的目标（如性行为中对自我的控制）。深度心理学的发现已经举出大量证据，证明了意识系统是无意识的产物。事实上，这一系统对其内在无意识基础深刻而深远的依赖，是现代的重大发现之一。就此重要性而论，它对应着个体对集体同样深刻和深远的外部依赖。

虽然意识是无意识的产物，但它是一种非常特殊的产物。所有的无意识内容，如情结，都有一种特殊的倾向，即努力坚持自己的权利。像活生生的有机体一样，它们吞噬其他情结，用它们的力比多壮大自己。我们可以在病理学中，在固着或强迫性的想法、狂躁和附体状态中，甚至在非常有创造性的过程中——此时"工作"会吸收和耗尽所有外来内容——看到，一种无意识内容是怎样获取其他内容为自己所用的，它如何消耗它们，奴役它们，整合它们，用它们构建一个为它所主宰的关系系统。我们在正常人的生活中也发现了这一过程，比如当一种想法——爱情、工作、爱国心或其他——高于一切，我们还要牺牲其他的想法来主张自己时。片面性、固着、排他性等,都源自情结的这种倾向:所有的情结都想要使自己成为中心。

然而,自我情结的独特性是双重的。与其他情结不同,它倾向于聚集成意识的中心,想要把其他意识内容集结在它周围。其次,它的定位比其他任何情结都更朝向整体性。

中心化倾向不停地努力,以确保自我不只是无意识的一个器官,而是越来越多地成为完整性的表现。也就是说,自我会反抗试图控制它的无意识倾向。它不允许自己被占据,而是学习在与内外世界的关系中保持自己的独立性。

虽然在自然领域,个体会屈服于群体,以促成物种关于繁殖和变异的意志,但是这种大母神意志会愈演愈烈,发展成与自我意识的争斗。自我意识不甘心只是集体意志的执行者,而越来越想成为反抗大母神集体意志的独特个体。

所有的本能和冲动、所有的返祖现象,以及所有的集体倾向性,都能够与大母神意象相结合而与自我对立。因为内容多样,与大母神相关的象征数量也非常巨大,所以,大母神意象获得了一种令人困惑的混合特征。这些特征正好与无意识相一致。在《浮士德》中,它们的象征是"母亲们"。

作为最后诞生的事物,自我意识不得不为自己的地位而战,以便在它受到内部大母神和外部世界母神(World Mother)袭击时保证自身的安全。最终,它不得不在长期艰苦的斗争中扩展自己的疆域。

随着意识的解放和它与无意识关系的日益紧张,自我发展来到了另一个阶段。在这个阶段,大母神不再友好、善良,相反,她变成了自我的敌人,即恐怖母神。乌罗波洛斯的吞噬面向被体验为无意识毁灭意识的倾向。这等同于一个基本事实:自我意识不得不从无意识那里争夺力比多,以保证自身的存活。如果它不这样做,它的特殊成就就会重新陷入无意识，换句话说，它会被"吞噬"。

因此，无意识对它自己来说并不是毁灭性的，也不会被整体体验为具有毁灭性的，只有对自我，它才如此。这对自我的进一步发展来说十分重要。只有在早期阶段，它才会感到被威胁、脆弱，才会抗议无意识的毁灭性。后来，当人格感到自己不但与自我，还与整体结盟时，意识便不再感到自己像青春期自我那样受到严重的威胁了，而现在，无意识也会呈现出其他面向，而不是危险和毁灭的面向。

被自我体验为毁灭的，首先是无意识自身压倒性的能量负荷，其次是其自身意识结构的弱小、不足和惰性。这两种因素都投射在反面人物的原型中。

这一意象的出现引发了恐惧，它是部分意识系统中的防御反应。但是，它作为一种意象，变得可见，这一事实表明意识正变得更加强壮，也更加警觉。迄今为止，由无意识施加的浑浊的吸引力量集结成了一种消极的品质，对意识与自我充满敌意，一种防御机制因此开始运作。对无意识的恐惧引发了阻抗，并因此导致了自我的加强。诚然，我们总会发现对无意识的恐惧。通常而言，恐惧是中心化倾向试图保护自我的征兆。

随后，自我对无意识的阻抗从恐惧和逃离变成"游荡者"的挑衅姿态——"游荡者"是这一过渡阶段的神话典型，并最终演化为英雄的好斗性。英雄会积极地支持意识与化身为龙的无意识争夺地盘。

在关于"游荡者"的神话中，我们清楚地看到无意识的攻击意图，占主导地位的大母神是青春期意识的自我的主要威胁。自我——作为一个意识中心，在中心化倾向的帮助下系统化自身——暴露于瓦解性的无意识力量之下。我们需要注意的是，性只是这些力量中的一种，而且不是最重要的一种。无意识内容淹没意识的倾向对应着"被附体"的危险：就算在今天，它仍是"灵魂"最大的风险之一。一个意识被特殊内容附体之人，拥有巨大的动力（即无意识内容），但是这抵消了自我为完整性（而不是为个体内容）服务的中心化倾向。因此，瓦解和崩溃的危险变得尤为突出。无意识内容的附体引发了意识的丧失，具有一种沉醉效应。因此，被它摧毁的人始终处于大母神的支配之下，会重蹈她所有年轻情人的覆辙：要么娇弱、被阉割、变成女人，要么发疯、在被肢解后死去。

意识自我系统和无意识身体系统日益紧张的关系是一种心灵能量的来源，这种心灵能量将人类与动物区分开。中心化倾向是创造法则的表达方式，它使这种分化和个体化成为可能。在人类中，只要一个个体是自我的载体，这种法则就会被施加于他身上。

自我和意识是中心化无意识力量的器官，而中心化倾向会在这种联合中创造统一与平衡。它不仅承担着调节的任务，而且是富于生产力的。从本质上来说，有机体不仅要运用精密调整来维持整体的地位，还要扩展它触及的经验领域，以便在自身发展出更大、更复杂的统一性。

被我们称为滋养型的乌罗波洛斯，在一开始就不得不通过有效的创造性法则来取得成果。这一法则不但会指导生命力量的新陈代谢，而且会保证平衡，完成补偿，它还会带来新的统一体的发展，引发新器官和器官系统的产生，并在创造性实验中大显身手。至于这些创新——就其执行和适应能力而言——如何被测试，是一个次要问题。对于这个问题的解决，进化论已经做出了重要的贡献。然而，要解释这些创造性实验本身，是另一回事。我们还不能成功地证明，器官是因无数的偶然变异的积累而产生的。用这种方式来解释器官的分化很容易，但用它来解释它们是如何经由逐渐关联而产生的，却不那么容易。

神话把创造法则表现为乌罗波洛斯的自体再生的特质，它与创造性自慰的象征相关联。这一象征性自慰与后来的、显著的生殖器阶段无关，仅仅表现了创造性乌罗波洛斯的自主与独裁。这个乌罗波洛斯可以自体繁殖，自体怀孕，自体生育。"闭合环"的阶段变成了一种创造性平衡，而且，在过去静态、被动的地方，现在有一种动态群集夺取了专制控制。在这里，最合适的象征不是静止的球，而是"自转的轮子"。

人类的历史发展和心理发展表明，个体对人类的重要性就像自我和意识对无意识的重要性。在这两种情况下，最初形成的是整体的器官和工具，它们被认为具有特殊的活动能力。从进化的视野来看，这种能力被证明是富有成效的，尽管它也会制造冲突。

中心化倾向是一种不可削减的、统一的功能，它从人类出生起便存在于人类的心理生理结构之中。它的目标就是统一，它也是统一性的表达，帮助自我进行形构。也就是说，它把自我制造成意识系统的中心。这个意识系统由聚集在这个自我核心周围的内容和功能组成。

于是，这一整合过程将大量单个细胞和细胞系统统合为身体—心理单位。与此同时，分化过程也制造出一个与无意识分开的自主意识系统。这两种过程都是中心化倾向的表现形式和影响。意识系统不但是建立内外关系的中心交换机，也是有机体创造驱力的表现形式。在生物和动物领域，这种驱力必须经过很长的时间才能发挥作用，但是在人类的意识中，它已经进化成一种省时的器官。通过它，创新可以在更短的时间内被测试。人类文化就是这种创造驱力实验的产物。鉴于人类文化的里程尚短，现在我们还不能说它成功了。但是，我们不能否认这样的事实：与生物进化相比，在人类意识塑造人类文化的有限时间过程中，最特别的变化已经发生了。作为意识的工具，科学和技术已经创造出了大量的人造器官，快速的进步和创造性发明的多样性足以证明它们的绝对优势。相对而言，生物学上器官的形成和发展实在是太缓慢了。由于意识在创造工作中的帮助，生命实验似乎成了一个意外之喜。

我们做这些评论的口气是拟人化的和目的论的。但是，一旦意识开始审视自己和其历史，它就必然把自己体验为整体的创造性实验的典型。这一事实给我们的拟人化观点赋予了新的重要性和新的理由。毕竟，与掩盖人类精神存在这一基本事实，并用反射作用和行为主义来解释相比，把意识看作生命的一个实验性器官从科学上说要合理得多。这样一种假定（人类创世神话之初，有一种创造法则，这一法则被置于世界肇始）使人类体验到了自己的创造力，并通过投射体验到了上帝的创造力。这一切不知比创造性进化思想的发现早了多少年。

作为传统的载体，人类意识在集体层面接管了之前由生物因素所扮演的角色。现在，器官不再是遗传的（inherited），而是传递的（transmitted）。由此出现了一种意识的精神世界，它作为人类文化，坚持其生命和天性的独立性。在这一精神世界中，个体——作为与之相关的自我和意识法则的载体——的重要性高于一切。成熟的自我之原型（英雄）努力挣脱无意识力量的控制。他是榜样，是杰出个体，所有个体都参照他发展。

在审视那些可能危害无意识权威的因素之前，我们必须粗略地描绘出各阶段的轮廓：从自我的胚芽被包含在乌罗波洛斯中，到自我的英雄战斗阶段。在追踪这些神话的象征性事件的过程中，我们只能暂时用心理能量的术语来解释。

从乌罗波洛斯阶段过渡到大母神阶段，意识特征是自我的进一步发展和意识系统的加强，以及从不可塑时代过渡到可塑时代。

可塑时代是宇宙仪式的神话时代，是宇宙和神话事件演变的再现。原型作为宇宙力量，首先出现在星体神话、太阳神话和月亮神话以及与它们有关的仪式中。这是一个伟大神话的时代，这时，原始神祇的宇宙形象——大母神和大父神——从不确定的力量的流体团中结晶成形，从"史前巨大的、卵生的上帝"中显形[1]，并开始呈现出造物神的样子。

---

[1] 罗德（Rohde），《心灵》（Psyche）。

乌罗波洛斯式的总体神性——被设想成"至高上帝"那样的无定形的完美——被原型诸神继承下来。同样，他们仅仅是集体无意识投射的最遥远的可能对象——他们在天国上。但是，此时并没有成熟的自我意识，也没有任何有效率的个人性，因此人类不可能与发生在"天国"的宇宙事件产生联系。刚开始，所有形象似乎都是无名的，他们只是作为神反射在天国的镜子中，没有经由人和他的人格这个媒介，也没有在这个过程中得到改变。

神话对创世的处理，以及最初一系列神祇及其斗争，要到较晚的时期才能为我们所了解。那时，抽象推理哲学已经对它们进行了再处理。但是早期神话基础一直是存在的。本土的神话和仪式随之在各地萌芽，这些都有助于伟大神祇的形成。把许多单独的崇拜对象组合成更有名望的神祇形象并不是最重要的。重要的是，母神和父神——天国和尘世的男神和女神——作为大人物，作为自我中心的重要因素受到了崇拜。他们有明确的特征，他们不再是潜伏于超自然背景中模糊的、神奇的鬼怪。

只要我们审视一下历史的发展，就会不止一次地发现：可见的形式是如何从无形中诞生的；确定性是如何从不确定中产生的；从鬼神—动物层面浮现出来的力量中心，是怎样被赋予独特的人类特征的。关于这一点，最清楚的例证莫过于希腊宗教的发展。奥林匹斯的诸神是这一先进配置的最好例子——它们超越了模糊神秘（numinosity）的古代阶段[①]，尽管如果不考虑明晰程度的话，相同的发展随处可见。

可塑时代的神话指出，在诸神的生命中，在人类对它们的体验中，有一种日渐增长的人性化。原始的守护神是宇宙性的，受一种象征意义的控制。这种象征意义的力量—内容（power-content）会使其形式变得

[①] 默里（Murray），《希腊宗教的五阶段》（*Five Stages of Greek Religion*）。

模糊。与之相反，现在，神与人越来越相似。过去，人们认为战斗和事件是一种宇宙现象，或者是诸神之间的冲突，而现在，它们已经降临到了人类层面。

自我意识和无意识关系的最初各阶段以依赖和阻抗为特点。在乌罗波洛斯中，未从无意识中分化的阶段仍然能被明确地体验到，但在以大母神为象征的阶段，儿子的依赖，虽然最初是积极的，但很快就呈现出消极的形式。

由大母神象征的乌罗波洛斯无意识是一种系统，这种系统必须放松它对自我和意识的控制，或者更确切地说，如果想要无摩擦地发展，它就不得不放松其控制。

但是，我们始终会在心灵经验中遇到的一个事实是，发展总是间歇性发生的。这里会存在力比多的滞留和堵塞，因为力比多不可避免地会受到新发展阶段的侵害。"旧系统"通常会赖着不走，直到对立力量强大得足以战胜它。同样，在这里，"战争是万事之父"。心灵系统拥有一种内在稳定性，荣格认为这是一种力比多的惯性（the inertia of libido）。每一种系统——每一个原型对应着一组确定的内容，这些内容组成了一个系统——都有自我保存的驱力，体现在对这一系统的占有和保持之中。只有当自我系统比保持系统有更多力比多使用时，也就是说，只有当自我的意志强得足以摆脱对应的原型时，解放和自由行动才有可能实现。

自我发展的更高阶段

意识日益增长的独立性在英雄神话中迎来了它的转折点。在此之前，它一直在其无意识起源面前相形见绌。它经历过乌罗波洛斯式的自我毁灭，也经历过青春期的反抗。在这个发展过程中，我们可以清楚地看到自我的活动在稳步加强，它与无意识也产生了两极分化。在这个过程中，无意识最初被体验为天堂，然后被体验为危险又令人迷醉的事物，直至最后被体验为敌人。随着自我活动和其力比多强度的增加，象征意义也发生了变化。最初，植物象征最突出，它们是被动的、属于土地的。年轻人就是植物神——花神、谷神或树神。他在收获时死亡，并在种子中得到重生。这符合母权社会的自然节奏。在这里，性是使土地变得肥沃的工具，它遵循发情期的周期性，与自我意识的世界毫无关系。①

植物象征意义的优势地位不仅意味着自主神经（交感神经）系统在生理学上的支配作用，从心理学上说，还意味着，这些不需要自我的协助就能进行的生长过程是具有优势的。但是，这些独立性都只是假象，自我和意识在这一阶段的特点在于，它们依赖于它们扎根于其中的、具有决定性的无意识基质，也依赖于这一基质所提供的营养物。

随着自我意识活动的增加，在植物象征之后，我们迎来了动物象征阶段。在这个阶段，男性虽然仍然从属于"野兽的女主人"，但他们把自己体验为鲜活的、积极的、野蛮的动物。这最初听起来有些自相矛盾，因为动物阶段看似更契合于无意识力量的加强，而不是自我的巩固。

在动物阶段，自我确实在很大程度上等同于其本能部分，即无意

---

① 布里福尔特（Briffault）在《母亲》（*The Mothers*）一书中就主要的、攻击性性本能和社会择偶本能进行了区分。在动物世界，性本能常常伴随着撕咬，有时伴侣会真的被对方吞掉。我们认为，在这种情况下，在前性（presexual）阶段，滋养的乌罗波洛斯处于支配地位，也就是说它提供养料的功能超越了性本能。

然而，我们不能全盘接受布里福尔特这种物质化的解释。只有在特殊情况下，性本能才会荒谬得使雄性吞下已受精的雌性。但是受精的雌性吃掉雄性，却是天经地义的事；它对应的是恐怖母神的原型。此外，它预示着在受精过程中，雌性卵子对雄性精子的吞噬。一旦性本能消退，繁殖完成，母性乌罗波洛斯的滋养作用就会再次占据主导地位。对她来说，最重要的是通过食物的摄取来发展母婴的总体性，也就是说，促进生长。被吞食的雄性是一种可以提供养料的食物，和其他食物一样，是和她无关的对象。无论如何，雄性所唤起的短暂性本能冲动不会产生，也不可能产生情感依恋。

识的载体。"女主人"是这一行动"背后"的指导力量,但是男性化的自我现在已经不再具有植物性,也不再是被动的了:它是主动而充满欲望的。自我的意向性已经获得了强大的势能,因此,它不再是"我被驱使""我徒有冲动",而是知道"我想要"。之前一直沉寂的自我,因为动物的本能而变得活跃。换句话说,本能冲动与自我和意识有了交流,被自我和意识接管,它们的活动范围也得到了延伸。

在最初的意识阶段,中心化倾向表现为自恋。这是一种泛化的身体感觉,在这种感觉中,身体的统一是个人性首要的表现形式。与身体的这种奇妙关系是中心化倾向的基本特征,对自己身体的爱、对它的修饰和神圣化,构成了自我形构的最原始阶段。一个显著的例子是文身在原始人中很盛行。另外,个人的文身并不遵照千篇一律的集体模式,这是表现某人个人性最早的方式之一。个体因为自己独特的文身形式而被识别,并被与他人区分开来。个人性的文身显示的是他的姓名,以及他更亲近、更认同的圈子的名字——部落、种姓、宗派或行业协会。世界的图式与身体图式有着神奇的对应,这同样属于这一早期自恋阶段。在这一联系中,"表达"个体特征的倾向,以及在某个人身上展示这个联系的倾向,直到今天依然存在——从服饰和时装到军事勋章,从王冠到军服的纽扣都属于这一范围。

离开自恋的身体阶段,自我便来到了生殖器阶段。在这一阶段,此人身体的意识和他自己恰好与一种激昂的、急切的男性特质相一致。这一转换期的特点是,有许多现象都强调了"过渡性"。[①]天神和祭司雌雄同体的形象,以及对原始双性体的乌罗波洛斯大母神的崇拜,都显示

---

① 卡朋特(Carpenter),《原始人中的中间类型》(*Intermediate Types among Primitive Folk*)。

了从女性化（无意识）到男性化（意识）的过渡。①

性欲倒错只是由这个原始阶段支配的病态表现。这个阶段并不等同于性欲倒错，因为这一阶段除了有这种病态的表现，还存在着积极的、有效的表达方式，这些方式在广泛的文化领域中发挥着作用。②

阳具崇拜③是象征性的，它象征着人类的男性特质还处于意识的原始阶段。渐渐地，男性才认识到他自身的价值和他自己的世界。男性的首要愿望是交配，而不是成为父亲。就算在男性生殖器被当作繁殖工具受到女性崇拜时，它也更像是一个子宫的开启工具——在一些原始人中就存在这种情况④，而不是种子的给予者。它更像是快乐的提供者，而不是生育者。

最初，阳具崇拜可能与繁殖神崇拜并驾齐驱。性快感和阳具体验是放纵性的，并不必然与繁殖有直接的关系。生下神的处女母亲、崇拜阴茎的女祭司，对应着两种不同的附体形式。在这里，男性生殖器和具有繁殖能力的天神并不等同。

在神话中，拥有阳具的阴暗神祇是大母神的男宠，而不是特定男性的代表。从心理学上讲，这意味着生殖器的男性特质仍然受制于身体，并因此在大母神的控制之下。它仍然是大母神的工具。

虽然在生殖器阶段，男性化自我有意识地、主动地争取追逐着它的特定目标，即本能的满足，但在很大程度上它仍然只是无意识的器官，

---

① 毫无疑问，生物意义上的中间类型同样在这里起作用，但是原型的，即心理的状况，比生物学上的更重要。

② 许多"倒错"的内容——在性生活中成为优势的部分——在这个受大母神支配的神话中间阶段都有其原型。在神话中，它们是超个人的，也就是说，它们是超人格的，与人格无关。因此，事件也具有永恒的形式。因为它们是象征，就其本身而论，它们有魔力效应。只有当它们涉足狭义的人格范畴时，才会变成"倒错"，成为病理因素，因为这些神话和超个人的"漂砾"成了异物，阻碍了个体的发展。

③ 在这里，我们没有考虑适用于女性的特殊条件。

④ 马林诺夫斯基，《父性与原始心理》（*The Father in Primitive Psychology*）。

不能理解交配中产生的性满足和繁殖之间的联系。事实上，本能要完成自体繁殖，取决于物种的意志，这在很大程度上仍然是无意识的。

随着在生殖器崇拜中男性阴暗因素越来越意识化，男性特质获得了力量，完成了自我实现，并且它之中主动的、好斗的成分也得到了发展。同时，因为大母神在男性无意识中的支配地位，男性——甚至在他们成为社会领袖之后——可能仍屈服于伟大而神秘的繁殖女神，把她尊崇为女性的代表。

于是，阳具崇拜日益增长的权势把家庭团结在它的统治之下。最终，我们迎来了母权和父权之间的心理斗争，以及男性特质对自身的修正。

对自我的强调导致乌罗波洛斯阶段发展至雌雄同体的阶段，再发展到自恋阶段。这一阶段最初是自慰性的，代表着一种原始的中心化倾向形式。接下来是生殖器—阴暗的男性特质阶段，它受制于身体领域；紧跟其后的是另一种男性特质，此时，意识的活动已经成为自主自我的特定活动。换句话说，意识——作为头脑的"高级男性特质"——获得了对自身实相的知识，即有了自我意识。这种高级的男性特质是"高级男性生殖器"的男性特质，头脑成了创造性的领悟的所在地。

自我意识的发展，与使它自己独立于身体的倾向同步进行。这种倾向最显著的表现是男性的禁欲主义、对世界的否定、身体的苦修和对女性的仇视，同时，这种倾向也被用于青少年的成人仪式中。这些忍耐测试的重点在于强化自我的稳定性，增强意志和巩固更高级的男性特质，建立超越身体的意识优势感。在超越它，战胜了它的痛苦、恐惧和欲望之后，自我获得了其自身男性精神性的基本体验。更高的精神法则会给这些苦难添加启示。这一启示可能是由个体或集体的异象中的精神存有赐予的，也可能是通过秘密教义的交流来获得的。

然而，所有启蒙仪式的目标（从青春期仪式到宗教神秘仪式）都是转化。这些仪式会孕育更高级的人。但是这个更高级的人是拥有意识之人，或者，正如祷告语所说的那样，是拥有更高意识之人。在他之中，人会体验到他与精神世界和天国的亲密关系。无论这种关系的形式是人成为神，还是新信徒成为上帝的孩子或无敌太阳神（sol invictus），或是英雄成为星星或天主的天使，或是认同自己就是图腾祖先，可以肯定的是，这些形式是殊途同归的。他总是会与天国，与光和风这些精神的普遍象征建立联盟，而这些精神象征已然超越了尘世、身体和身体的敌人。

天国是神与天才（genii）的栖息地，象征着光明和意识的世界，它与尘世的、与身体相关的无意识世界形成鲜明的对比。观察和学习是意识的独特功能，光明和太阳这些超个人的天国因素是其更高身份，而眼睛和头部是与意识鉴别力紧密相关的生理器官。因此，在象征心理学中，精神性的灵魂从天国降下来，在心理生理结构中，它被分配给头部，正如在神话中，灵魂的失去被表现为失明，表现为太阳马（sun-horse）的死亡，或表现为跌入海中——男性特质的颠覆总是伴随着退行。它会引起高级男性特质的分解，使人类退回低级的生殖器官形式并因此失去意识，失去知识之光，失去眼睛，堕入与身体密切相关的低级的兽性世界中。

恐惧是中心化倾向的征兆，是一种警示信号，被用来警告自我。我们可以从退行恐惧中很清楚地看到这一点。此时，自我害怕退回到会摧毁其新形式的老旧形式中。一个系统的"自我保存倾向"决定了其快乐—痛苦的反应。①

一旦系统发展过快，为下一阶段的自我带来痛苦，快乐特质就只关

---

① 分解的威胁来自两个方面：一是退行至较低水平，二是前进到较高水平。因此，从快乐到恐惧，再从恐惧到快乐，这一摆动在自我发展的各个过渡阶段（比如在儿童期和青春期）最为明显。

乎上一个自我阶段了。因此,只有对仍然包含在乌罗波洛斯中的弱小的自我核心来说,乌罗波洛斯乱伦才是快乐的。但是随着自我不断壮大,乌罗波洛斯式的快乐变成了对大母神的乌罗波洛斯式的恐惧,因为这一快乐隐含着退行和母权阉割的危险,而母权阉割就意味着灭绝。

战胜恐惧因此成了自我——英雄的基本特征。这位英雄敢于迈出进化的步伐,飞跃到下一个阶段,而不像普通人那样固着于现有的系统,成为新系统的顽敌。英雄在这里表现出了真正的进取精神。他,孤身奋战,战胜了旧阶段,成功地挣脱了恐惧,并将恐惧转化成快乐。

第五章　系统的分化

（神话阶段：世界父母的分离及龙战）

中心化倾向及分化

人格的进一步发展取决于一分为二的意识系统及无意识系统，或者说取决于它们的分离，因为仅仅在西方意识的后期发展中，分离才呈现出更危险的分裂形式。这一发展在神话中被描述为世界父母的分离和英雄神话的阶段，而且英雄神话的某些部分也包含在前者之中。

经由世界父母的分离，天与地有了区别，两极产生了，光明获得了自由。它是自我的一种神话表现，介于低处的、阴性的大地和身体世界与处于高处的、阳性的天国和精神世界之间。但是因为意识和自我始终把到自己经验为阳性的，所以这一处于低处的大地世界被看作大母神的世界，并因此成了自我的敌人，天国却被体验为与自我友好的精神世界，并在后来被拟人化为众神之父（ALL-Father）。

世界父母的分离是英雄斗争的宇宙形式，这是用神话来描绘个体的解放。它的首个阶段是战胜大母神龙，使个体和自我意识系统挣脱她的统治。

人格现在可以沿着中心化倾向的进程继续前进了。中心化倾向，通过联合、系统化和组织，强调了自我的形成，并把意识原来分散的内容纳入了一个单一的系统中。

面对有过度控制倾向的无意识，意识的主要任务是与它保持距离，巩固和保卫自己的地盘，即加强自我的稳定性。随着时间的流逝，自我越来越意识到它的不同和独特，可供意识系统使用的力比多（我们即将描述这一过程）也增加了，而且自我从被动地自卫发展为主动行动，开始征战。在神话中，这一阶段被归入双生兄弟的主题。

我们在讨论恐怖男性的内容时指出，乌罗波洛斯和大母神的毁灭性男性力量面向是怎样被自我同化，并与人格和意识协调一致的。敌人原型的一部分——一个集体无意识角色——被融入了个人系统之中。

这个敌人代表了黑暗力量，具有超个人的特征，如古埃及的塞特、毒蛇阿佩普或杀人的公猪。一开始，被动或尚弱不禁风的青春期自我意识是他的牺牲品：原型的能量负荷更强大，自我意识因此被扼杀。然而，在双生子阶段，青少年体验到一部分毁灭性力量，并把它当成他个人的占有物。他不再只是大母神的受害者，但是，他只能通过自残和自杀消极地吸收这种毁灭性倾向，而这种毁灭性倾向转而成了他的敌人。自我中心获得了无意识的这种攻击性倾向，并把它变成了自我的倾向性和意识内容。此时，虽然大母神指向自我的毁灭性意图现在已经意识化了，但是她仍然会将旧有对象锁定在视野范围内。在自我抵抗大母神的同时，她也在有意识地实现着自己的毁灭方针。最初，自我被出现在意识中的新内容——敌人的原型——压倒，并沉没了。但渐渐地，自我越来越认识到这种毁灭倾向不仅来自无意识的敌意内容，也是它自身的一部分。于是，意识开始合并它、消化它和同化它，换句话说，意识使它意识化。现在，毁灭已经与其旧对象（即自我）分离，并成了一种自我功能。自我现在至少可以从自己的利益出发部分地利用这一倾向了。事实上，正如我们说过的那样，自我在对无意识的斗争中，已经"转守为攻"了。

无意识毁灭倾向的同化与意识的"消极"特征密切相关。这不但表现在意识有能力将自己与无意识区分并与之保持距离，还表现在意识能够运用这种能力，在不断更新的尝试中，将世界统一体分解为多个对象，从而使它能够被自我吸收。意识的同化力量使它能够理解对象，首先将其理解为意象和象征，然后是内容，最后是概念，意识吸收它们并在新的秩序中排列它们。意识这一力量的前提条件就是这种分析功能。通过这种方式，无意识的毁灭倾向变成了意识的一个积极功能。

在意识的分析—还原功能中，始终存在着一种积极的防御无意识的因素，抵御着被无意识压倒的危险。每当我们遇到刀、剑、武器等象征时，这种消极行为是显而易见的。在创世神话的浩瀚世界中，龙先要被砍碎，然后才能在其被肢解的尸体上建立起新的世界。正如我们必须先将食物切碎，才能更好地消化吸收它们，将它们纳入有机体的结构之中，乌罗波洛斯巨大的世界统一体必须被击破和分割为不同的对象，才能被意识吸收。

无意识的乌罗波洛斯倾向——毁灭其所有产物，以便吸收它们，使它们恢复到新的、变化了的形式——会在自我意识的更高水平中重复。同样，在这里，分析过程先于综合，而分化是后续整合必不可少的条件。①

从这种意义上说，所有认识都依赖于一种合作的攻击性行动。心理系统，甚至对更广的意识本身而言，都是分解、消化、重建世界和无意识客体的器官。我们身体的消化系统也是如此，在生物化学意义上分解物质，并用这些物质创造一种新的结构。

在龙战中，英雄的行为就是那个有行动力、有意志、有辨别力的自我的行为。这个自我摒弃了年轻时那种被动防御的态度，试图找出危险，采取新的行动，做新的、不同寻常的事，通过斗争来获取胜利。大母神的至高无上、她通过身体的本能力量来实施的控制，被自我的相对自主性取代，被更高级精神的人的相对自主性取代，这个人拥有自己的

---

① S·施皮尔莱因（S. Spielrein），《破坏的原因》（*Die Destruction als Ursache des Werdens*）。

意志、遵循自己的理性。浮士德从大海中夺取土地象征了原始的英雄意识行为，代表着意识从无意识那里夺取新领土，将它置于自我的控制之中。在青春期的水平，其主要特点是被动、恐惧和对无意识的防御，但是到了英雄的层次，自我鼓起了勇气，由防御转为进攻。无论这一进攻是内倾的还是外倾的，都无关紧要，因为这两侧都被化身为龙的大母神占据，无论我们将她称为自然、世界，还是无意识心灵。

接着，我们来到英雄主动乱伦，英雄与大母神斗争并打败她的阶段。龙令人敬畏和激励人的特质，从本质上说存在于大母神的力量中，大母神引诱自我，并在母权乱伦中阉割它，毁灭它。被融合的恐惧会阻止自我退行至大母神和乌罗波洛斯之中，它是自我系统反抗退行的保护性反应。但是，当自我不再停留于"斗士"阶段时——这一阶段由对大母神的恐惧主导——它就必须战胜曾经保护过它的恐惧，去完成它最害怕的事。它必将将自己暴露于乌罗波洛斯母龙的毁灭力量中，而不让自己被摧毁。

通过战胜它的恐惧，通过真实地进入乌罗波洛斯大母神中，自我把它的高级男性特质体验为一种持久的品质，不会死亡，不可摧毁。它的恐惧也变成了快乐。恐惧与快乐之间的这种联系在普通人的心灵中发挥着决定性的作用，并且对于神经症患者的心灵尤为重要。在这一发展阶段，也只在这一发展阶段，性行为变成了努力"处于上端"的象征，阿德勒用"权力驱力"这一术语来描述这种情况真是太恰当不过了。[①]但是这一象征意义的强迫性重复——正如在许多神经症患者身上发现的，无论是有意识还是无意识的——意味着龙战的原型阶段还没有被超越，自我仍被囚禁其中。在大多数情况下，失败并不表现为被阉割和肢解——如在大母神阶段，失败有时表现为被击败和被俘获，有时也会表

---

① 阿尔弗雷德·阿德勒（Alfred Adler），《神经官能的建构》（*The Neurotic Constitution*）。

现为失明。

正如参孙和俄狄浦斯的失明，被俘获——在许多神话和神话中都会表现为被吞食——比起被肢解和生殖器被阉割，是一种更高形式的失败。说它是更高形式的，是因为这一阶段的失败影响着发展程度更高和更稳定的自我意识。因此，这种失败与阉割和死亡不同，也和失明在某种意义上有所区别，它不是最终的结果。比如，在被征服之后，他紧接着就被英雄解救；他虽然被击败，但最终取得了胜利。意识虽然孤军作战，却能够在囚笼中坚持，等待救援的到来。救援所呈现的不同形式对应着进步形式的不同。比如，虽然俄狄浦斯悲惨地杀父娶母，但他仍然是英雄；参孙超越了他的失败，像胜利者一样死去；忒修斯和普罗米修斯被赫拉克勒斯解救；等等。

同样，战死沙场的自我—英雄被摧毁的不是个体的人格，在这个意义上，自我会在乌罗波洛斯乱伦或母亲乱伦中被抹杀。自我在神话的各原型阶段大踏步前进，开始朝着龙战的目标进发。我们已经知道，龙战意味着永恒和不朽。通过这场斗争，英雄变成了超人类和不可毁灭的，就人格的发展而言，这才是宝藏最终及最深层的含义。

我们并不想在这里重复第一部分的内容。世界父母的分离、光明的创生、英雄神话与意识发展和意识分化的关系，我们已经在第一部分谈过了。我们心理学的任务是指出自我从无意识中分离，并将自己构建成为一个相对独立的系统，即指出个体人格是怎样形成的。我们不得不审视个人与个体是怎样将自身从超个人和集体中解放出来的。

原型的分裂

意识从无意识中分离出来可能受到下列影响：（1）原型和情结的碎裂或分裂；（2）无意识地位的降低和无意识的缩小；（3）超个人内容的二次个性化；（4）那些吞没自我的情感因素的枯竭；（5）依靠无

意识进行的抽象过程首先表现为意象，随后是想法，最终是概念。所有分化都有助于人格系统从分散的超个人意识——它不知道个体为何物，纯粹是集体的——中形构出来，这个人格系统的最高表现形式存在于自我意识中。

为了追踪意识的发展，我们有必要区分无意识的两个组成部分。这就涉及区分集体无意识中的物质内容与情感或动力内容。作为一个意象，原型不仅代表某种或多或少可以为意识所接近的内容，而且会对人格产生情感和动力影响，无论是单独地还是与其内容联合起来。"原型分裂"是一个过程，意识会试图通过这个过程从无意识中争夺原型的物质内容，以满足它自身系统的需要。

鲁道夫·奥托（Rudolf Otto）这样描述"圣秘"（numinous）：它是令人敬畏的神秘事物，迷人而至福，是"全然他者"（wholly Other），是神圣者。[①]这种"圣灵存在"是自我的核心体验，关乎每一种原型。它是自我对集体无意识的基本体验，也是对原型投射其上的世界的基本体验。实际上，无意识世界似乎是圣秘的延伸。它有着不可思议的多样性，似乎它的各个面向已经相继（或作为一个总体）分裂成集体无意识的单独形象，以便自我能体验到它们。在发展过程中，即从不可塑阶段到可塑阶段的过渡中，集体无意识分裂成了原型意象的形象化的世界，而且，同样的发展路线也引发了原型自身的分裂。

情感成分的枯竭：合理化

对意识来说，分裂的意思是指原始原型分解成大小相当的一组相关原型和象征。或者更确切地说，这一群体可能被认为是包含一个未知和无形中心的圆周。分裂的原型和象征现在更容易被理解和同化，因此它

---

① 《论神圣》（*The Idea of the Holy*）。

们不再能够压倒自我意识。这种对原型的散乱体验——一个接一个，从不同的侧面——是发展的结果。在这种发展过程中，意识学会了保护自己不受原始原型的影响。原型的神圣和庄严——正如原始人最初体验到的那样——是象征的原型群组的统一，也是在一个分裂过程中消失的未知量。

让我们以大母神原型为例。它结合了令人眼花缭乱的矛盾面向。如果我们把这些面向都看作大母神的特性，列出它们的原型特征，那么它自身就是我们正在描述的这个过程的结果。一个成熟的意识可以识别这些特性，但是一开始，原型会按照集体的原则，在其悖论本质尚未分化的无限丰富性中，作用于自我。这是自我被原型吞没、意识失去方向的主要原因，因为原型从心灵深处浮现，总是新鲜的、有差异的、意外的而又异常生动的。

因此，大母神是乌罗波洛斯式的：令人恐惧并吞噬一切，又仁慈而具有创造力；她既是一个帮助者，同时又具有迷惑性和破坏性；她是令人发狂的女巫，又是智慧使者；她兼具兽性和神性，既是沉溺酒色的妖妇，又是不可亵渎的圣女；她极为古老却青春永驻。[①]

当意识分割世界父母时，原型的这一原始二价性及其并列的对立面就会被撕扯得支离破碎。向左，有一系列负面的象征——死亡母神、巴比伦大淫妇、女巫、龙、摩洛神；向右，是一系列正面的象征，其中有善良的母神，如索菲亚和圣母玛利亚，她们给予生命，提供滋养，引导重生和救赎。这边有莉莉丝，那边就有圣母玛利亚；这边有蟾蜍，那边就有女神；这边有血腥的泥潭，那边就有永恒的女性。

原型的分裂在神话中表现为英雄的行为，只有当英雄将世界父母分开时，意识才可能诞生。我们可以在英雄神话中追踪这一分裂过程

---

① 荣格，《母亲原型的心理面面观》（*Die psychologischen Aspekte des Mutterarchetypus*）。

的细节。最初，龙战对抗的是乌罗波洛斯的原始原型，但它一旦分裂，斗争就会转而指向父亲与母亲。最后，在分裂绝对化之后，一个群集形成了。与英雄交战的既有恐怖母神又有恐怖父神；与英雄并肩作战的，既有创造性父神又有圣母。因此，乌罗波洛斯早期未发展的世界变成了人类世界，英雄的生命将它塑造成型。人类，在英雄身上塑造自己的形象，已在上层和下层之间找到了自己应有的位置。

原始大母神原型的力量栖身于原始状态中。万事万物都在那种状态中融合在一起，没有分化。在这个永恒的变化中，它们不能被理解。只在后来，意象才的确从这一基本的统一中浮现，形成了一系列相关的原型和象征，围绕着这一不可名状的中心而转动。大量的意象、特质和象征从本质上说是受意识影响后分裂的产物，意识能够感知、辨别、区分，能够记录从远方传来的指令。意象的多样性对应着潜在态度和潜在意识反应的多样性，与占据原始人的原始总体反应（total-reaction）截然不同。

原型压倒性的动力作用现在受到了抑制：它不再释放突如其来的恐惧、疯狂、狂喜、谵妄和死亡。原始光明难以承受的白色光芒被意识的棱镜打破，变成了意象和象征的彩虹。因此，善良母神从大母神的意象中分裂出来，被意识认识，在意识世界中形成了一种价值观。其另一部分，也就是恐怖母神，在我们的文化中被抑制了，从很大程度上被排斥在意识世界之外。随着父权的发展，这种抑制将大母神简化为善良母神，成为父神的伴侣。她的黑暗兽性面向，她作为乌罗波洛斯大母神的力量，被遗忘了。因此，在所有西方文化中，包括在古代，我们都可以看到父神排挤掉女神后，与他的女伴相携相伴的痕迹。只有在当代，古代的母亲崇拜才被费力地重新发现，在深度心理学中被保留下来。正是深度心理学，挖掘出恐怖和乌罗波洛斯母神的原始世界。对她的抑制是可以理解的，而且从父权角度和意识发展强大的父权倾向角度来看，这个抑制也是必要的。自我意识不得不遗忘这些面向，因为它对深渊的恐惧仍然近在咫尺，让它不安：虽然它打败了龙，但它在这场战斗中的恐惧仍然历历在目。因此，意识担心"真知"会招致退行的命运，俄狄浦斯不正是败在命运的手中吗？于是，意识压制了斯芬克斯，并用委婉的咒语使善良母神登上了宝座。

原型的分裂无论如何都不应该被看作有意识的分析过程。意识的活动有一种分化影响，但这仅仅因为它能够采取不同的潜在态度。一组原型从基本原型中分裂出来，以及对应的象征群的出现，是一个自发的过程。在这个过程中，无意识的活动并没有被削弱。对于意识自我而言，这些原型和象征是无意识的产物，就算在他们被意识状态群集成为一个整体时，也不例外。只要意识没能成功地群集无意识，象征和原型就不会出现分化。意识的系统化程度越强，它就越能锐利地群集无意识内容。也就是说，无意识的表现形式随着意识心的强度和范围不断变化。意识的发展及其不断增加的能量负荷有助于原型的分化，能将它以及原型的象征关系带入焦点。因此，意识的活动至关重要。但是所有的可见变化，如象征本身，仍然依赖于无意识的自发性。

无定形的无意识分解了，进入了原型的图画世界，这使得它们能够被呈现，能够被意识心感知。总体性的控制权不再完全掌握在"黑暗的"冲动和本能手中。相反，对内在意象的感知在部分意识自我上产生了反应。最初，这种感知引发的总体反应很像一种反射，比如，半羊人潘（Pan）的意象就会引发"惊恐"（panic terror）。

延迟反应和去情绪化与原型分解为象征群并行不悖。当意识越来越有能力同化和理解个体象征时，自我便不再被压制。世界越来越清晰，定位的可能性越来越大，意识也得到了扩充。无个性特征和无定形的原始神性令人不可思议地感到恐惧，它无比巨大，不可接近，无法被理解，也无法被控制。如果自我能够体验到它——这本是一个不可能的任务，自我一定会将它的无形性体验为非人的和具有敌意的。因此，我们常常会在一开始时看到一个非人的神，它有着野兽的形状，或者是神和某个可怕的怪物杂交产生的怪兽。这些丑陋可怕的生物表现出自我没有能力体验到原始神性的样子。神的世界越是具有人的特征，它离自我就越近，它也就会失去更多压倒性特征。与原始混沌女神相比，奥林匹斯山上的诸神更接近人类。

在这个过程中，原始神性分裂成不同的神，它们拥有了自己的个人特征。现在，上帝被体验、被揭示出很多面向，每一个面向都是神。这意味着自我的表达和理解能力已经获得了极大的提升。崇拜不断分化，显示出人类已经学会怎样对待神性，并且能够将神性分为不同的神。人类知道神缺少的是什么，知道怎样操纵他们。每个能被看见、能通过仪式控制的神都代表着意识的增进，代表着无意识的意识化。

我们都知道，宗教中的"功能神"（functional gods）最终成了意识的功能。最初，意识没有足够多的自由力比多去完成"自由意志"的活动——犁田、收割、狩猎、打仗等，它不得不祈求那些"理解"这些事情的神灵的帮助。通过仪式性的祈祷，自我激活了"神助"，力比多从而能够从无意识流入意识系统。意识的进步发展同化了功能神，他们作为意识个体的特质和性能——这些意识个体能够按照自己的喜好自由地犁田、收割、狩猎和打仗——继续存活下来。然而，很明显的是，当意识的控制不成功时，比如战争，打仗仍然是战神的职责，这一点就算在今天也不例外。

正如原初上帝被各种各样的象征性神祇团团围住，随着意识的发展，每种原型都被适当的象征群包围着。原初的统一性瓦解了，变成一个原型和象征的太阳系，围绕着一个核心原型，集体无意识的原型关系也冲破黑暗，涌向光明。

再一次地，正如消化系统会把食物分解为基本元素，意识也会把大原型分解成原型群和象征符号。之后，这些原型群和象征符号会作为分裂属性和性质被意识心的感知和组织力量吸收。随着抽象化不断发展，象征变成了重要性各异的属性。因此，原型神性的动物性出现了，成为他的"动物伙伴"相伴左右。随着进一步的理性化，"人性"元素，即他与自我的相近的部分更多地显现出来，以至于天神常常要与这个动物，也就是他自己的动物性对抗。[1]如果这种抽象化，或者象征内容被有同化能力的意识持续消耗继续进行，那么这种象征就会变成一种特性。比如，和所有天神一样，战神马尔斯的最初意义是非常复杂的，但后来却变成了"战争精神"。象征群的这一分裂是朝着理性化的方向进行的。内容越复杂的情结越难被意识理解和判断，意识结构是如此的单一，以至于它只能弄清楚有限范围的内容。就这一点来说，意识的结构与眼睛相仿。在某一个点上，人的视力是最敏锐的，但只有通过持续的眼动，人们才能清楚地看到更大的区域。同样，意识只能聚焦于小部分区域；因此，它不得不把大内容分解成部分，零碎地、逐个地体验，然后通过比较和抽象来学习把握整体的样貌。

　　分裂的这种重要性在面对双重内容时表现得尤为清楚，比如我们在展示大母神原型时就是这样。当积极性和消极性同时存在于人格中时，比如一个人对同一事物既爱又恨，我们就会说，人格具有双重倾向。双重性，是原始人和儿童与生俱来的，对应着由积极元素和消极元素组成的双重内容。这种内容的对立结构使意识不可能进行定位，并最终导致迷恋。意识不断地回归到这一内容中，回到具体化这一内容或被投射的人身上，始终没有能力摆脱它。新反应不断被释放。意识发现自己茫然无措，而此时，情感反应开始出现。所有矛盾的双重内容以相似的方式作用于作为一个整体的有机体，释放出强烈的情感反应，因为意识会屈

---

[1] 弗雷泽，《金枝》。

服，会倒退，而原始机制会取代它。迷恋导致的情感反应是危险的，这相当于无意识的入侵。

因此，成熟的意识会将双重内容分成对立性的辩证法。在被分开之前，这一内容不仅是既好又坏的，而且它超越了好与坏、吸引与排斥，并因此激怒了意识。但是如果有了好坏之分，意识就能够采取某种态度了。它接受和拒绝，定位自身，不会进入迷恋状态。这种有意识的片面倾向也会被理性化过程强化。

理性化、抽象和去情绪化表现了自我意识的"吞噬"倾向——它会逐一同化象征符号。当象征符号被分解为意识内容时，它就失去了它的强迫效应，失去了它引人注目的意义，力比多也会因此减弱。因此，"希腊诸神"对我们来说，不再是无意识象征的活生生的力量，需要我们用仪式去接近——对过去的希腊人而言就是这样。他们已经分解成文化内容、意识法则、历史资料和宗教团体，等等。它们作为一种意识内容存在，而不再是无意识的象征了，或者只在特殊情况下才是无意识的象征。

然而，如果说意识具有毁灭灵魂的本性，那我们就大错特错了。我们不应该忘记，意识结构同时也是一个全新的精神世界。在这个世界中，变形的、神圣庄严但很危险的无意识形象被指派到了一个新的地方。

这一理性化过程虽然能使意识形成抽象的概念，采取一致的世界观，但它已经走到了发展的尽头。这一点才刚刚被现代人认识到。

象征和象征群的形成在帮助意识理解和解读无意识中扮演着重要的角色，而且，对原始人而言，一个象征的合理成分尤其重要。象征不仅对意识起作用，而且对心灵整体起作用。随着意识的扩展，还会出现象征行为的变体和分化。象征的复合内容仍然会"占据"意识领域，但是意识不再被吞没，相反，它会全神贯注于其中。其原始原型的作用在于

"击败"意识,并引发原始的无意识总体反应,与之相反,象征的后期效应是刺激和鼓舞人心。其固有的意义在于它致力于理智,并会导致反思和理解,这恰恰是因为它激活的不仅仅是感觉与情感。恩斯特·卡西雷尔(Ernst Cassire)详细地演示过人的智慧、认知、意识面向是怎样从"象征形式"中发展出来的。[①]从分析心理学角度来看,象征形式就是无意识的创造性表现形式。

因此,意识的解放和原型的分裂无论如何也不是一个消极的过程。从这个意义上说,原始人体验到了一个"生机勃勃"的世界,现代人却只知道一个"抽象"的世界。无意识中的纯粹存在为原始人和动物共同享有,的确是非人类(nonhuman)及前人类(prehuman)的。意识肇始和世界的创造是平行的过程,这毫无疑问是一个事实,它们所表达的象征意义是相同的。这一事实指出,只有当世界被自我认识到时,它才会切切实实地"存在"。分化的世界是自我分化(self-differentiating)中的意识的反映。多个原型和象征群从一个原始原型中分裂出来,这相当于自我拥有了更多的体验、认识和洞见。在肇始期体验的总体影响下,巨大的力量在一种超自然的骚动中消灭了自我。但有一种更智慧的人类意识能够去体验。在多种多样的宗教和哲学中,在神学和心理学中,不计其数的面向和超自然意义,现在被解剖成意象和象征、属性和启示。也就是说,虽然原初统一只能被碎片化地体验,但它至少属于意识体验的范围,相反,对未发展的自我而言,原初统一完全是吞没性的。

一个自我分化中的意识意味着,自我情结能够让自身与任何分化了的内容产生关联,并因此获得经验。原始体验是总体性的,但它与自我情结没有关联,因此它不能成为能被记忆的个人体验。儿童心理之所以

---

① 《象征形式的哲学》(*Philosophic der symbolischen Fortnen*)。

特别难以描述，就是因为没有成熟的自我情结能够获取经验，或者至少没有成熟的自我情结记住它的经历。鉴于此，儿童心理就像初民心理一样，更多的是超个人的，而不是个人的。

原始人和儿童的高级情绪状态很容易将自我情结置于死地，这要么是因为这种情绪状态太原始（如在儿童心理中），要么是因为它会以情感的形式突然闯入意识。我们可以想象一下，意识功能如果要工作，必须携带特定数量的力比多，但又不能携带太多，因为过量的力比多将扰乱其运作，并最终导致功亏一篑。所以，这里不可能有自我的经验和记忆。

在原型的分裂和帮助自我意识稳步发展的同时，人类身上出现了一种倾向：耗尽了原始的情感储备，代之以理性。情感成分的耗尽和人类的进化是一起发生的，人从脊髓人变成了大脑皮层人。情绪和情感紧紧地连接着心灵的最低区域，与本能最为接近。被我们描述为"情绪—动力"成分的感觉基调有生物学基础，就在大脑最原始的部分，即脊髓中或丘脑中。这些中心连接着交感神经系统，所以情绪成分始终与无意识内容紧密相关。因此，我们常常碰到这样的恶性循环：无意识内容释放情绪，情绪又反过来激活无意识内容。在这一点上，情绪和无意识内容两者与交感神经系统的联系有其生理基础。情绪同时也会通过其他形式表现出来，如内分泌、血液循环、血压、呼吸的变化，等等。但是同样，在神经症中，无意识内容也会通过情绪唤醒直接或间接地激活交感神经系统。

进化趋势清楚地指出大脑皮层人取代了脊髓人。我们可以从无意识的持续缩小和情感成分的耗竭中看到这一点。现代人的危机在于，他们过分强调意识，他们的大脑皮层面会过度压抑和解离无意识，因此，只有在现在，他们才有必要与脊髓区域"重新连接"（参见附录）。

初民全然地活在他的情感和情绪中。我们不应该忘记，"情结"，那些对我们生活产生极大影响的无意识内容，有着明确的情感基调特征。任何一个情结都有控制此人情感的倾向，这构成了荣格联想实验的基础。在这些实验中，干扰出现在意识理性结构中，身体兴奋性出现在心理电流（psychogalvanic）现象过程中，二者都源于情结的情绪成分和它唤起的情感。这些情绪和情感会立即被侦测到。[①]

人类从原始的"情感"人进化成了现代人。现代人扩展的意识保护——或努力保护——不受这种原始情感的侵入。只要初民继续活在与他的无意识内容的神秘参与中，并且他的意识系统无法独立于无意识，那么物质和动力成分就仍然紧密相关，可以说它们是等同和完全融合的。或者，我们可以说感知和本能反应是同一种东西。一个意象的出现（即物质成分）和影响整个身心有机体的本能反应（即情感动力成分）像反射弧一样结合在一起。因此，最初，一个外在或内在的知觉意象导致了瞬间反应的产生。换句话说，意象与情感动力成分的结合会立即导致逃跑或攻击，表现为突然发作的愤怒、无力，等等。

这种原始反应及两种成分的结合随着意识的增强而结束。随着大脑的稳步发展，意识的深思熟虑介入了，延迟了本能的反射。渐渐地，本能反应被意识抑制了。

然而，现代人间断的、分化的、"碎片似的"反应对原始总体反应的替代仍具有两面性。失去总体反应令人遗憾，特别是当它导致了当今人类的冷漠和枯燥乏味时。除非被再次集体化，再次作为集体的一员，否则这些人不会再对任何生死攸关的事做出反应，或者，他们会被特殊的技术引入歧途，回归原始状态。然而，原始人的总体反应与浪漫主义无关。我们必须认识到，和儿童一样，他被他的情绪状态和潜在的意象

[①] 荣格，《联想中的身心关系》（*On Psychophysical Relations of the Associative Experiment*）、《联想方法》（*The Association Method*）和《词语联想研究》（*Studies in Word Association*）。

吞没，任何浮现出来的内容都会迫使他做出总体反应，并作为一个总体去行事，但他没有自由。

鉴于此，意识的反情感倾向，如果没有走向极端，将对人类百利而无一害。原始人可能因为最轻微的挑衅就急不可耐地采取灾难性的行动。这种冲动如此危险，如此愚蠢，如此无脑，以至于团体非常渴望这种冲动被意识指令替代。

意识不得不抵制这些本能反应，因为自我很容易被盲目的本能力量压倒。如果意识想继续发展，就必须反抗它，并保护自己。虽然本能反应代表"适当"的行为模式，但是毫无疑问，这里仍然存在着发展中的自我意识和本能世界的冲突。前者必须发展自己特定的行为模式（它追求非常不同的目标，来代替集体和本能的反应），因为后者不总是与自我的个别目标一致，也不会保护这个目标。

常常出现的情况是，本能不能适应个体的情况。只有在原始水平下，对原始自我而言，它才是适当的，随着自我的发展，它便完全不适合了。比如，丛林中的野蛮人面对致命打击时会产生冲动的情感反应，这种反应非常有用，但对文明人的正常生活来说，这种本能反应不但是不适当的，而且会十分危险，除非在战争时期。大众心理的惨痛经验已经告诉我们，从个体角度出发的本能不但是毫无意义的，还会给我们带来灾难，即使有时候它有益于团体。

在原始人中间，或者在原始情境中，在解决个体意识和无意识集体倾向的冲突时，人们总是倾向于牺牲个体而成就集体。本能反应通常无关自我，它只关系到集体、种族等。自然总是显示出它对个体毫无珍视之情。歌德就曾写道：

> 自然似乎旨在实现个性化，但其实它对个体毫不在意。①

然而，与之相反的是，意识的发展就是为了实现个体利益。自我在与无意识达成协议之后，就会做出越来越多的尝试来保护人格，巩固意识系统，并阻止来自无意识的危险洪流和入侵。

因此，随着自我的发展，阻止某种情况的发生就是势在必行的事了。在这种情况下，无意识意象或原型的动力—情绪成分会迫使自我做出本能反应，并因此吞没意识。

鉴于此，这样的倾向就是有意义的：从感知意象中把反应分离出来，并瓦解原始的反射弧，直到集体无意识的物质和动力成分最终被分开。如果一个原型出现后没有立即产生一种本能的反射动作，那么对意识的发展来说这就是有利的，因为情绪—动力成分的效应会扰乱甚至阻止客观认识，不管是外在世界的，还是集体无意识心灵世界的。意识有四种功能，不管是内倾的还是外倾的，它都是出类拔萃的认知器官，而且，只有当无意识的情绪成分被排除在外时，其分化和其功能的分化才可能实现。分化功能的确定目标会不断地因情绪成分的侵入而变得模糊。

如果自我想要获得宁静，在这种宁静中行使自己的鉴别力，那么意识和分化后的功能就必须尽可能地远离情绪成分的领地。所有的分化功能都极易受到干扰，不过最明显的干扰发生在思考时。思考从本性来说与感受是对立的，与情绪更是水火不容。思考比任何其他功能都更需要"冷静的头脑"和"冷血"。

意识、自我和意志被描述为意识发展的"先锋"，至少在西方世界，三者倾向于松开物质成分和无意识动力成分之间的捆绑，然后，通

---

① 《自然》（*Nature*），赫胥黎译（Huxley），选自《植物形态学》（*Metamorphosis of Plants*）。

过压制后者（即以情感为基调的本能行动和反应）来控制和同化物质成分。这种对情绪动力成分的压制是不可避免的，因为意识想要发展，自我就必须挣脱情绪与本能的制约。①

因此，原型的分裂和情绪成分的耗竭，不仅是意识的发展和无意识的降低所必需的，也是抽象过程和二次个性化所需要的（我们将在后文中讨论二次个性化问题）。这些抽象过程不同于科学思考的抽象倾向，也不同于有意识的理性化；它们开始得更早。从前逻辑思考到逻辑思考②的发展代表了一种基本突变。在这些抽象过程的帮助下，这种突变努力建立意识系统的自治。通过这种方式，原型被想法取代了，尽管它是想法的先驱。想法是抽象的结果，它表达了"被'抽象化'的原始意象的含义，或脱离了原始意象的具体含义"。③它是"思考的产物"。

因此，原始人被原始意象完全占据，这条路走到了尽头。此时，无意识缩小了，到了晚期，想法被看作一种意识内容，人们可以对其采取自己的态度，尽管也可以不这么做。我们不再被原型占据，因为我们现在已经有了"想法"，或者，更美妙的是，我们可以"追逐想法"了。

二次个性化

个人自我系统的加强，以及无意识不断被削弱，将导向二次个性化。这一原则说明，人类有一种固执的倾向，会把原始和超个人的内容

---

① 压抑成分在人类集体文化其他支系中扮演着重要的补偿角色。它同时构建了无意识的具体特性，与个体的态度或功能类型无关。无意识的特殊气氛和色彩、它的魔力、我们在它身上感受到的无名吸引力和冲动，以及它对自我的暗中影响，都是无意识动力成分的表现。

② 卡西雷尔（Cassirer），同前，列维·布留尔（Levy-Bruhl），《原始思维》（*How Natives Think*）。

③ 荣格，《心理类型》。

当作次要和个人性的并将它们削减为个人因素。人格化与自我、意识和个性的成长有直接的关联，它贯穿人类历史。"人格"的产生，以及个人心灵领域特别是自我从超个人和集体事件激流中浮现，只有通过人类历史才能实现。

二次个性化也与内摄过程及"外界"内容的内化紧密相关。

我们已经知道，人首先会体验到外在的超个人自己，也就是说，投射到天国或神界的内容经由内摄，又成为一种个人心灵内容。在象征语言中，在仪式中，在神话中，在梦中，在童年实相中，这些内容会被"吞食""合并"，然后被"消化"。通过此类内摄活动和对先前投射内容的同化，心灵构建了自身。随着越来越多内容被吸收，主体和以自我为中心的意识人格也越来越"举足轻重"。但是，正如我们已经指出过的，当谈及原型分裂时，只有通过意象的形成——给予无形以形式，有意识的同化才成为可能。进化中的意识渐渐学会从混沌中辨识，更重要的是，对它们进行详尽的阐述。同样，在二次个性化中，膨胀中的人格系统将超个人的形象吸入其轨道。此处涉及的不仅是内摄，而且还有意象的拟人化创造。色诺芬尼（Xenophanes）这样说道：

> 如果牛、马、狮子有手，能够像人一样用手绘画，创作艺术品，那么，马画出的诸神一定是马的样子，牛画出的诸神一定是牛的样子。也就是说，每一种生物都会把诸神画成自己的样子。[①]

二次个性化使得超个人的影响力稳定地下降，而使自我和人格的重要性稳定地上升。这一系列故事发端于非个人的、无所不能的"圣

---

① 摘自伯内特（Burnet），《希腊早期哲学》（*Early Greek Philosophy*）

秘"、宇宙神话，以及力本论或前泛灵论时代的思想，其包含的推论是，有一个或多或少无中心的人（即无意识）在心理上作为一个群体单位而存在。接下来是塑造时代，模糊形式在星体神话背后若隐若现。紧接着出现的是天神和他们在人间的对应者——拥有超自然力量的英雄。这个英雄是原型上的，而不是历史人物。

因此，正进行着自己的"夜海之旅"屠龙英雄——他代表着太阳，或在其他文化中代表着月亮——是原型榜样，是所有历史英雄的指引者。①

因此，在神话时代之后是历史早期，那时有神王（god-kings），天国和人间杂糅，超个人的内容降至人类层面。二次个性化最终导致本土神祇化身为英雄和代表家族精神的动物图腾。

随着自我意识和个体人格越来越重要，它们在历史上的地位也日益显著，个人因素得到了明显的加强。因此，以外人类（extrahuman）和超个人领域的减弱为代价，人类和个人领域得到了扩张。

落在自我意识和个人特征上的砝码使人类意识到自己是一个人，而在无意识无区分的阶段，他从很大程度上说只能算是一个纯粹的自然生物。事实是，在图腾崇拜中，他同样可以安心地"做"一个动物、一株植物，甚至一件物品，这代表着他没有自我辨别能力，他的自我觉知还没有开发，他还不能认识到自己是一个人。

神和祖先最初呈现为动物的形态，这是自然与人合一的象征和表现。在现实运用中，它变成了巫术、狩猎魔法和对家畜的饲养。后来出

---

① 出于这一原因，最早的修史官总是试图将个人英雄融入原型和原始英雄中，并因此创造出一种神话史学。其中的一个例子就是耶稣这个人物的基督化。在这里，所有关于英雄和救世主原型的神话特征在后来都得到了简略的补充。神话过程与二次个性化过程恰好相反，但是，就像在其他地方一样，在这里，英雄形象的重心被取代了，指向了自我的人类活动［参见耶利米亚（Jeremias），《古东方精神艺术手册》（*Handbuch der altorientaHschen Geisteskultur*）］。

现的兽形化也是史前时代超个人守护神的表现。因此，诸神的伴兽无处不在地暴露出神最初的模样。比如，在埃及，我们可以在诸神不断的人类化过程中追踪到二次个性化的发展。在史前时期，埃及各省的标志就是动物、植物或某种物体，无论我们是否愿意将它们看作图腾。在埃及第一王朝时，鹰隼、鱼类等长有手臂；在埃及第二王朝末期，杂交体开始出现，人身兽头的形象已经成了拟人化的神；从埃及第三王朝开始，人的形象开始占据统治地位。

天神用人类的样子建造了自己，他们是天国的主宰，动物形象已经退出了历史的舞台。①二次个性化的发展也出现在文学中。这时，神话主题已经变成了神话，并最终变成了最早的传记体文学。塞特—奥西里斯或塞特—荷鲁斯的神话变成了《两兄弟的故事》（Story of the Two Brothers），这便是其"降落凡间"的最好证明。最初宇宙中光明与黑暗的对立变成了两位天神孪生兄弟的冲突，并最终演变为"家庭小说"。在其中，远古的剧情变成由人来"出演"的剧情。

无意识内容的不断同化使得人类渐渐形成人格，并因此创建了一个更大的心灵系统。这个心灵系统日益独立于包围它的集体历史，形成了人类内在精神历史的基础。这个过程首先发端于哲学，今天已经在心理学中达到了其最后的发展阶段。然而，它仍然处于婴儿期。与此同时，世界的"心理化"出现了。天神、魔鬼、天堂和地狱作为一种心灵力量，从客观世界中撤出，进入人类领域。于是，人类领域经历了一次十分可观的扩张。当我们将曾经被体验为"地府神性"的东西称为"性"，或者把启示称为"幻象"，当天国和地府的诸神被看作人类无意识的主宰时，巨大的外部世界就已经不知不觉地变成了人类的心灵。内摄和心理化是这一过程的另一面向。通过这一过程，物质客

---

① 莫雷，《尼罗河》。

体的时间变成了可见的,而且,这个世界再也不会像从前那样,因为投射而被"修改"了。

然而,现在发生的事——也是二次个性化事关个体的最重要结果——是超个人内容被投射到人身上。正如在历史过程中,神祇的意象被投射在人身上,在人身上被体验到,原型形象现在被投射到个人环境中,这必然会导致人与原型极其危险的混淆。

这一过程不仅在童年中扮演了重要角色——因为父母的原型被投射到父母身上,而且它在伟大人物身上的投射在很大程度上决定了集体的命运。这些伟大人物作为英雄、领袖、圣人或其他,会对人类历史产生影响,无论这种影响是积极的还是消极的。我们应当看到,只有在二次个性化没有达到荒诞的程度时,一种集体文化才有可能健康地发展。如果它过于激进,将会导致错误的超个人投射以及再集体化现象,文化传承中的核心元素会被置于危险之中,并可能付诸东流。

上述所有过程都会引起无意识的收缩。这一收缩会引发意识的系统化,也会引起无意识和意识两大系统的分离。无意识的收缩是完全有必要的,如果自我意识想要加强和充实力比多的话。同时,无意识内容被重新估价以及被贬低,也巩固着意识与无意识之间的分界高墙。自我的父权座右铭"远离无意识,远离母亲",认可了所有的贬低、抑制和压抑,以便排除有可能对意识带来危险的无意识内容。自我的行为及其进一步发展依赖于它与无意识加剧的紧张程度。

男性化的意识活动是英雄的行为,只要他自愿地与无意识之龙展开原型之战,并取得胜利。男性特质的这种优势地位——在父权社会中对女性地位来说尤为重要①——决定了西方人的精神发展。

意识与男性特质的关联性在科学的发展中登峰造极，因为在这里，男性精神努力地使自己从无意识力量中挣脱。只要有科学存在，意识就会打破世界原来的特质，谁叫这个世界满是无意识的投射呢！因此，去除投射，世界就变成了心智化的、客观的、科学的建筑物。相较于原始的无意识世界以及与之对应的幻觉世界，这个客观世界现在被认为是唯一真实的。通过这种方式，在辨识性的、男性化的精神——它始终在找寻法则和原则——的持续指导下，男性开始成为"现实法则"的代表。

迄今为止，有鉴别功能的自我意识尽力地打破无意识世界的不确定性，它是适应现实的器官。所以，对原始人和儿童来说，其发展必须依赖其理解现实的能力。在这个意义上，弗洛伊德的快乐原则和现实原则的对立的确是合情合理的。但是单纯地适应外界现实已经不再能够满足后续发展的需要了。我们的现代意识渐渐认识到，现实成分同样存在于

---

① 无意识的缩小、因为意识发展的父权倾向造成它被"废黜"，这与女性在父权社会中地位的降低密切相关。我在自己近期关于女性心理的作品中对这一事实进行过详细阐述。在这里，我们只需要进行以下观察：正如我们看到的，无意识控制的心理阶段是母权的，其象征是在龙战中被击败的大母神。无意识与女性象征意义的联系是原型层面上的，而且无意识的母系特征被阿尼玛形象进一步强化。在男性化心理中，阿尼玛代表灵魂。因此，发展的英雄—男性化倾向常常会将"避开无意识"与"避开女性"相混淆。这一朝向父权意识的倾向反映在男性的太阳神话代替女性的月亮神话上，而且可以追溯到原始心灵中。就算月亮是男性化的，月亮神话也始终暗示着意识的独立。人们偶然发现了生命的夜晚面向，即无意识。与此相反，这种情况不再出现在父权的太阳神话中。太阳不再是从黑夜中诞生的朝阳，而是处于中天的正午的太阳。这象征着一种男性化的意识，它知道自己是自由且独立的，甚至在与自性（也就是天国和精神的创造世界）的关系中也是这样。

如果布里福尔特（Briffault）的观点是正确的，那么大多数神话最初都是女性神话，而后被男性采用。男性社会的反女性倾向（我们已经在前面讨论过其原型基础）同样具有历史基础。女性的降级，以及她们被排斥在许多现存的父权宗教体系之外，这一点在今天依然显而易见。女性被轻视的情形很常见，从原始社会，人们在仪式上用吼板（bull-roarers）恫吓女人［《母亲》（*The Mothers*）］，到"教会中对母亲的否定"，犹太男人每天都会通过祈祷感谢神将自己生为男人，再到现代社会，在许多欧洲国家，女性被剥夺了公民选举权。

无意识中，它是体验的优势部分，也是概念和原型。意识因此必须转向内在。作为辨识器官，意识必须像对外在物质世界一样，对内在的客观心灵有效地发挥作用。现在，内倾型和外倾型受到更广泛的现实法则支配，为了中心化倾向的利益，这种法则不得不同时兼顾世界和无意识。深度心理学因此而出现，它是研究客观心灵的方法，是这一新取向的征兆。①

快乐—痛苦成分的转化

进化之路带领人类从无意识进入意识领域，这是一条力比多转化和提升的道路。无论是在无意识还是在意识之中，都充斥着伟大的意象、原型和它们的象征。随着人类在这条路上越走越远，力比多对自我意识的供给也越来越多，意识系统也因此不断地扩张和加强。因此，意识之光只是偶尔闪现的原始人渐渐被现代人取代，而现代人的自我或多或少地存在于一个意识连续体中，在一个文化世界之内——这个文化世界在很大程度上由其群体和人类的集体意识创建。

我们把这条路称为"上升"之路——因为我们把意识和光明世界体验为"上方之物"，把无意识和黑暗体验为"下方之物"，它仍受控于原始象征意义的咒语。这个原始象征意义关联着人类的直立行走和头脑的发展——头脑居于"高级"中心和意识的位置。这一系列阶段开始于大圆，经过原型集结阶段，到达单一原型和象征群阶段，并从想法到了概念。这是一个上升的序列，但它同样有局限。最初被体验的只是"居于深处"的某种说不清道不明的东西。它拥有能量，因此是真实的且令人迷醉的。这一经验变成一种概念上的内容、一缕思想，能够被心智自

---

① 参见杰哈德·阿德勒（Gerhard Adler）， "C.G.荣格关于现代意识的文章"（C. G. Jung's Contribution to Modern Consciousness），摘自《分析心理学研究》（*Studies in Analytical Psychology*）。

由地操作，为意志所运用。这样的内容毫无疑问能够获得实用价值，但是唯一的条件是：作为一个整体来掌控意识的原始力比多的基本部分丧失了其地位。

无意识内容的魔力在于它有力量吸引意识力比多，而意识力比多最典型的特点是它会把注意力固定在那一内容上。如果吸引力越变越强，力比多就会从意识中被吸走，这时候，它会表现出诸如意识降低、疲乏和抑郁等情况。生病时，无意识内容因为力比多的注入而变得活跃，这会表现为失调和其他临床症候。对创造性个体来说，这一内容会自发地与意识相结合，并在创造活动中表达自身。相反，意识行动的完成在于自我有意地引导心智和自由力比多，使它们朝向入迷的焦点发展。某些力比多激活了无意识系统，使之成为自己的情感成分，它们和自我系统中已经认识和了解的力比多一起，在识别行为中汇成一体。自我把这种汇合觉知为愉快的，而且，在许多真正的认识中，在新的认识和发现中，以及在无论哪个情结被分解、无意识内容被同化时，情况也是如此。无论这种使人神魂颠倒的内容被有意地当成意象、梦、幻觉、想法、"预感"，还是投射，它都是非物质的。不管采取哪一种形式，无意识内容的同化不仅会扩充意识内容，还会使力比多变得更丰富。这让它自己在主观上感到它是兴奋的，充满了生命力和快乐。有时候，这种感觉近似于中毒。从客观上说，它提升了兴趣，拓展和加强了工作能力，提高了思维的灵敏度，等等。

在认识和同化无意识内容的过程中，自我会从意识立场"下降"，进入深处，以此将"宝藏"托举上来。根据"心理能量"这一说法，"凯旋英雄"的快乐来自意识力比多和新纳入内容的力比多的结合。①

意识对这些内容的理解和认识是其被力比多充实的表现。但是无论如何，它绝不能吸收这一内容的所有力比多负荷。在意识得到改变和充实的同时，内容的分裂也常常会激活无意识，虽然这种现象不总是发生。我们也许可以这样解释此种机制：一部分被释放的力比多不能被意识吸收，转而流向了无意识，并在无意识中"力比多化"相关的情结群组或原型内容。这些内容随后被联想培育，并被制造成随机的念头（random ideas）或产生了新的无意识群集。这一新群集与原始认识活动结合在一起，构成了所有创造性工作的连续性。这些创造性工作的基本因素总是被无意识预先准备好，而且在被创作出来之前就已经被详细阐述和充实过了。

这一过程的连续性不仅表现在创造性中，还表现在有系列的梦、幻象和幻想中。在其中，我们总能找到一种内在的一致性，即围绕一个或多个核心的关系网，它们似乎总是围绕着一个中心。②

意识最重要的收获在于它能够任意地处置提供给意识系统的力比多，并或多或少地独立于它的源头来运用它。正如"振奋人心"的书籍可以激发读者的热情（当然，吟诗、散步、打桥牌或调情也可以令人兴奋，但书和自我反应之间并不必然有关联，所以，自我可以随自己的心意使用力比多），这部分力比多来源于意识对无意识内容的认识。自我的这种相对自由，不管怎样被滥用，都是其最宝贵的成就之一。

在这些发展过程中，意识能够把注意力集中在它所选定的任何对

---

① "下降"是从意识到无意识，以及由此带来的创造过程的反转。一般而言，创造过程开始于无意识然后向上起作用。无意识显现为意象、观念、想法等形式，被自我体验为快乐。创造过程的快乐源于意识中充满了被无意识激活的内容的力比多。力比多的快乐和充实——源于意识实现和创造力——是综合体的特点，在其中，意识与无意识两大系统的两极化会暂时停止。

② 荣格，《心理学和炼金术》（*Psychology and Alchemy*）。

象之上，而且与此同时，自我获得了相对的独立权。自我从迷醉的状态——那时自我处于被动状态，并受制于被激活的无意识内容——转为一种有意识的状态，拥有足够多的力比多，可以自由和主动地使用它们，去满足任何外在世界或集体的需要，或做任何它想做的事。

有一件事我们必须时刻铭记于心。在深度心理学问世之前，人们会自然而然地将心理学和意识心理学画上等号。深度心理学的发现令人们产生了相反的印象，那就是所有的意识内容仅仅是被无意识决定的。但是只有更好地理解意识和无意识的辩证关系，我们才有可能获得真正的心理学知识。意识系统的形成和巩固，以及它为争取自主权和自我保存所进行的斗争，不但是心理发展历史中的一个重要因素，而且就意识的相对自主权——经由意识和无意识之间持续的张力所获得的——而言，也很重要。

与心灵的系列阶段相关的一个很重要的能量问题是情绪成分的变异。这个变异应归因于快乐—痛苦特性的改变。快乐—痛苦成分依赖于心灵系统的力比多负荷。快乐是系统合理运作的心理等价物，合理运作指的是这种运作是健康的、平衡的，能够在剩余力比多的帮助下扩张。一个系统的"惯性"与它所占的比重成正比，也就是说，与它的抵抗力相称。每一个系统都会用痛苦抵抗解体，对危险做出反应，就像受到激励、力比多充实时，它会做出快乐的反应一样。

因为自我是意识系统的中心，所以我们会从根本上认同这一系统的快乐痛苦反应，就好像它们就是我们自己一样。但是事实上，自我体验到的快乐—痛苦之源，绝不只有意识系统一个。

人格演化成了两个系统，意识和无意识。从这一事实上我们可以很清楚地知道，这两者的冲突必将导致快乐和痛苦的心灵冲突，因为每一个系统都会努力地保全自身，对危险做出痛苦的反应，并在自身得到巩固和发展时感到快乐。我们已经在前面提到过这一点了。

然而，快乐—冲突（我们可以将前述情况简称为此）不但大大依赖于人格所达到的整合程度，而且也依赖于自我的发展阶段，因为自我的发展阶段决定了自我与无意识之间的关系。意识的发展程度越低，快乐—冲突就越小。快乐—冲突会再一次消失在人格的更大整合中，因为快乐—冲突表达的是意识与无意识之间的分离。

意识与无意识的发展并非总是并驾齐驱的。一方面，对一个小孩来说，低自我水平与高整合程度是结合在一起的，因此其快乐感会相对强烈。这种状态在神话中通常表现为天堂般的乌罗波洛斯状态。另一方面，在个体前半生逐渐成熟的过程中，整合程度的降低伴随着自我和意识水平的增强。人格的分化使得心灵中的张力不断变大，自我系统的快乐体验和无意识自主系统的快乐体验，二者之间的冲突也会增加。

最初，无意识拥有"快乐体验"这一想法会让人感到矛盾，甚至让人感到很没有意义。因为每一种体验，包括快乐体验，看来好像都传递给了自我和意识。但是情况并非如此。婴儿体验到的宁静和痛苦都很强烈，但这与强烈的自我意识毫无关系。的确，原始痛苦和快乐从很大程度上说只是无意识过程的表达。这就证实了自我意识只是部分心灵系统。在心理疾病中，我们可以清楚地看到，意识的受损和失调绝不仅被体验为难以缓解的痛苦。只有当自我成为人格的中心和载体时，其痛苦或快乐才能等同于人格的痛苦或快乐。在神经症的反应中，特别是在歇斯底里的反应中，自我的欠缺及其痛苦常常伴随着"快乐的微笑"——无意识将自我据为己有之后露出了胜利的笑容。这些神经症和精神病异乎寻常的表现——它们对应着快乐位置的"功能失调"——都可以用人格解离来解释，也就是说，这里存在着与自我的非同一性（nonidentity）。

在原始人的心灵中，这种现象在附体中有引人注目的呈现。在这种情况下，快乐或痛苦的守护神——无意识情结——使得附体在很大程度上表现出独立于自我的快乐—痛苦体验。①

乌罗波洛斯阶段受未分化的快乐—痛苦反应主宰；后来，伴随着两个系统的分化，这种混合反应被区分出来；随后，在世界父母的分离阶段，二者成了对立面。此后，最初的混合特征结束了：快乐是快乐，痛苦是痛苦，而且与两种系统有很清晰的协作。因此，无意识的快乐就是意识的痛苦，反之亦然。自我意识取得了胜利，这种胜利对它来说是快乐的，与此同时，失利的无意识系统却会感到痛苦。

虽然快乐与痛苦与两个系统协作，但是"失利"的无意识系统的痛苦已经不再是无意识的了。意识不得不去注意这种痛苦，并使这种痛苦意识化，至少它无法不受其影响。这一事实使意识的情况变得复杂起来。因此，就算意识能够战胜无意识，它的苦难也是在所难免的了。

在神话中，这种现象会表现为原始的内疚感，它的产生伴随着世界父母的分离。实际上，这种被自我经验到的内疚，其来源是无意识的痛苦。正如我们前面讲到的那样，从某种意义上说，这就是世界父母，是无意识自身，它才是"原告"，而自我不是。只有通过克服其内疚感，自我意识才能够真正意识到自身的价值；只有这样，它才能够坚持其立场，证实其行为。快乐—冲突也会作用于这些情感，通过战胜它们，英雄才会在意识之光的照耀之下肯定生命，甚至在冲突之中也不例外。

然而，有同化能力的自我的胜利不是一劳永逸的，它必须借助坚持不懈的战斗。已然被推翻的诸神仍然在其战胜者的信仰中占有一席之地。因此，在俄瑞斯忒亚的故事中，虽然旧的母权女神被推翻了，父权诸神代替了她们的位置，但复仇女神厄里倪厄斯被驱逐并不是故事的结局，恰好相反，她仍在人们对神的崇拜中占有某种地位。我们会发现，这样的情况随处可见。

---

① 索尔·珍妮（Soeur Jeanne），《附体回忆录》（*Memoiren einer Besessenen*）。

只要一个内容完全是无意识的，它就会控制整体，然后它的力量也会达到最大。但是如果自我成功地从无意识中夺走它，并将它变成意识内容，从神话意义上说，它就被战胜了。然而，因为这一内容仍然会消耗力比多，所以自我这时必须继续工作，直到这一内容被完全地吸收和同化。因此，不可避免的是，自我意识必须进一步处理这一"被征服"的内容，而且有可能受到伤害。

我们可以举个例子来说明：禁欲者的自我意识已经成功地驱逐了可能控制他的本能成分，这时，他的自我会体验到快乐，但他也在"受苦"，因为他所否认的本能同样也是其整体结构的一部分。

两种系统之间的快乐—冲突大多数发生在意识中，就其本身而论，它决定着成人的生活。正如在神话中，它所蕴含的痛苦塑造了英雄的生活。只有在步入成熟期之后，这种痛苦才能在个体化过程中被部分克服。高水平自我再次与整合过的人格同时出现，而且随着两系统的不断平衡，快乐—冲突也达到了平衡。

人格中权威的形成

意识发展的原型阶段对应着某些特定的自我水平，这些自我水平又对应着个体生活的特定阶段，而每个阶段都有其丰富的体验。它们属于个体的个人意识或无意识记忆。当然，这一个体必须穿越他自己的个体发展中意识发展的原型阶段。

荣格[①]就曾强调原型不由其内容决定，而由其形式决定：

> 只有当一个原始意象是有意识的，并因此充满了意识经验的材料时，它才能被确定为明确的内容。

---

① 《母亲原型的心理面面观》（*Die psychologischen Aspekte des Mutterarchetypus*）。

因此，原型的意识体验存在于独特的个人方式中。在其中，超个人因素变成了个体的实相。

因此，原型阶段怎样被个体化地体验到，取决于人格，而一部分人格是由"个人"的无意识形成的。所以，对原型框架的个体性"填充"，即原型框架的"填充物"，可以被意识化，其方法是对个人无意识进行分析，以及在记忆中积极地排练这些内容，并因此驱散无意识的影响。我们再一次观察到，预先形成于集体无意识的原型结构是如何与独特的个人内容产生关联的，虽然其中一个并不是从另一个中衍生出来的。我们即将体验到何种经验，由原型来决定，但是我们的体验始终是独特的。

在人格的形成和发展中，原型和个体特征的双重性是一个特别重要的现象，也就是说，它们会创造各种各样的"权威"。除了自我，分析心理学也把这些权威命名为自性（即心灵的总体性）、人格面具、阿尼玛（或女人心中的阿尼姆斯）和阴影。[①]这些权威以"人"的形式出现。这一事实与分析理论的基本学说相一致：所有的无意识内容都把自己表现为"像人格的一部分"。[②]作为一种自主情结，每一个权威都可以困扰自我，导致附体状态的出现，这一点无论是在原始人还是在文化人的心理中都有清晰的展示。神经症患者的心理就充满了这种附体。作为一种心灵器官，心灵权威的形成对个体来说有着强大的意义，因为它们有助于人格的统一。它们在人类历史上的成长——以及人格的发展——是一个现在仍在持续的过程。在人格发展中，这些权威在结构上是统一的。

---

① 荣格，《自我与无意识的关系》（*The Relations between the Ego and the Unconscious*）。

② 《情结概论》（*Alfgemeines zur Komplextheorie*）。

第五章　系统的分化

不幸的是，我们无法写下这些形成过程，尽管我们可以追踪在个体发展中它们在个体意义上的实现。我们只能非常简略地暗示一下，从阶段发展的角度来看，这一过程意味着什么。

它"英雄般"地邂逅了外在和内在世界，在这个过程中，自我通过内摄不同的内容，与外在和内在世界建立了客观的关系，并运用这些内摄内容构建了自己的现实图像。这里出现了一个复杂的问题，因为自我系统想要控制这些外在和内在的现实，这不能一劳永逸，它只是有自身历史的同化机制，在这个过程中，它会一步一步地重走意识发展原型阶段的道路。因此，在心灵系统和意识中，只要意识还代表那个系统，存在着发展的不同阶段，这个阶段就同时关系到自我和世界。在不同的阶段中，不同的理解模式和不同的象征、同化的成功和不成功，都一起存在着。因此，只有通过次阶发展的层级顺序，定位才成为可能。那些已经被穿透的无意识态度被内摄进入意识，以及过去的自我发展水平被内摄进入意识，总是会令自我的状况更加复杂，因为这些态度得到了实现，意识也会暴露在它们的影响之下。

像自我和意识的形成一样，人格的形成也受中心化倾向的调控，而中心化倾向的功能就是促进生物体的创造性统一。当有机体是无意识的时，解体的危险尤其巨大，但是对一个有意识的、整合过的人格而言，这种危险就要小了很多。我们前面已经描述过的过程——原型的分化、情感因素的耗竭、二次个性化、无意识的缩小、理性化——都会提高自我和意识的稳定性。这个过程证明了它们受中心化倾向的引导——尽管它们会倾向于分裂和分化，而且人格的成长、其所群集的权威同样有助于其目的的达成。

随着人格的发展，它会被带入更广阔的无意识领域。权威的任务在于保护人格免受集体无意识分裂力量的损害，又不打破与它有活力的联结，并在不损害他与群体及世界关系的前提下保证个体的持续存在。

人格面具既是对抗集体的防御机制，又是适应集体的手段。荣格对人格面具的形成有详细的描述。①但是，要对阿尼玛和阴影的起源做出解释，似乎就要难得多了。

同样，阴影的实质部分也是适应集体的结果。它包含在人格之中，是所有被自我贬低的负面价值观。这一选择性的评价发生在集体层面，是由个体文化标准中的价值等级决定的。在某种程度上，其积极价值只与特定的文化相关，而包含消极价值观的阴影同样是相对而言的。

但是，阴影只有一半属于自我，因为它是个人无意识的一部分，也是集体的一部分。此外，阴影在集体无意识中也被敌对的形象群集，而且它作为一个权威的重要性恰恰在于它所处的位置：它处在个人无意识和集体无意识中间。在整体上，它对人格产生的影响在于对自我的补偿。中心化倾向似乎已经插上了自我意识雄心勃勃的翅膀，它仇视身体——那个阴影的铅一般的重量。然而阴影不会让你"伸手摘月"，也不会让你因为意识心的概括性和实体化的态度，而忽视人类集体的、历史的和生物的限制条件。因此，当意识过度生长、自我被过分强调时，阴影可以阻止人格解体。②

阴影的形成与对敌手的内摄是同时进行的。对于"敌手"这一形象，我们已经在神话心理学中了解过了。对邪恶的同化和攻击倾向的并入一直都是阴影的中心。"黑暗兄弟"既是阴影面的象征，又代表原始人的丛林灵魂。③只有纳入这一黑暗面，人格才能呈现防御的姿态。

---

① 《自我与无意识的关系》。

② 丹尼尔·斯滕伯格（Daniel Stolcenberg）"Viridarium chymicum"中的炼金图画（法兰克福，1624年）。这幅画画了伊斯兰医学家阿维森纳（Avicenna）和一只老鹰在一起。老鹰被拴在一只蟾蜍身上。这幅画象征性地阐明了同样的问题。参见里德（Read），《化学前奏》（Prelude to Chemistry）。

③ 本尼迪克特（Benedict），《文化模式》（Patterns of Culture）；米德（Mead），《三原始部落的性和性情》（Sex and Temperament in Three Primitive Societies）。

不管按照哪一种文化判断标准，邪恶都是个人特征的必要组成部分。邪恶自我的利己主义，是其急切的自卫或攻击意愿，是它的能力——最后使得它能够从集体中脱颖而出，不顾集体的无差别要求而保持自己的"差异性"。阴影将人格扎根于无意识的土壤中，与敌手原型，即魔鬼保持一种模糊的联结。在最深层的意义上，这是每一个活生生的人格创造性的深处。这就是为什么在神话中阴影总是以双生子面目出现，它不仅代表了"充满敌意"的兄弟，也代表了伙伴和朋友。有时候，我们很难区分这对双生子代表的到底是阴影，还是自性——那个不死的"他者"。

这一悖论证实了一条古老的法则：上下相互辉映。事实上，在心理发展中，自性的确藏身于阴影之中。他是"守门人"[①]，是临界阈值的卫士。通往自性之路在他之中。他意味着在黑暗面的背后还存在着整体面，而且只有与阴影建立友谊，我们才能成为自性的朋友。

我们应当检视一下其他地方[②]，那些地方的文化因为自我与阴影的冲突而变得复杂，而且，在更大程度上说，集体和个体阴影面之间的冲突也使得这些文化变得复杂。

对阴影的心理学进行这些说明已经足够，同样，我们只能冒险评论几句另一权威的形成，它就是我们所知道的灵魂意象、阿尼玛或阿尼姆斯。[③]

如果我们思考一下乌罗波洛斯、大母神、公主出现的顺序，我们就会注意到一种稳步的进展：从大混乱和矛盾性中撤离，来到俘虏被释放

---

① 荣格，《集体无意识原型》（*Archetypes of the Collective Unconscious*），同时参见《摩西重生面面观》（*MosesChidher analysis in Die verschiedenen Aspekte der Wiedergeburt*）。

② 参见附录，以及拙作《精神分析学与新伦理学》（*Tiefenpsychologie und neue Ethik*）。

③ 我在这里关注的并不是"女性心理"以及其偏离男性化自我的程度。

后清晰的人类意象。我们越往回走，这个顺序就变得越复杂，越捉摸不定，越不可思议。但是当我们接近自我时，它们就会被清楚地界定，也会提供大量的关系重点。

这就好像有一幅画面没有落入焦点，它似乎没有轮廓，完全令人摸不着头脑，但是当观察者站在合适的角度时，它就会形成一幅图像。人物、大众、关系，变得可见，而不再像以前一样模糊不清和难以辨认。意识的发展或多或少地类似这种视觉变化。事实上，它直接依赖于意识成功地获得了一种距离感，这令它能感知形式和意义的不同，而在此之前，那里只是黑乎乎的一片。

阿尼玛从乌罗波洛斯龙的力量中被解放出来之后，一种女性成分被建构进英雄的人格结构。他指派给自己一个女性对应者。她在本质上与他相像，无论她是一个真正的女性还是他自己的灵魂。而且，自我有能力与这一女性成分建立关系，这是俘虏最有价值的部分。准确地说，此处存在着公主与大母神的区别，大母神是不可能与任何人建立起平等的关系。男性与女性的结合、内在和外在的结合结出了果实：文化—英雄和王国创立者诞生了。在家庭中，或者在创造性工作中都是如此。

这一纽带穿越了大母神、大地和起源，来到了阿尼玛公主这里。因为她是改变了的、个人性的女性特质的深处。只有在她之中，女性才会变成男性的伴侣。他的帮助从本质上说是将公主从龙的力量中解救出来，或者将她从扭曲她和她的人性的龙形中召唤出来。大量神话和民间传说正是这样处理这一觉醒主题的。

阿尼玛形象的实质部分由乌罗波洛斯母亲原型的分裂和其积极面的内摄所形成。我们已经看到这一原型是怎样逐渐分裂成一个原型群的。比如，诸如好与坏、老与少这样的特点并存于乌罗波洛斯与大母神之中，但是在发展过程中，"年轻的"公主或阿尼玛会与"年老的"母亲分离。这位母亲会若无其事地继续在无意识中扮演她亦正亦邪的角色。

第五章　系统的分化

　　阿尼玛是一个象征和原型形象,由有魔力的、令人神往的、危险且迷人的元素构成,这些元素既会使人发疯又能带来智慧。她身上兼具人类、动物和神性特征,在施魔法或解除魔法时会呈现相应的形象。作为灵魂,阿尼玛不能被定义为男人,也不能被定义为女人。虽然她超过了人的高度和深度,但是最终却进入了人类的领域。她是一个"你","我"可以同这个"你"亲密交谈,因此她并不是被崇拜的偶像。

　　阿尼玛身上混合了原型和个人的特征,因此她身处人格的边缘。但是作为人格的"权威"之一,她也是人格结构中可同化的一部分。

　　比如,当阿尼玛形象在个性化过程中遭到分解,成为自我和无意识关系中的一个功能时[1],我们就会看到原型的分裂和同化。关于这个分裂和同化在意识进化历史中的重要性,我们已经在前面描述过了。

　　只有与灵魂的实相——它表现为被释放的俘虏——产生关联时,我们才能使自己与无意识的联结真正富有创造性。因为创造性,不管基于何种形式,都是自我意识的男性世界与灵魂的女性世界碰撞的产物。

　　正如自性在群体中通过投射形成"集体自性",这一投射形构了以力比多为基础的群体心灵和所有的公共生活[2]。阿尼玛或阿尼姆斯投射也是两性生活的基础。一种情况是,包罗万象的自性象征被投射在无所不包的群体上;另一种情况是,与自我和人格关系更近的灵魂意象,被投射到一个更亲密的女性形象上。无论何时,只要阿尼玛(阿尼姆斯也类似)是无意识的,她就会被投射,并因此强迫个体进入与投射载体的人际关系中。这位伴侣将她与集体捆在一起,迫使她经历人类"你"的经验,同时使她部分地意识到其自身的无意识灵魂。虽然自性和阿尼玛最初都只是无意识媒介,但渐渐地,它们在有可能参与的广阔领域中,划分出更小的、离自我更近的区域。强有力的力比多将各部分束缚在一

---

[1]　荣格,《自我与无意识的关系》。

[2]　参见附录。

起，导致意识进步的实现以及无意识魔力的瓦解。

　　阿尼玛或阿尼姆斯形象的存在，意味着人格仍然拥有一个具有强烈无意识动机的系统。初民可以在任何时候轻而易举地通过神秘参与进入乌罗波洛斯融合。根据这种情况来判断，这一组成部分是一个相对稳定的结构，能够抵御集体无意识的攻击。因此，她具有心灵的预见力量、给予指导和警示危险的能力和服务于中心化倾向的目的。当她以最高形式出现时，阿尼玛便清楚地揭示了她的这一基本功能：她是自我崇高的伴侣和合作者。

自我的合成功能

　　然而，自我的好战或"英雄性"不仅被运用到对无意识的控制上，也被运用到对外部世界的支配上，因为这个外部世界需要被进一步研究。我们知道，这种行为构成了西方科学的基础。自我的另一个非常重要的功能是它的合成功能。这种功能能够同化那些经由分析被分解和修正的材料，再用它们建立一个全新的整体。我们对世界的看法——我们拥有一个有意识的整体概念，是我们自己改造的统一的世界，而它曾经是一个无意识的统一体——会吞食所有意识。

　　我们已经阐述过两种心灵系统运作的过程：它们的两极化与合作、它们的分离和部分再结合、它们相互孤立的倾向，以及它们控制对方的尝试。这些过程可能会给个体带来灾难，会极大地威胁到个体的存在。在很大程度上，致力于完整性的努力——这个完整性调节身心和谐，调整心灵系统自身的相互作用——不能控制和平衡它们。我们已经在谈到中心化倾向的概念时介绍过这一倾向性了。无论何时，只要整体受到无意识及其自主内容的权势的威胁，或者相反，只要意识系统被过分隔离和高估，它就会投入工作。在补偿作用——所有有机体和心灵生活的基本因素——的帮助下，它将心灵和自然统一在一起，它的作用范围也从单细胞生物体的正常新陈代谢扩展到意识和无意识的平衡。

意识从无意识中分化出来，个体从无所不在的集体中分离出来，这是人类所特有的。集体扎根于先祖的经验之中，这被呈现为集体无意识。与之相反，个体的根基在自我之中，而自我的发展很大程度上依赖于意识的帮助。两个系统共处一个心灵之中，但是不管从种系发展的角度来说还是从个体发展的角度来说，它们都产生于对方。自我是行动和意志的中心，也是意识的中心。而意识作为表现和认知器官，拥有感知集体无意识和身体过程的力量。

所有外在和内在世界的对象都被内摄为意识内容，并以它们的价值被呈现。这些内容的选择、排列、分层和界定在很大程度上取决于文化准则。意识就在此文化准则中发展，并被它制约。无论在何种情况下，每个个体都会有意识地去为自己构建一个综合性的世界观，不管这个世界观是大还是小。

自我意识和乌罗波洛斯的相似性，是一种基本性的自我与自性的"家庭成员的面目相似"，这在神话中对应着父亲和儿子。因为，从心理角度来说，自我和意识是中心化倾向的器官。自我恰如其分地凸显了它的中心位置。人类处境的基本事实在神话中表现为英雄的神圣诞生以及他与"天国"的血亲关系。原始人认为世界的存在依赖于他的魔法行为，太阳的升起和降落是由他的仪式控制的。我们倾向于把这一信仰称为"人类中心说"，实际上，它是人类最深刻的真理之一。自性和自我的关系就像父与子的关系，它不仅表现在英雄——儿子的战争业绩中，也表现在意识的合成力量中。意识运用这一力量像神一样创造出一个崭新的人类文化的精神世界。

这一合成功能，与分析功能并驾齐驱，以一种不断吸引我们注意力的能力——客观化的能力（the faculty for objectivation）——为前提条件。自我意识介于客体的外在世界和内在世界之间，并不断地向内投射。凭借其记录和平衡功能，它被迫使不断地与客体保持距离，直到最后到达一个与自己分离的点。这就制造出一种自我相对化（self-relativization）。这种自我相对化，作为怀疑论、幽默、讽刺和一个人对自己的相对感觉，将心灵客观性提升到更高的形式。

在这个过程中，自我意识摆脱了对自己的狂热迷恋——这种迷恋是每个系统自我保存的原始意愿表达，以此证明自己与所有其他局部心灵系统的不同。正是这种不断地反省、自我批评、对真理和客观性的渴求，使意识能够在它所反对的立场上，给出更好和更充分的陈述。这就促进了自我客观化（self-objectivation）。最后，在其发展的最高点，它学会了放弃自我中心，让自己能够被心灵的总体性（即自性）整合。

合成行为对以自己为中心的人格整合来说是必不可少的，它是意识的基本功能之一。它直接衍生自中心化倾向，是中心化倾向的合成效应的支流。然而，新的决定性因素是，自我所制造的合成物是意识合成物。换句话说，新的统一不再停留在生物水平，而是提升到心理水平。完整性是这种合成迫切想要实现的目标之一。

正如后半生的整合过程暗示的，人格的稳定性由它合成的范围来决定。只有当材料已经被合成到一个必需的完整程度时，中心化倾向的需求才会得到满足。随后，它会将自性带入人格中心，并以此来表达自身。

人格整合等同于世界的整合。一个无中心的心灵是分散的，它只能看到一个弥散的、混沌的世界。同样，对一个整合了的人格来说，世界会按照层级顺序来群集自身。一个人的世界观和人格形成是对应的，从最低水平一直延伸到最高水平。

只有当人格被过度分割成两个系统时，心灵的统一才能经由意识的合成工作恢复，但是整合水平更高了。龙战的远大目标——不朽与永久——现在终于实现了。自性取代自我成了中心，个体化过程在内心深处的体验、自我的短暂性特质被相对化了。人格不再全然地认同朝生暮死的自我，而是能够一部分认同自性，无论这种体验是"天神般"的形式，还是以神秘主义所说的"神上身"（附体）①的形式进行的。突出的特征是，人格的感觉不再认同自我。这种感觉战胜了那个依附于自我的必死的命运，但这是英雄神话的最高目标。英雄取得了战斗的胜利，证明了他是神的后裔，并体验到了基本身份感的满足。他正是基于这种身份才投入战争的。在神话中，这表现为"我与父亲是一人"。

---

① 希伯来语中的"dwkut"一词，指"附着"在人身上的魔鬼。——G.阿德勒（G. Adler）

第六章　意识的平衡和危机

分离系统的补偿：平衡中的文化

在附录中，我们追踪了从最初的群体到集体的发展路线（这个集体由或多或少具有个性特征的人所构成）；我们也试图展示杰出个体的重要作用（在神话中，他是一位英雄）。与这种发展平行的，是意识从无意识中分化出来，它们变为两种系统，自我意识的解放得以完成。

伴随着这个发展，我们离开了初民的世界，进入了文化领域。现在，我们不得不检视随着两大系统的分离而产生的文化问题。

这一章的第一部分讨论的是"平衡中的文化"。它会告诉我们，集体心灵的健康是如何保障"天性"的。这多亏了补偿倾向在人类发展中的运作，这一倾向也存在于个体心灵中。

第二部分也大致呈现了我们的文化焦虑和弊病在多大程度上是因为两大系统的分离——这本来是进化的必然产物——而分裂的，以及它们是怎样引发了心理危机的。这场心理危机的灾难性后果就反映在当代史中。①

我们已经强调过，在人类的进化中，"神人"和"超凡的人"是先驱，后来，进化过程才在每一个个体身上上演。自我意识在此，世界与无意识在彼，两者存在着巨大的差异。因此，如果个体的角色和他的自

---

① 在附录中，我们试图解读群体退化为大众以及由此引起的各种现象。因此，从某种意义上说，本章节和附录的两部分内容构成了一个独立的整体。

第六章 意识的平衡和危机

我意识对各物种而言的确如我们想象的那么重要,那么这种差异势必对自我有所帮助。这种帮助是给予个体的,既向内又向外,但前提是成熟中的自我效仿英雄的壮举和龙战——这是人类作为一个整体先于个体完成的事。或者,更准确地说,个体必须再次经历所有的英雄行为,必须效仿杰出个体、原始英雄和创造者——他们的成就已经成为人类集体遗产的一部分——做出功绩。

集体将文化财富传递到成熟个体的价值世界,这些内容也强化了人类意识的成长。同时,集体也会禁止所有与这个过程相悖的发展和态度。作为精神传统的载体,集体从外部支持存在于内部的先天的原型模式,并通过教育来确保其实现。

集体对教育的需求,以及适应这些需求的需要,共同构成了自我为独立而战的最重要援助。"天国"和父亲的世界如今形成了超我或良心。作为人格中的另一个"权威",超我和良心代表着集体意识的价值观,尽管它们会随着集体类型及其价值观的变化而变化,随着集体到达的意识阶段而发生变化。

我们已经指出,天国和男性特质对英雄之战的意义。在这里,我们必须再次强调:在童年早期,代表集体的个人父亲成了关联着集体价值观的权威情结的载体;到了青春期,男性朋友将取代这一角色发挥作用。这两个角色都对龙战有助益,而无论在童年期还是在青春期,龙战都决定了正常自我的心理状况。①

在群体的文化传统中,集体会提供一个有意识的价值世界,供自我使用。然而,自我意识的单方面发展,只会加大两大系统分裂的危险性,并因此引发心理危机。因此,每个集体和每种文化都有一种与生俱来的倾向:在自己的立场和身处它们之中的个体的立场中找到一个平

---

① 如果自我想要以不寻常的方式发展,那么两者都变成了必须被征服的龙。创造性个体就是这样。

衡点。

通常，文化中的平衡倾向会在能够被集体无意识直接冲击的团体生活中发挥作用，也就是说，通过宗教、艺术以及仪式性的群体活动，如战争、节日、游行、集会等来发挥作用。

这些领域对文化平衡的重要性在于：它们阻止了意识与无意识之间的分裂，从而保证了心理功能的统一。

我们必须阐明象征在这一联系中对意识的作用。在努力获得的自由、使自己系统化的意识与集体无意识之间，象征世界用其超个人内容架起了一座桥梁。只要这个世界还存在，只要它还能继续通过各种仪式、崇拜活动、神话、宗教和艺术来运作，它就能阻止两个系统四分五裂。因为借助象征的作用，心理系统的一个面向会持续不断地影响它的另一面向，并在两者之间建立起一种辩证关系。

正如荣格指出的[①]，象征是无意识心理能量的通道，使无意识心理能量被意识所使用并转化为实际的内容。于是，荣格把象征描述为"转化能量"的"心理机器"。[②]

在早期文化中，日常习惯对原始人来说只是无意识的。在神秘参与中，其力比多习惯性地黏附在世界之上，他的生命都在神秘参与状态中度过。通过象征，能量从这种黏附中释放出来，被意识行为和意识活动所用。象征是能量的转换器，把使原始人无所不能的力比多转化为其他形式。这就是原始人的所有活动不得不始于并伴随着各种宗教活动和象征手段的原因。原始人无论在耕作、狩猎、捕鱼还是在其他非日常性的"非惯例"工作中，都会使用这种方式。象征充满魔力，能够捕捉到力比多，也能够吸引自我，因此，只有在象征的帮助下，人们才能采取"异乎惯例的举动"。

---

① 《无意识心理学》(*Psychology of the Unconscious*)。
② 《论心理能量》(*On Psychic Energy*)。

第六章 意识的平衡和危机

对现代人来说，情况仍然如此，只是我们没有意识到罢了。非常规活动的"神圣化"仍然是一个最好的办法，可以使人摆脱日常习惯，让他进入工作所需要的状态。比如，对现代人来说，要把一个小文员变成一个具有责任感的领导者，一个肩负致命工作的轰炸机中队的队长，可能需要他完成最极端的心理转变。即便在今天，这个转变——从一个爱好和平的普通人变成一名战士——也只有在象征的帮助下才能实现。这种人格的变化需要唤醒上帝、国王、祖国、自由和"国家神圣的至善"的象征，并通过具有象征意义的奉献行为来实现。只有通过这种方式，人们才有可能将心理能量从平静的私生活的"自然渠道"转变为杀戮的"非常规举动"。

和个人象征一样，适用于群体的社会性象征也并不单一地源自意识或无意识，而是由"两者的合力"制造的。因此，象征既具有理性的一面，"它符合理性"，又具有"理性无法企及的一面，因为组成它的，不但有理性材料，还有纯粹的内在和外在感知的非理性数据"。①

因此，象征感观的、比喻的成分——来源于感觉和直觉这些非理性功能——不能经由理性来理解。对于诸如旗帜、十字架这样直观的象征来说，这一点是不言自明的。那些与象征性现实有关的更抽象的概念也是这样。让我们以"祖国"这一概念为例，它的象征意义超越了其包含的理性成分，而且每当提到祖国时，无意识的情感因素都会被唤醒。这就说明象征是一个能量转换器，它具有使力比多偏离习惯路线的魔力。

一般而言，象征作用于原始人和现代人的方式刚好相反。②在历史上，象征引领了意识的发展，带来了对现实的适应和对客观世界的发

---

① 荣格，《心理类型》。
② 对现代人来说，象征出现在"路上"具有一种不同的意义和功能。在这里，由于意识和无意识的联合，象征的媒介地位得到了证实。经由象征，意识回到了无意识。对于初民来说，情况也是这样，只是其方向正好相反，是从无意识来到意识。

现。比如，我们现在知道，神兽"先于"畜牧业出现，正如一种事物的神圣意义通常比其世俗意义更古老。它的客观意义是后来才被感知到的，后于对其象征性意义的感知。

在混沌初开时，象征的理性化成分至关重要，因为此时正是人类世界观从象征到理性的转化时期。人们的思维方式从前逻辑性的发展到了逻辑性的，这个过程同样表现在象征中。我们可以看到，象征不断地摆脱无意识情感—动力成分，从而使哲学和科学的思维方式逐渐从象征性思维方式中发展出来。

因为原始人会将自己的无意识内容投射在世界中和物体上，所以世界呈现给他的是被象征浸透的样子，由超自然力量控制。用这种形式，他的兴趣聚焦于这个世界。他的意识和意志是薄弱的，很难操控；他的力比多被无意识牵制，只有极少数能为自我所用。但是，象征作为被投射活化的客体，让人着迷，而且当它能够"抓住"和"扰动"他时，他的力比多就被调动起来，他整个人也被调动起来。如荣格所说①，象征的这一活化作用，是每一种祭礼中的重要因素。只有大地被象征性地活化，农业的辛苦乏味才能被克服，正如仪式中的象征性附体那样，能使任何需要大量力比多的行动都成为可能。

然而，象征也是精神面向的表达，是对无意识中的形成法则的表现形式，因为精神在心灵中表现为"本能"，表现为一种"自成一格的原则"。②只要涉及人类意识的发展，象征的这一精神面向就是决定性因素。象征除了"引人入胜"，也是意味深长的：它不单是一个符号，它还表达意义（它意指某物，也要求被解读）。这一面向不仅涉及感受和情绪，而且事关我们的理解，并唤醒反应。这两方面在象征中协作，组成了象征的独特性。这一点不同于只聚焦于意义的符号或比喻。只要象

---

① 《无意识心理学》。
② 荣格，《论心理能量》。

征是一个活生生的有效力量,它的能力就会超越体验意识和"表达无意识的本质成分"①。这也正是它吸引人和令人不安的原因。意识总会回到它身边,陶醉地围绕着它冥想和沉思,并因此完成不断重复出现在仪式和宗教典礼中的"绕行"(circumanmbulatio)。

在"象征生命"②中,自我并不接受意识理性面向的内容,并会着手分析它、分解它,以便消化它的分解形式。更确切地说,心灵整体将自己暴露于象征作用中,并让它渗透和"扰动"自己。这一渗透性会作用于心灵整体,而不单是意识。

作为无意识的创造性产物,意象和象征是人类心理精神面向的众多表现形式。在其中,无意识的意义和"赋义"(sense-giving)倾向呈现自身,在幻象、梦或幻想中,或再次在一个外界可视的内在意象中,表现为一个可见的神祇的显化。内在通过象征"表达"了自己。

多亏了象征,人类意识才能完成精神化,并最终到达自我意识:

> 只有当人类能够在天神意象中看到自身时,人类才可能理解和认识他自己的存在。③

神话、艺术、宗教和语言都是人类创造精神的象征性表达。在它们之中,这一精神呈现出客观的、可感知的形式,能够通过人类对它的意识而意识到自身。

但是象征和原型的"赋义"功能同样具有强烈的情感面向,而且它们所唤起的情绪情感也是定向的。也就是说,它的特性是有意义的、能

---

① 《心理类型》。
② 荣格,《象征生活》(*The Symbolic Life*)。
③ 卡西雷尔(Cassirer),《象征形式的哲学》(*Philosophie der symbolischen Formen*)。

够发出指令的。正如荣格所说：

> 与原型的每一种关系，不管是通过体验还是简单地通过言语，都足以"震撼人心"。也就是说，它能够发挥作用是因为它能够更有力地释放出我们的声音。他通过原始意象来说话，他发出成千上万种声音；他令人着迷，他震撼人心；同时，他将那些偶然和暂时的表达提升至永恒的领域。他将我们的个人命运变成了人类的宿命，借此唤起我们之中所有有益的力量。一直以来，这些力量都在帮助人类避开危险，找到庇护，熬过漫长的黑夜。①

因此，被原型占据不但能够带来意义，还能带来解脱。因为它解放了一部分在意识发展和随之而来的情感成分消耗中耗尽的情感力量。此外，在这些体验中，也经由这些体验（正如我们看到的那样，它们本是群体体验）群体心理被再次激活。这一激活（至少暂时地）结束了单个自我的孤立。

被原型占据将个体和人类再次联结在一起：他浸泡在集体无意识的激流中，并通过激活自己的集体层面而获得重生。自然而然地，这种体验最初是一个神圣事件，群体会把它当作一种集体现象来庆祝。宗教庆典过去是，而且在很大程度上现在仍然是集体现象。艺术也曾经是一种集体现象。只要涉及原型象征的自我呈现，艺术就始终与舞蹈、歌唱、雕塑以及神话讲述中的祭典相关联。除此之外，艺术保留着神圣的集体特征直至近代，正如我们在希腊悲剧、中世纪神秘剧和教堂音乐等形式中看到的那样。渐渐地，随着个体化的演进，艺术的集体特征才"陷入停顿"。这时，个体的崇拜者、观众或听众才从群体中浮现。

---

① 《分析心理学与诗歌艺术》（*On the Relation of Analytical Psychology to Poetic Art*）。

第六章 意识的平衡和危机

一个国家或一个群体的文化由其原型准则的运作所决定。这一原型准则代表了其最高及最深的价值观，组织着它的宗教、艺术、节日和日常生活。只要文化仍处于平衡状态，个体在文化准则的网络中就是安全的，被其活力支持，但也难逃它的控制。

也就是说，当个体被包含在他的群体文化中时，他的心理系统是平衡的，因为他的意识是被传统的、依靠集体价值观而活的"天国世界"保护、开发和教化的，而且他的意识系统被投射于宗教、艺术、习俗中并被具体化的原型补偿。一旦危机出现，不管是个体的还是集体的，人们就会向这一准则发出诉求。不管是巫医、先知、祭司，还是委员、领导人、部长或官员，都将依赖这一准则，也依赖于它的基本体系——无论这些基本体系是建立在魔鬼、精灵、诸神、单一神上，还是建立在对一棵树、一块石头、一只动物或圣地的理念上。

在每种情况下，诉诸裁决所产生的心理作用将成为一种平衡，带来通行准则的重新定位以及与集体的重新结合，并因此战胜危机。只要价值观网络完好无损，普通个体在这一群体和其文化中就是安全的。换句话说，集体无意识现存的价值观和象征足以保障心理的平衡性。

所有的象征和原型都是人之天性的构造面向的投射。正是这一天性创造出了秩序，赋予万事万物以意义。因此，象征和象征形象是每一种文明的优势成分，不管是在早期文明还是后期文明中都是如此。它们是意义之茧，人类围绕着它旋转，所有的文化研究和文化解读实际上都是对原型及其象征的研究和解读。

在宗教节日和与它们相关的艺术中，集体会对具有决定性的原型进行重新设定。这种集体的再设定将赋予生命以意义，并使它充满情感。这是从其幕后的超个人心理力量中释放出来的情感。即使抛开原型的宗教体验和神圣体验不谈，我们也要考虑原型的审美和净化的作用——即便我们忽视酗酒、纵欲或放荡带来的原始附体情况。在这里，我们可以再一次回溯发展过程中的渐变。

最初，一切尽在象征之无意识的情感强制力之下。这些象征会在仪式中呈现，而仪式的目的是表现和"设定"这些象征。比如，在古老的加冕仪式中，象征和仪式完全等同于国王的典范生活。后来，仪式表现为神圣行为。这一神圣行为由集体来"施行"，尽管它仍被投注了神奇的仪式效力。

渐渐地，象征的"意义"结晶成形，与行为分离，成为一种文化内容，能够被有意识地理解和解读。虽然仪式的形式和以前并无二致，但它已经成为一个有意义的游戏，比如启蒙仪式，而且对象征的解读已经成为启蒙的精髓部分。于是，重点落在了有意识的同化和自我的巩固之上。①

作为中心化倾向的表达方式，补偿法则继续作用于整个文化领域——只要这种文化仍然保持"平衡"。文化准则中的超个人内容的介入对集体产生的补偿，以及这一补偿对宗教、艺术和习俗的影响，绝不仅仅是"定位"（产生意义和价值），它还会解放情感，并带来一种再协调。随着意识系统的分化和专门化，这种情感补偿会变得越来越重要。

我们可以在梦中看到相似的现象。在梦中，中心化倾向支配了意识的补偿。在中心化倾向的引导下，梦将意识所必需的内容提供给了它。中心化倾向努力地实现平衡，试图修正那些威胁整体的畸变、片面性和疏忽。

不用说，梦改变了意识定位，也带来了意识和人格的再协调。这种再协调表现为态度的彻底转变，比如，我们睡一觉后可能会精神焕发、

---

① 我们可以一路追踪，从旧象征仪式的变体到神话和古典悲剧，再到现代戏剧，来看二次个性化的影响。我们会再一次看到，超个人因素的陷落和个人因素的崛起有着相同的发展路线，都开始于超人类力量和诸神的"游戏"，结束于"闺房"。

第六章 意识的平衡和危机

警觉、精力充沛，也可能会无精打采、垂头丧气、沮丧不已或烦躁不安。同样，意识内容似乎也会随情感负荷的不同而发生改变。不愉快的内容突然变得愉快，并因此发生了本质上的变化；从前吸引我们的事一下子变得黯然失色；欲望令我们作呕；难以企及的事成了迫在眉睫的需要。这样的事情简直不胜枚举。①

意识的情感再协调因此产生了一种无意识的重新定位。对病人来说，这一情感再协调会被可能瓦解甚至摧毁生活的无意识的群集影响，因为这一行为未被纳入整体结构。但是对健康人而言，这种再协调却受中心化倾向的指引。因此，对他来说，情绪性给他的刺激是积极的，能够调动他去行动，要么吸引他，要么使他感到厌恶。缺少这一情感协调的地方只会死气沉沉：呆板的知识、乏味的事实、毫无意义的数据、支离破碎又毫无生气的细节，以及死气沉沉的关系。但是，当情绪成分加入时，兴趣的力比多流就会被唤醒，新的群集和新的心理内容会再一次开始流动。这一兴趣是一种有定向力的情感作用。大多数时候，它在无意识中发挥作用，因为那些我们能用意识控制的兴趣只是无意识主流里的一条小支流。无意识主流贯穿了并调节着人们的心理生活。

在文化中，这种生命力的情感流由原型来疏导，而原型会并入群体的文化准则。虽然情绪性或多或少受制于由公共习俗和习惯铺设的传统路径，但它仍然是一股活生生的力量，可以使个体得到重生。

然而，群体的集体性仪式并不是超个人力量上演的唯一舞台。同样，个体的日常生活也嵌入了一个象征网。生命的所有重要日子，出生日、成人仪式、结婚日，等等，都被挑选出来，成为纪念日。人们觉得这些日子是集体性的、超个人的，也就是说，它们不仅与个体有关，还

---

① 一直以来，这一再协调和再情感化一直没有得到深度心理学的足够重视，这是因为研究者长期以来醉心于身体因素的研究。但是对一个梦做身体上的解读并不能解释它是怎样影响再协调的。在这里，我们只关注情感因素对梦的解析和治疗的重要性。

与原型的文化准则产生了关联，因此被神圣化了。

与伟大的自然过程保持接触，这一行为调节和维持了群体和个体的生活。天体庆典是向太阳和月亮表达敬意；周年庆给生活提供了神圣的设定，并指明方向。这些节日链接了历史事件。在这些历史事件中，集体把它的历史当作人类的历史来庆祝。在任何地方的生命中，都充斥着神圣的时代、神圣的地方和神圣的日子。在大地上，神殿、寺庙、教堂、纪念碑和纪念馆星罗棋布，宗教和艺术在这个暂时的空间里存放了其原型内容。在每一个地方，超个人的价值观准则也在它所支配的团体中留下了永恒的印记。通过同样的方式，时间也卷入节日和其隆重的庆典——戏剧、竞赛、播种和收获的节日、圣礼——和仪式之中。通过它们，天国和世间生活融合在了一起。

然而，超个人神圣而富于情感的力量与个体生活的联系更为密切，其意义更为深刻。生与死、成人、结婚和生孩子在任何地方对人来说都是"神圣的"，正如生病与康复、快乐与不快，都为他提供了一个机会，将他个体的命运和超越他的命运联系在一起。在与原型相联系的地方，纯粹的个人世界会被修改。

我们无意引用大量细节来展示不断涌入的超个人生活是怎样保证个人活力的。[1]我们关注的仅仅是基本情况。也就是说，只要文化"保持平衡"，在其中的个体通常就会与集体无意识维系着一种适当的关系，即使这只是与文化准则的原型投射及其最高价值观的关系。

对正常人而言，这一框架内的有组织的生活杜绝了无意识侵入所带来的危险，并保证了个体拥有一种相对高的内在安全性，让他能够在一种世界—系统中过上有序的生活。在这个世界—系统中，人类与宇宙、个人与超个人是连接在一起的。

---

[1] 范·德·列维（Van der Leeuw），《宗教的本质及其表现形式：神圣生命》（*Religion in Essence and Manifestation: Sacred Life*）。

第六章 意识的平衡和危机

这一规则的例外是"局外人"——然而,团体依赖于这一例外。这些"局外人"属于另一种类型,在神话中,他们是英雄,是杰出的个体。

杰出个体和集体之间的辩证游戏直到今天仍在继续。对杰出个体而言,超凡脱俗是唯一的目标。他必须战胜平庸,因为平庸代表了旧秩序的力量,会限制他的发展。但是战胜日常生活——也就是非英雄的生活——始终意味着牺牲正常的价值观,因此会和集体有冲突。就算英雄在日后会被尊奉为文化播种者或救世主,这也是他在被集体消灭之后的事了。英雄在神话中掌握权力也只是一种超个人的真实。他和他的价值世界可能会获得胜利,取得权力,但是常常发生的情况是,他并不能作为一个人活下来体验到这种权力。

英雄或杰出个体始终是卓越之人。他具有即时的内在体验,他是预言家、艺术家、先知或革命者,他能够看到、表达、陈述和实现新的价值观,也就是"新的意象"。他的方向来自"声音",来自自性独特的内在话语。这一话语能在第一时间给出"指命"。这就是这种个体类型的卓越方向。准则总会被"发现",只要我们能够根据声音传达的启示进行判断。对声音的体验也常常是准则的有机组成部分,如美洲印第安人的守护精灵,或个体不得不获得他自己的特殊图腾。甚至当他被集体无意识的自发行为压倒并有了病理症状时,以及在他精神错乱地宣告超个人的意志时,他仍然被看作神圣的,这恰恰是因为他陷入了疯狂。带着深刻的心理洞察力,人类可以看到他是这一力量的牺牲品。经由超个人力量的"触摸",他变得神圣了。

我们现在还不想讨论,对于创造性个体而言,附体是源于集体心理行为还是源于他自己的意识,或者是源于其个人心理系统的过量还是不足。所有可能性都是存在的,但是只有在对创造性问题进行单独研究后,我们才能对这些可能性进行检视。

然而，原型准则始终由"不按常理出牌"的个体所创造，这一点很重要。他们是宗教、教派、哲学、政治学、意识形态和精神运动的创建者。在安全的情况下，集体中的人不必接触直接启示的原始火焰，也不必去体验创造的阵痛。

提及创造艺术的补偿功能，荣格写道：

> 这之中存在着艺术的社会意义。它辛勤劳作，不知疲倦地教化这个时代的精神，创造了这个时代最缺乏的模式。艺术家从对现状的不满中退出。他渴望回到无意识的原始意象中。这原始意象是那个时代的缺失和精神片面性的最佳补偿。艺术家抓住了这一意象，努力从无意识最深处将它唤起，让它更接近意识。通过这种方式，艺术家改变了它的样子，直到它能够为他同时代的人所接受。①

英雄对修饰和润色现存的准则而言，并不具有创造性，尽管他的创造性可能会显化为他那个时代的原型内容。真正的英雄是那个带来新的价值观和粉碎旧价值观〔即"父龙"（father-dragon）〕的人。父龙会以所有传统和集体力量为后盾，竭力阻止新价值观的诞生。

创造者构成了团体中的进步元素，同时，他们也是保守派，与源头保持着联结。在这个声音的指示下——无论创造者把自己的任务阐述为宗教天命还是实用的伦理，他们在不断上演的龙战中攻占新领土，建立起新的意识领域，并推翻过时的知识体系和道德观。新的活力源自无意识深处。无意识的深层运用其强度抓住个体。因此，无意识深度和强度（而并非意识心的意识形态）才是声音召唤的真正评判标准。

凭借象征，原型冲破了富有创造力的人物，进入了有意识的文化世

---

① 《分析心理学与诗歌艺术》。

第六章 意识的平衡和危机

界。正是这一深层实相丰饶、转变和拓宽了集体生活，为集体和个体提供了能赋予生活以意义的背景。不论在原始文化中，还是在我们这个时代过度意识化的文化中，宗教和艺术的意义都是积极的、整合性的，因为它们为过度压抑的内容和情感成分提供了一个出口。无论是对集体还是对个体，意识占主导地位的父权的文化世界都只是整体的一部分。集体无意识已被驱逐，但它的积极力量仍竭尽全力通过创造性人物表达出来。经由他，这一力量进入团体。一方面，这一力量是"旧"力量，被文化的过度分化挡在门外；另一方面，它又是新的未知力量，注定要塑造未来的模样。

这两种功能都有助于文化"保持平衡"，因为它们能够确保文化不会过分偏离根基，或者不会因为其守旧性而僵化。

但是英雄作为补偿的载体，既远离了普通人的情况，又偏离了集体。这一去集体化必然会导致痛苦，令他经受煎熬，因为当他为自由而战时，他同时是过时的旧秩序的受害者和代表人物，他不得不在灵魂深处背负这一重担。

荣格早已指出这一事实的意义[①]。他说，英雄命中注定要做出牺牲和受苦。

无论他的行为是否被看作献身，他都会像赫拉克勒斯一样，其生活由一系列艰苦的劳作和困难的任务组成。而且，在每一个地方，我们都能清楚地看到牺牲和受苦的主题，不管这一象征意义的形式是向密特拉神献祭公牛，还是像耶稣一样被钉在十字架上，或者像普罗米修斯一般被锁在高加索山上。

牺牲可能意味着舍弃童年的旧母权世界或成年人的真实世界。有时候，人们不得不牺牲未来而成就现在，有时候，英雄会牺牲现在，以便

---

① 《无意识心理学》。

成就未来。如同多灾多难的现实生活,英雄的天性也多种多样。但他们总是被迫牺牲正常生活,不管这种生活以何种面目出现,也不管他们是母亲、父亲、儿童、故乡、爱人、兄弟还是朋友。

荣格指出,英雄面对的危险是"孤独终老"[①]。这种痛苦是作为一个自我和个体必然要承担的。对英雄来说,它含蓄地指出英雄在心理上与同伴的不同之处。他可以看到他们看不见的东西,不迷信他们所迷信的事。这也意味着他是与众不同的,因此他必然形只影单。普罗米修斯被孤单地锁在岩石之上,耶稣被孤零零地钉于十字架上,这是他们不能不承受的牺牲。他们必须为盗火和拯救人类承担相应的代价。

普通个体没有自己的灵魂,因为群体及其价值准则会左右他们的心理,但是英雄可以召唤自己的灵魂,因为他一直以来都为之而战并取得了胜利。因此,如果不能赢得阿尼玛,就不会出现英雄的、创造性的行为。英雄的个体生活从最深层的意义上说与阿尼玛的心理实相紧密相关。

创造一直都是一项个体性的成就,因为每一种创造工作或创造行为都是新的,之前没有出现过,是独一无二的,不能被复制的。因此,人格中的阿尼玛成分与"声音"相联系,而声音表达了个体中的创造因素,并与父亲、集体和道德意识的因循守旧形成鲜明的对比。阿尼玛作为女先知、女祭司,是灵魂的原型。这一灵魂原型孕育了逻各斯——上帝的"生殖话语"。她是激励者,也是被激励者。她是处女索菲亚,圣灵使之受孕。她是处女母亲,创造了逻各斯—精神—儿子。

在早期的乌罗波洛斯和母权阶段,只存在一种类型的先知。他牺牲自我,认同大母神,变得柔弱如女子,在无意识的压倒性影响下发表自己的言论。这种先知分布广泛。其中最著名的一种形式是占卜预言,一

---

① 《无意识心理学》。

第六章　意识的平衡和危机

个女人扮演西比尔或皮提亚这类预言家或祭司。后来,她的功能被男性预言家或祭司取代。我们在沃坦和艾尔达的关系中可以看到这一点:沃坦接收到大母神的古老智慧,具有预言一切的天赋,但他不得不以牺牲右眼为代价。因此,伴随着狂喜和狂暴的情绪,沃坦主义在它的狂欢形式和预言形式中,缺少了了解高级知识的明亮眼睛。艾尔达从"上方阉割",拿走了这双眼睛。

沃坦的黑暗面会化身为野蛮猎人和荷兰鬼船。他们是大母神的随从。在他们精神不安的背后潜藏着对乌罗波洛斯乱伦,也就是对死亡的长久渴望,而这种渴望似乎已深深地扎根在日耳曼人的心中。①

还有一种先知与迷恋母亲的先知类型截然相反,其崛起于古希伯来。这一点绝非偶然。其基本特点是他与父亲形象的亲和关系,而且,意识的保存和加强也依赖于这一亲和关系。对他而言,占卜预言和梦境预言远不及健全意识做出的预言。预言的强度取决于意识的强度。因此,摩西被看作最伟大的预言家之一,因为他能够在白天见到上帝,并与之面对面。换句话说,被激活的超个人层面的深刻洞察力和高度发展的意识的敏锐眼光,不得不被带入关系,而且其中一方的发展不必以牺牲另一方为代价。

因此,英雄和自我一样,站在两个世界之间:一个是内在世界,威胁着要压倒他;另一个是外在世界,试图清算他打破老旧法则欠下的债。只有英雄才能站在这里抗击这些集体力量,因为他是个体的典范,拥有意识之光。

尽管集体最初带有敌意,但它后来还是把英雄纳入了自己的万神殿。英雄的创造性品质作为一种价值观也继续活了下来,至少在西方准则中是这样的。他是旧准则的破坏者,却被纳入了准则之中,这一悖论

---

① 荣格,《沃坦》(*Wotan*);宁克(Ninck),《沃坦和日耳曼的宿命论》(*Wodan und germanischer Schtcksahglaube*)。

是西方的意识创造特质的典型特征。我们之前已经反复强调过西方意识的特殊地位。自我在传统中成长，而传统要求个体效仿英雄，因为英雄创造了当今的价值观标准。也就是说，意识、道德责任和自由等，都被看作至善。个体的教育取决于它们，但是那些胆敢违抗文化价值观的人却会倒霉，因为作为旧秩序的打破者，他们立即会被集体驱逐出去。

只有英雄才能创造性地攻击他所在的文化，摧毁旧秩序，摆脱文化的羁绊，但是通常而言，文化的补偿结构必须被集体不计代价地保存下来。它对英雄的抗拒和驱逐是正当的，这是一种防御手段，集体用它来防御即将到来的瓦解。因为这样的瓦解——比如杰出个体的改革是令人震惊的——会影响成千上万的人。当一种旧的文化标准被摧毁时，在接下来的一段时间内，世界一定是混乱和具有破坏性的。这种情况也许会持续几个世纪（大量受害者被屠杀），直到一种新的、稳固的标准被重新建立起来，与此同时，足够强大的补偿结构出现，足以在一定程度上保证集体和个体的安全。

系统的分裂：危机中的文化

我们现在要描述的是，在发展过程中，意识解放是怎样陷入危机的，意识从无意识中分离又是怎样导致分裂的危险的。此时，我们作为一个整体，进入了这个时代和西方发展的文化危机。我们只能审视之前描述过的心理倾向，在限定的主题中，尽可能地理解文化问题。我们很希望能够进行进一步的探索，因为这里涉及的是一个炙手可热的时事性话题，但是我们必须像在其他地方一样适可而止，只指出现象，而不深究其因果关系。①

我们现在正在经历着西方文化的危机。西方文化与我们所知的其

---

① 在附录中，我们将进一步阐述这里提及的一些问题。

他任何文化都不相同。虽然它也是一个连续体，但它自身处于不断变化的过程之中，尽管有时候变化的程度并不明显。我们通常把西方文化分为古典时期、中世纪和现代，其实这种分法是完全错误的。我们可以从深入的分析中看到，西方人不断地进行着运动和反向运动，但是运动的方向在开始时就已经确定了下来。他们一直朝着这个方向稳步前进：将人从自然中解放出来，让意识摆脱无意识的束缚。中世纪的文化标准同样嵌在这一连续体中，不仅因为这一标准的重点在于个体的灵魂及其解放，还因为它继承了古典时期的精神遗产。正如所有教会历史充分显示的那样，这一精神遗产不仅是一种形式。

尽管保守主义倾向存在于每一种标准之中，但在西方标准中同样存在着革新成分。这种革新成分来源于准则对英雄原型的接受。当然，英雄形象并不是准则的中心点，它的革命性影响也不容易被识别。然而，当一个人看到在短短的时间内教会历史上最具革命性的角色被同化，并创造出一种新标准变体时，他就会意识到接受英雄原型的全部意义了。个体灵魂的神圣不可侵犯性，在整个中世纪都被强调，虽然这与正统相悖，也有许多异教徒被处以火刑。这一倾向持续了很久，直到文艺复兴时期才被世俗化。

对个体意识的强调也是如此。相较于古代，再集体化是中世纪的一个显著特征。它不仅是一个神学问题，更是一个社会问题。在当今时代，也就是说，在过去的一百五十年里，我们亲眼见证了一个类似的过程以非神学的形式发生。这样，我们可以更好地理解它们之间的关系。我们指的是，因为欧洲落后民族的基督教化，大众出现了再集体化现象。这种再集体化与古代有教养的人所获得的高标准的个人意识形成了十分强烈的对比。现在也是如此，与单个个体——这是文艺复兴以来西方文明的最终产物——相比，当受压迫的民众参与历史时，其意识水平和个体文化水平将不可避免地被暂时拉低。

大众聚集、旧标准没落、意识与无意识分裂、个体与集体分离，这四种现象是同时发生的。它们之间存在着多大的因果联系，这一点我们很难说清。但无论如何，我们清楚的一点是，在集体中，一种新的标准正在形成。在心理层面，原始的集体情境占据了优势，而且，相较于过去几个世纪的西方发展，在这一新集体中，神秘参与的旧规律更为盛行。

与现代人心理上的这一反动集结同时产生的是另一种社会学现象，即所谓的新的种族文化登上历史舞台。也就是说，人们不应该把大众参与历史的原始集体情境与再集体化现象混为一谈。此处，再集体化指的是不计其数高度个性化的、过于专门化的城市居民退化成了一个大众集体（参见附录）。发展之进步路线和后退路线交织在一起，体现了现代集体和文化心理的复杂性。

虽然从最初开始，自我就知道要"远离无意识"，但是自我作为中心化倾向的器官不能失去与无意识的接触，因为无意识是其自然平衡功能的基本组成部分，能够为超个人世界提供其应有的位置。

发展会带来意识与无意识系统的分化。这种发展与心理分化的必然过程一致。但是，与所有分化一样，其中存在着过度分化的风险和反常性。个体中意识功能的分化潜伏着过度分化及片面性的危险，而西方意识在整体上的发展无法避开这种危险。现在，问题出现了：意识分化到底能走多远？它什么时候会走向其反面？也就是说，在英雄的发展中，什么时候会发生突变的危险？正如我们在许多神话中看到的那样，这种危险的确会导致英雄的毁灭。

过度的稳定会给自我带来束缚。一个过分独立的自我意识会与无意识隔绝，自尊和自我责任感也会堕落为傲慢和自大。换句话说，如果意识站在无意识的对立面，它就可能会失去与整体的联结，腐化变质，尽管最初它不得不表现出来的是：人格为获得整体性而奋斗。①

---

① 这种现象是所有心理疾病的中心，是神经症的普遍理论的一部分。

第六章 意识的平衡和危机

意识与无意识的疏离有两种表现形式：意识僵化和被附体（possession）。意识僵化是发展后期的产物，因此神话中并没有提及这种现象。在僵化的意识中，意识系统在自主的道路上越走越远，与无意识的联结危险地萎缩了。这一萎缩的表现形式是自我意识不再具有为实现整体性而奋斗的功能，人格也变得越来越神经质。

附体是意识失去与无意识联系的第二种表现形式，它所呈现的是另一个不同的画面。意识系统被精神吞没，虽然它曾在精神的帮助下，试图摆脱无意识的霸权，争取自由。我们把这种现象称为"父权阉割"。因为在这里，自我的创造活动受到了父亲的阻碍，就像之前受到母亲的阻碍一样。

无意识吞没自我，并以意识的分解而告终。与之不同的是，这里的主要特征是自我的无限膨胀。

母权阉割涉及的是男性意识的丧失、萎缩和自我的退化。其症状是抑郁、力比多流向无意识、意识系统缺血，以及"意识水平降低"。

父权阉割的膨胀——由自我对精神的认同导致——的过程恰恰相反。它导致了意识系统的自大和过度扩张。意识系统会过度承载它不能同化的精神内容和属于无意识的力比多单位。这种情况的主要象征是"升天"，其症状是"某人失去了脚下的土地"：他不是被肢解了，而是失去了身体；不是抑郁，而是躁狂。

躁狂与所有过分强调意识系统的迹象有关，如愈演愈烈的联想，有时实际上是联想的"神游症"，突发的意志和行为，盲目乐观，等等。这些症状与联想减缓、意志和行动减弱，以及在抑郁期显而易见的悲观主义形成鲜明对比。对大母神的认同会削弱意识的男性面，降低意志的活跃度和自我的定向力量。同样，对精神父亲的认同也会削弱意识的女性面。意识因此失去了无意识的平衡力，而这一力量可以深化和减缓意识的意识过程。由此可见，在两种形式中都存在着对补偿的干扰，但是情况并不相同。

对自我和无意识之间富有生产力的关系来说，补偿是第一位的，也是必不可少的。这意味着公主（也就是灵魂）不仅在母权阉割中不再属于自我，有时在父权阉割中也是如此。

但是，正如我们在本书第一章中阐明的那样，两种形式背后都隐约可见原始的乌罗波洛斯阉割。在其中，分化的倾向会被抵消。用心理学的术语来说：躁狂症和抑郁症只是发疯的两种形式，是被乌罗波洛斯吞噬状态的表现形式。这种状态会毁灭所有的自我意识。因此，退回到无意识之中（即被大母神吞食），以及逃回"意识之中"（即被精神父亲吞食）是两种形式。在其中，真正得到补偿的意识迷失了，为实现整体性而做出的努力也失败了。缩小和膨胀，都会摧毁意识的功效，二者都意味着自我的失败。

对于精神膨胀，最好的例子是尼采笔下的疯狂的查拉图斯特拉。精神膨胀是一种典型的西方式的极端发展。如果把意识、自我和理性当成心灵发展的指引目标，那就是非常合理的，但是它们被过度强调了。在这个过度强调的背后，存在着"天国"的压倒性力量。这种力量是危险的，它超越了英雄与龙世俗面向的斗争，其发展顶点是脱离现实与本能的精神性。

在西方，这种退化形式并不是精神膨胀，而是意识僵化。在这里，自我会将意识等同于一种精神形式。在大多数情况下，这意味着精神等同于智力，而意识等同于思考。这种限制完全是不合理的，但是，"远离无意识"，朝向意识和思考的父权发展倾向却使得这种认同无可厚非。

由于这一极端性，意识系统失去了其作为中心化倾向补偿器官的真正意义，而中心化倾向的功能就是表现和实现心灵的整体性。自我同其他事物一样退化成一种心理情结，在其自我中心性中展示出自恋。自恋，是每种情结的典型特征。

第六章 意识的平衡和危机

在这种情况下,所有在意识的形成中有所贡献的发展都走向了极端,变得扭曲。比如,一个无意识内容分裂为物质成分和情感成分,原本这对意识的发展有益,但是现在,对一个从无意识中分裂出来并过分生长的意识来说,这成了危险的特征。情感成分的枯竭,以及自我与原型意象世界的疏离,使它没有能力对感觉意象产生反应。这一事实在现代人身上格外引人注目。面对无意识意象,甚至面对意外情况,现代人都难以产生反应。与原始人能瞬间产生反射行为相比,即便现代人还能够产生反射行为,其情境和反射之间的间隔时间也大大地延长了。

情感敏感和情绪性的丧失——意识的功能分化会加剧这种丧失——是意识活动的基本条件,而且毫无疑问有助于现代人的科学工作。但它具有一个可怕的阴影面。当意识认识必须压制情感成分时,它就只能利于非创造性工作,这也是非创造性工作的典型特征。此外,创造过程不能也不应该排除强烈的甚至极其兴奋的情感因素。后者似乎是这一过程的组成部分。每一个新概念、每一种创意都包含了无意识元素。情感因素中包含的内容与无意识内容集合,会使人产生兴奋感。单是意识系统与无意识情感基调的联结,就能使创造性成为可能。因此,如果走向极端,西方发展的分化和情感抑制倾向就会带来一种贫瘠效应,并阻碍意识的扩张。一个很好的例证是,具有创造力的人身上总有些孩子气的东西,意识和无意识不会过度分化。这些孩子气的东西是创造力的原生中心。如果把这些特征称为"幼稚",并试图将其削减至家庭罗曼史的水平,那就真是不得要领的做法了。

把所有超个人内容削减为个人人格术语的倾向,是二次个性化最极端的形式。情感成分的枯竭和二次个性化具有一个重要的、历史性的实现功能,因为其有助于自我意识和个体摆脱无意识的控制。这就解释了为什么它们总是出现在前个人或超个人到个人的转型时期。但是当二次个性化试图通过贬低超个人力量来确认自己时,它就危险地高估了自我。这是典型的现代心智的错误群集。这时，现代心智已经不能再看到任何超越自我意识的个人范畴的东西了。

如今，为了贬低他们所惧怕的无意识力量，西方人推崇二次个性化。超个人力量的至高无上，无意识的至高无上——从精神上说，它是超人格的所在——受到了诋毁和诽谤。这是一种辟邪式的防御魔法，它一直试图用一句"只不过"或"事情没你想的那么糟"来搪塞和消除危险。荒凉而危险的黑海被委婉地称为"欧克辛斯海"和"好客之海"，或者，复仇女神厄里倪厄斯被唤作欧墨尼得斯，上帝可怕的不可知性也成了"博爱而仁慈的天父"以及"孩子的摇篮曲"。所以现在，我们误认为超个人力量只是个人力量。造物主的原始神性，以及栖身于人类灵魂中的暴虐的、奇特的原始图腾动物，一直以来都被篡改。现在，据说这来源于一只史前猩猩，或此类父亲的沉淀物，尽管这些父亲在自己"孩子"面前并没有什么父亲的样子。

对二次个性化的夸大，表现了人类努力想要通过内摄来重新获得外在具体化的心灵内容。但是，这一过程的必然结果是，之前看似是外界的内容，被确认是内在的。于是，超个人力量现在出现在人类心灵中，并被看作"心灵因素"。当这样的事情发生时，就意味着一种充分的同化已经完成了。这部分地在表现在本能心理学中，并被荣格的原型理论有意识地阐述出来。但是，如果二次个性化误入歧途，自我就会过度膨胀。自我会称超个人力量为幻觉，把它贬低为人格自我的材料，并以此来破坏超个人力量。

结果，二次个性化作为意识同化之先决条件的全部意义被废弃了，因为超个人力量此时受到了压制。它不能再被有意识地同化，它只能作为心灵内部一种模糊而强大的"无意识"因素消极地继续运作，就像人类发展伊始时它作用于外界那样。这一形势的问题在于，它本身是合理和必要的，但是如果被夸大了，就会导致荒谬和危险。

第六章 意识的平衡和危机

我们可以在理性化中找到一个相对应的过程。在理性化中，原型会被详细阐述为一个概念。如我们所见，这个发展路线是这样的：原型一开始是一个有效的超个人形象，接着发展成一个想法，再到某人"形成"一个"概念"。一个很好的例子是关于上帝的概念。这个概念现在全部来源于意识领域，或者被声称来自意识领域，因为自我被欺骗了：不再有超个人的力量，只有个人的力量；不再有原型，只有一些概念；不再有象征，只有一些符号。

一方面，无意识的这一分裂导致了缺乏意义的自我生命；另一方面，这一分裂激活了更深的层面。现在，这一层面越来越具有破坏性，能够借助超个人力量的侵入、集体流行症和大众心理疾病来毁灭自我的独裁世界。意识和无意识之间的补偿关系被打乱了，这个现象不能被轻视。即使它没有严重到使人产生心理疾病的地步，丧失本能和过度强调自我也会群集文化危机，贻害无穷。

虽然我们不能彻底弄清楚这种情况造成的心理和道德上的恶果，无法找出它们是怎样影响群体中的个体的[①]，但我们应该细想一下，我们所指的价值观的沦落是什么，原型标准的瓦解又是什么。

文化标准起源于无意识中原型意象的投射。它的效力变化多端，要么因为群体意识经历了一次进步或退行的突变，要么因为集体无意识中发生了某些变动——这种变动或是自发的，或是对社会和政治变化的反应。我们不得不抛开"在何时、在何种情况下，真实世界的改变会引起集体无意识的变化"这个问题，也不得不把"在何时，在何种情况下，集体无意识的变化会出现在社会巨变中"这个问题放在一旁。在西方过去几百年的发展中，价值观标准已经不断瓦解了。这一点是不言自明的。然而，这种瓦解并不能阻碍我们怀着恐惧和惊异的感受去体验这一

---

① 见拙作《精神分析学与新伦理学》。

过程的苦果。过去是这样，现在是这样，未来也是这样。

旧价值体系的瓦解正在如火如荼地进行着。上帝、国王、祖国，都成了问题，自由、平等、友爱、爱与公平竞争、人类的进步和存在的意义，也成了问题。这并不是说，它们不再作为原型本质的超个人因素继续影响我们的生活，而是说它们的有效性，或至少是它们的位置，已经岌岌可危了。它们彼此的关系已经出现了问题，旧的等级秩序也已经被摧毁了。

通过这种方式，缺乏内在补偿活动支持的个体脱离了文明的有序结构。对他来说，这意味着超个人体验失灵了，世界的地平线收缩了，所有的确定性和生活的意义也丧失了。

在这种情况下，我们通常可以观察到两种普遍反应。第一种反应是退回到大母神那里，回到无意识之中，这代表着个体已经准备好成为大众的一员，作为拥有新的超个人体验的集体原子，获得一种新的确定性，占据优势地位。第二种是迁徙到大父神阶段，进入个人主义的孤立状态。

当个体像这样脱离文化结构时，他会发现自己被彻底地孤立在一个自我肆意膨胀的私人世界中。与象征生活相比，这种纯粹以自我为中心的生活是躁动不安、不满足和毫无节制的，也是虚无缥缈和无意义的。这是这一"心理背叛"的不幸结果。

随着原型标准的瓦解，单个原型于是占据了人们的内心，并像恶魔一样耗尽他们的生命。虽然相同的事情发生在整个西方世界，但这一过渡现象及其症状在美国更为典型。每一种可能的优势类型都控制着人格，即使它只是徒具"人格"之名。杀人犯、土匪、强盗、小偷、伪造犯、暴君和骗子，他们的伪装骗不了人，但他们也已经取得了集体生活的控制权。这一怪诞的事实是我们这个时代的特色。人们认识到他们不择手段，两面三刀，但对此感到艳羡。至多，他们从散落的原型内容中获取了无情的能量，而这一原型内容又掌控着他们。着魔的人格有很大的动力，因为它偏狭的原始性使它没有承受使人成为人类的分化之苦。

第六章 意识的平衡和危机

对"野兽"的崇拜绝不局限于德国,在那些为片面性、攻击和道德无知鼓掌喝彩的地方,也就是说,在野蛮强权横扫文化行为的地方,它都占据了上风。你只需看看现在西方流行的教育理念就会明白这一点。

比如,在心理学意义上,金融和工业巨头着魔般的品质是十分明显的,因为他们受制于一些超个人因素,如"工作""权力""金钱"等。用通俗的话说,这一超个人因素"耗损"他们,只给他们留下少许或完全没有留下私人空间。另外,他们对文明和人性采取了虚无主义的态度,这使得他们的自我领域膨胀起来,表现出野蛮的自我主义,完全无视公共利益,企图转向一种利己主义的存在方式。在这里,个人权力、金钱和"经历"极为琐碎却极为丰富,占据了一天中的所有时间。

从前,文化标准的稳定性保证个体具有一整套有序的价值观,一切都有合适的位置。现在,这已经不在了,原子化的个体被超个人性的专制优势成分占据和吞噬了。

不仅权力、金钱和欲望是如此,作为绝无仅有的决定性因素,宗教、艺术和政治,也以政党、国家、宗派、运动和"主义"等形形色色的形式占据了大众,摧毁了个体。我们绝不会将掠夺成性的资本家、有权势的政治家与献身于一种理念的人相提并论,因为后者被塑造人类未来的原型占据,愿意为此献身。然而,以深度心理学为基础的文化心理学的任务在于陈述一种新思潮,这就需要把这些恶魔附体似的集体作用纳入考虑范围,而且,这也意味着对此负责。

人格可能因为一个想法而崩溃,人格也可能因为空洞的、与人格有关的权力斗争而被瓦解。前者的危险性并不亚于后者。两种结果都可以在灾难性的群众聚集和现代人的再集体化中看到(见附录)。我们已经在其他地方[1]尝试展示深度心理学和新思潮的关系。新思潮最重要的一

---

[1] 《精神分析学与新伦理学》。

个结果是，人格的整合，也就是人格的完整性，成了最高的道德目标，而人类的命运就依托于这个目标。尽管深度心理学已经教会我们去理解被原型占据是必要的，特别是对"高级人"来说，但是这并不会使我们对这种附体的潜在致命危险熟视无睹。

我们描绘这个时代的画面，不是为了控诉，也不是为了赞颂"美好往昔"。我们从周遭看到的现象是崩溃之症。从各方面来看，这种崩溃是必要的。旧文明的崩溃、文明在更低层面上的重建会被证明是正当的，因为新基础将得到极大的扩展。即将诞生的文明将会是一个远高于过去任何文明的人类文明，因为它将克服重大的社会、民族和种族的局限。这些不是异想天开的白日梦，而是铁一般的事实，而且其分娩时的阵痛将给无数人带来无尽的痛苦。不管从精神上、政治上，还是从经济上来说，我们的世界都是一个不可分割的整体。按照这个标准，拿破仑战争只是微不足道的"军事政变"，而那个时代的世界观对我们来说实在是太狭隘了。

我们文化中的原型标准崩溃了，这一崩溃极大地激活了集体无意识。或者说，集体无意识的激活就是其特点，这表现为群体运动，对我们个人命运有深远的影响。然而，这一崩溃只是一种稍纵即逝的现象。在旧标准仍在互相残杀之时，我们在单一的个体中看到，未来被整合的可能性蕴含在哪里，以及它看起来会是什么样子。思维从意识转向无意识。人类意识与集体心理力量可靠的和解，是人类未来的任务。对外部世界的修修补补和社会改良不能消灭恶魔，也不能平息诸神和人类灵魂中的魔鬼冲动，不能阻止它们一次又一次地拆毁意识的构造物。除非它们在意识和文化中被委派一个位置，否则它们不会善罢甘休。但是，一如既往地，为这种和解所做的准备，取决于英雄，取决于那个杰出个体。他和他的变形是伟大的人类原型；他是集体的试验场地，就像意识是无意识的试验场地一样。

第七章 中心化倾向和人生各阶段

朝圣，朝圣，不过是条找到自己的路罢了。
——法里德丁·阿塔尔（FARID UD-DIN ATTAR）

儿童期的延长和意识的分化

在第一部分内容中，我们讨论了意识发展的各原型阶段，它们显化于人类的集体无意识的神话投射中。在第二部分中，我们试图展示人格在人类历史进程中是怎样形成的、为什么会形成，以及它与各原型阶段之间的关系。

在最后一章，我们必须扼要地总结一下在改良的形式和个体的生活史中的基本规则。我们一直在人类的心理历史中追踪这些规则的运作。

我们只能给出一个试验性的梗概，因为在这里，我们不能向读者详尽地呈现儿童期和青春期心理学。然而，简要地给出这一发展的轮廓似乎也是非常重要的。通过这种方式，人类的进化史和现代生活以及个体生活之间的联系，会变得一目了然。的确，仅仅是个体发展和人类历史之间的联系，就使我们有理由对后一主题进行广泛的探索，也让我们能够宣称，这本书真正关注的是现代人的治疗和他们迫在眉睫的问题。

总的来说，只有当我们全面了解意识的起源、意义和历史，当我们能够诊断个体和集体的意识状态时，个体的心理治疗和社会的文化治疗才能成为可能。

对心理学和心理治疗来说，生命各阶段都具有重要意义，而且个性化过程是后半生的发展历程。对这二者的认识，都要归功于卡尔·古斯塔夫·荣格的研究。[①]对于理解个体发展而言，最重要的因素是中心化倾向在两个人生阶段中不同的方向和作用。第一个阶段是其中一种分化，在自我的形成和发展中有其历史原型。也就是说，此时，中心化倾向的活动会从无意识自性的心灵总体性出发，移向自我。

前半生是以自我为中心的阶段，它结束于青春期。在个体的前半生，中心化倾向表现为意识和无意识系统之间的补偿关系，但是它仍然是无意识的。换句话说，中心化倾向的中心器官——自我——对个体对整体的依赖一无所知。然而，在后半生——通常由中年时期人格的心理变化预示，自我对中心化倾向的觉知却日益加深。个性化过程开始了，从而带来了整体性心理中心（即自性）的群集。这时，整体性不再无意识地运作，而会被有意识地体验。

正如我们所知，成熟的延迟和个体对社会性群体近十六年的依赖，是人类的显著特征。与其他动物的早期发展相比，人类的青少年时期十分漫长，而这是人类文化及其传承最重要的先决条件。人类会经历漫长的学习和训练，直到完全成熟。这一点在贯穿整个人类历史的意识发展过程中，有其对应物。在这段时期，大脑会发展到使人类成为一个物种的水平。大脑在学习期——结束于青春期——致力于文化教育，其中包括对集体价值观的采用，以及促使个体适应世界和适应集体的意识分化。[②]最后，这一阶段也会出现人格的进一步分化。我们会在成年人身上看到人格的最末阶段。人格的发展一直遵循意识进化的父权倾向。对此，我们将做简要叙述。

---

① 《人生各阶段》（*The Stages of Life*），参见G.阿德勒（G. Adler），《分析心理学研究》（*Studies in Analytical Psychology*）中的"自我和生命周期"一章。

② 虽然我是在完成自己的手稿后才看到《人有多少动物性》（*Biologtsche Fragments zut Lehre com Menachen*）一书的，但是A.波特曼（A. Portmann）的观点与我的观点惊人的相似。我们的出发点不同，一个是从生物学角度出发，一个从深度心理学角度出发，但我们得出了相同的结论，只在其客观性上有些差别。

第七章 中心化倾向和人生各阶段

教育，以及人生中不断积累的经验增强了个体对现实的适应，这或多或少意味着适应集体和其需求。同时，尽管个体的定位会因时期而异，但集体会迫使他发展出一种集体自身在任何时期都能接受的片面性。

各种因素都在这种适应中相互协作。其共同特征是意识及其行动能力的加强。与此同时，无意识破坏力量也被排除在外。

其中一个因素便是心理类型的分化。也就是说，每一个体都会采取一个确定的态度来面对这个世界，要么外倾，要么内倾。除了这种习惯性态度，意识的其中一项主要功能也会进一步分化，而意识在每一个体身上的运作方式并不相同。[①]类型的分化，无论是限于先天条件，还是出于其他什么原因，都保证了个体有最大限度的机会去适应，因为最有效的、先天最好的功能发展为主要功能。在分化的同时也存在着对最无效功能的压制。作为"劣势功能"，这一功能在很大程度上仍然是无意识的。

儿童期发展和教育的一个重要目标是使个体成为对团体有用之人。这种有用是通过人格中分离成分和功能的分化来实现的，虽是以整体性为代价，但也是必需的。对儿童来说，放弃人格的无意识整体性，是最艰难的发展问题之一，特别是对于那些内倾型的儿童而言。

从幼儿的"总体性定位"，从自性的无意识活动的定向，到以自我为中心的意识，整体必然会分裂成两个系统。这种转变会造就一种特殊的困难。在这个至关重要的阶段，英雄遗赠给人类的遗产——意识的系统发展及其防护——必须被孩童的自我再次体验，如果这孩童的自我打算进入集体文化，并在团体中争得一席之地的话。

前半生的发展以两个决定性的危机为显著标志，而且两者都对应着

---

① 荣格，《心理类型》。

龙战。第一个危机的特点是遭遇初始父母和自我的形成。它发生在3至5岁之间。分析心理学已经假借俄狄浦斯情结之名，使我们了解到了这一邂逅的某些方面和形式。第二个危机发生在青春期。这时，龙战不得不在新的层面再次展开。在这里，自我最终在被我们称为"天国"的支持下形成。也就是说，新的原型群集出现了，自我与自性也产生了新的关系。

儿童期的分化过程的特点是，完美性和整体性的所有元素的丧失和终止。而完美性和整体性是儿童心理中固有的，这是由"普累若麻"（即乌罗波洛斯）决定的。儿童与天才、创造性的艺术家和原始人的共同点，以及构成他们存在的魔力和魅力的东西，都必须被牺牲。一切教育的目的——不单在我们的文化中——都是把儿童从他本能天赋的天堂中驱逐出来，以及经由分化和抛弃整体性，强迫"老亚当"进入集体的有用性中。

从我们所定义的快乐原则到现实原则，从妈妈的小宝贝到学童，从乌罗波洛斯到英雄，这些都是儿童期发展的一般过程。儿童与生俱来的高度的想象力和创造力会枯竭，这种典型的"贫瘠"症状是成长必然带来的。为了"懂事"和"举止良好"而不断丧失感觉的活力和自发反应，是儿童与集体建立关系的有效因素。以牺牲深度和强度为代价而使效能增加，是这一过程的显著特征。

在个体发育层面，所有发展——我们曾将其描述为对自我的形成和意识与无意识系统的分离是必不可少的——接踵而至。由于二次个性化，儿童对世界的原始的超个人认识和神话统觉[①]受到了限制，并最终被完全废除。这种个性化是人格成长的必经之路。现在，个性化已经开

[①] 荣格，《关于儿童的梦的讲座》（*Seminar on children's dreams*）；威克斯（Wickes），《童年的内心世界》（*The Inner World of Childhood*）；福特汉姆（Fordham），《童年生活》（*The Life of Childhood*）。

第七章 中心化倾向和人生各阶段

始了，并且被个体与其所在的外在环境的联结纽带影响，而原型最初就投射在这个环境中。随着这个联结纽带日益加强，原型逐渐被无意识意象取代。在其中，个人和超个人特征明显地混合在一起，而且很活跃。通过这种方式，超个人原型受到了与自我相关的环境中的个人形象的"阻挠"。正如里尔克所说：

……你不能叫他远离那个邪恶的同伴。
真的，他试了，也逃了，
无所顾虑地进入你的秘密之心，
那个他重新开始的地方。
但是，他真的自新了吗？
母亲，你让他变小，是你重新造就了他；
对你来说，他是新的，
透过这双年轻的眼睛，
你俯身看到一个友好的、没有陌生人的世界。
在哪里？噢，当你置身于沸腾的深渊面前，
当你苗条的身姿跃入其中时，
那些时光去了哪里？
你做了很多，因此你躲过他；
那个在夜晚令人毛骨悚然的房间，
你使他伤不了人，
你的心就是避难所，
你将仁爱融入了他的暗黑空间。①

---

① R.M.里尔克，《第三挽歌》。

于是，原型分裂了，大母神形象中个人性的"善良"面向从她超个人的消极面向中分离出来。儿童的恐惧和被威胁的感觉并非来自世界创伤性的特质。因为，在正常的人类状态中，甚至在原始状态中，没有创伤存在。它们更像来源于"暗夜"，或者，更确切地说，当自我从这一暗夜中迈出的时候，它们就出现了。于是，自我意识的胚芽体验到世界——身体刺激的压倒性影响。这一影响可能是直接的，也可能在投射中。家庭关系的重要性恰恰在于这个事实：一旦自我从乌罗波洛斯状态的原始安全性中浮出，那么外界中的个体人物——这是社会的最初形式——必须能够为它提供人类世界的二次保护。

这一发展平行于情感成分的耗竭和早期对身体的过分强调，而且，经由外界发出的要求和禁令，这反过来会导致超我的逐步建立。

意识的发展意味着无意识的缩小，其另一个普遍特征也可以在儿童成长的正常过程中看到端倪。这时，原始的无意识儿童世界、梦与神话的世界、儿童绘画和游戏的世界，会在外部世界的现实面前渐渐淡出。产生于活跃无意识中的力比多现在被用于建造和扩张意识系统了。这一过程的实现标志着从游戏到学习的转变。在我们的文化中，学校是建筑师，集体委任它在缩小了的无意识和定位于集体适应的意识之间，系统地建造一个堡垒。

意识发展的父权路线高喊着"远离母亲世界，向父亲世界前进"的口号。这条路要求男女两性都要参加，虽然男性与女性服从它的方式有所不同。当"妈妈的小宝贝"，是没有完成初始龙战的标志，只有完成龙战才预示着婴儿期的结束。这一失败使他不可能进入学校，与其他儿童共处一个世界。同样，青春期成人仪式的失败会让一个人无法进入男人与女人的成人世界。

现在，我们将谈到这类人格成分的形成。这是荣格在分析心理学中做出的重大发现：人格面具、阿尼玛和阿尼姆斯、阴影。它们产生于前半生的分化过程之中，我们已经描述过这一点。在所有这些成分中，人格特征和个体特征会结合为原型特征和超个人特征。这些人格成分，最初作为潜在的心灵器官存在于心灵结构中，现在与命定的个体变体混合在一起。而这些变体是由个体在其发展过程中实现的。

人格面具的发展是适应过程的结果。这种适应会抑制所有个体性的重要特征和潜力，使个体出于集体的利益，或者为了那些集体认为是可取的东西，伪装和压抑它们。再一次，完整性被兑换成一种可用的、会带来好结果的虚假人格。"内在声音"被超我、道德心的生长，被集体价值观的代表扼杀了。这个声音是个体的超个人体验，在儿童期就非常强烈，现在却因为道德心被终止了。天堂被抛弃了，来自伊甸园的上帝的声音被抛弃了，而集体的、父亲的、法律和道德心的、当下伦理的价值观等，却必须作为最高价值观被接受，以使社会适应成为可能。

每一个体的天性都倾向于生理和心理上的双重性别，但是我们文化的分化发展迫使我们将相反的性别元素推入无意识。其结果是，只有那些符合外在性别特征的元素以及那些符合集体价值观的元素才能被意识心识别。因此，人们认为男孩不需要呈现"女性化"或"感情化"的特征，至少在我们的文化中是这样。这种对一个人确定性别的单方面强调的结果是，异性元素在无意识中群集，它在男人之中是阿尼玛，在女人之中它是阿尼姆斯。作为灵魂的一部分，阿尼玛和阿尼姆斯仍然是无意识的，并控制着意识—无意识的关系。这一过程得到了集体的支持。正因为压抑相反性别元素常常是艰难的，所以性别分化最初会伴随着一种典型形式——对相反性别的敌意。同样，这一发展也遵循着普遍的分化法则，以牺牲完整性——此处用雌雄同体的形象来表示——为先决条件。

同样，正如我们看到的那样，人格中的黑暗面，也就是阴影的形成，也部分取决于对集体道德意识的适应。

训练意志、接受管理和遵守纪律需要牺牲无意识和本能反应，这些同样是儿童成长时适应现实所需要的。这里也有对情感成分的压抑。幼儿的热情和易感让位给了对情感的控制以及对感受的压抑。我们可以在教养好的儿童身上清楚地看到这一点。

这些"权威"的形成强化了自我、意识和意志，而且，通过或多或少地隔离本能面向，人格中的张力增加了。自我对意识的认识，使得它失去了与无意识，乃至心灵整体的联系。意识现在可以宣称自己代表着统一了，但是这种统一只是意识心的相对统一，而不是人格的统一。心灵的完整性已然被失去，取而代之的是支配着所有意识与无意识群集的二元性对立法则。

因此，从某种意义上说，发展和培养意识不仅是集体形成所要求的，也是根除过程所需要的。与本能建立的内在集体纽带必须大部分被放弃，而且，作为对自我的二次安全保障，新的根必须渗入集体土壤，渗入文化价值的主流标准。这一移植过程意味着从以本能为中心迁移到以自我为中心，而且，任何失败都会导致成批的发展紊乱和疾病。

贯穿原型各阶段的进展、意识的父权取向、作为人格中集体价值观之代表的超我的形成、集体价值标准的存在，所有事物都是正常的伦理发展的必要条件。其中任何一个因素受到抑制，发展都会失调。前两个因素的失调尤其与心理关系密切，会导致神经过敏症；另两个因素的失调是文化上的，更多地表现为社会适应不良、行为不良和犯罪。

一般的儿童不但会在这一根除过程中幸存下来，还会从中生出一种更强的内在张力。统一的相对丧失、两极化为两种心理系统、与内在世界的隔绝和人格中权威的建立，都可能带来冲突，但是我们不能说它们为神经症的发展奠定了基础。正相反，它们是规范的，正是它们的缺失，或者说正是它们的不完整，才导致了疾病。

在很大程度上，某种有利于意识的片面性发展是西方心理结构的特

第七章 中心化倾向和人生各阶段

点,因此,这种心理结构从一开始就包含冲突和牺牲。然而,这种结构也具有一种与生俱来的能力,它可以在冲突中结出硕果,也可以为牺牲赋予意义。中心化倾向在心灵中表现为对完整性的追求。随着生命的继续,前半生的片面性会在后半生被一种补偿性的发展平衡。只要无意识与生俱来的补偿倾向一直在工作,意识与无意识的紧张冲突就会促进人格的稳步发展。而且,随着意识—无意识关系的强化,在这个不断成熟的人格中,原始冲突会被更丰富且更完整的综合体取代。

但是,首先,在人类发展中必不可少的分化和分割,对个体来说也是必要的。个体的发展也会遵循人类发展的路径。他内在心灵的两极化所带来的紧张感,构成了人格的能量潜能,并让他以两种方式与世界产生关联。

随着自我意识的增长,力比多更多地被输送到世界之上,这是对外在客体的累积的"投资"。被输送的力比多有两大来源:一是来源于自我对意识的应用;二是来源于无意识内容的投射。当无意识内容的能量负荷过多时,力比多就会从无意识中流出来并被投射。现在,它们作为赋予世界生命的意象,进入了意识心,自我也会把它们体验为这个世界的内容。以这种方式,投射带来了一个结果:对世界和投射载体的固着不断增强。

这一过程在青春期特别明显。无意识被激活了——与此同时发生的是身心的变化,表现为集体无意识和原型行为的增多。无意识的被激活远远超过了性领域的活跃,不仅表现为入侵的危险——这一时期是精神病的高发时期,而且表现为对所有超人类的事物、想法和宇宙理想的浓厚激情和兴趣。许多人只有在这个时期才会有这一集体无意识的显著活动。青春期的一个更明显的特征是情感基调的变化,即对生命和世界的感受与初民的天人合一更相似,而不是现代成年人的心境。这种抒情化的生机勃勃、在梦中神话主题的频繁出现,以及这一时期的诗歌和艺术，都是集体无意识层面被激活的典型征兆。

但是，在青春期，意识的补偿工作同样增强了。只有它带着明显的内倾性或创造性时，其在无意识中的活动才能被明显地感知到。在通常情况下，它会逐渐消失在自我与无意识分隔之墙的背后，只剩少许辐射内容到达意识心。除了向外辐射到兴趣和感受中，活跃的无意识同样会通过"迷醉的"投射来使人感觉到它。这些投射将开启并保证下一个阶段的正常发展。

这一时期最重要的投射是阿尼玛和阿尼姆斯的投射。这对休眠于无意识中的相反性别的意象，现在被激活了。这些魅力四射的意象被投射到世界中，并在这里被人们探索。因此伴侣问题形成了群集，这是前半生的主题。

集体无意识的激活和自我在青春期的变化

从父母的无意识意象中分离，即与真正父母的分离，个体必定会在青春期受到影响。正如原始成人仪式显示的那样，这种分离是由超个人和初始父母原型的激活所造成的。这一激活会惯例性地被集体所利用，也对集体有用。在这个意义上，后者不但需要，也会协助父母原型投射在超个人内容中。这一超个人内容被公认为属于超个人现实。也就是说，与师父、老师和领袖的关系——一言以蔽之，与有神力的人格的关系[①]——是父亲原型的投射，和母亲原型在国家、社区、教会或政治运动上的投射一样重要。自此以后，青少年脱离了家庭圈，进入了集体。在很大程度上，这些内容将拥有和利用他的生活。

"长大成人"的标准在于个体脱离家庭圈，开始进入"伟大生命给予者"的世界。因此，青春期是重生的时刻，它的象征意义与英雄通过

---

① 荣格，《自我与无意识关系》。

龙战获得重生相同。这一阶段的所有仪式都旨在通过夜海之旅使人格得以重建。这时，精神法则或意识法则会战胜母龙，他与母亲的以及与儿童期的无意识的联结纽带也会被切断。自我最终获得了稳定。这是一个阶段接一个阶段艰难完成的，其对应的副本是在青春期最终摆脱母龙。阿尼玛从母亲中分离出来，会对现实生活中个体的发展造成影响，母亲的重要性也会在灵魂伴侣的面前黯然失色。因此，这一时刻通常会被看作与母龙作战的终结。重生是通过父亲法则获得的。个体在成人仪式中认同了这一法则。他变成了父亲的儿子，他不再有母亲，而且因为他对父亲的认同，他也变成了自己的父亲。①

经过青春期前的所有阶段之后，自我逐渐占据了中心位置。现在，到了青春期，它最终成了个体性的载体。与无意识的分离是两个系统之间张力所造成的必然后果。这个分离是彻底的。青春期的成人仪式是活跃的集体无意识的表现。现在，集体无意识与团体联系相关联。因为，在这些仪式中，作为集体的精神世界，原型标准被代表着"天国"的老一辈传递下去。通过这种方式，这位初长成者会被带入一种以他为中心的新体验之中，即使他没有像北美印第安人那样，在"守护精神"仪式上被赐予个人启示。启蒙和成人意味着成为对集体负有责任的一员。因为从现在开始，自我和个体的超人类意义被固定在集体文化及其标准上。

后半生中心化倾向的自我实现

这一发展的首要条件是英雄必须取得战斗的胜利，因为只有这样，胜利者才能将他自己与在成人仪式的精神世界中出现的超个人力量结

---

① 青春期仪式部分地降级至童年早期，是父权基调文化的典型标志。在这里，父亲在生命开始时就取代了母亲，在割礼和洗礼仪式中，母亲的领域就被有意识地，并毫无疑问地缩小了。

合。这位初长成者感到自己就是这个世界的继承人,他为了这个世界肩负起尘世的战斗。无论他离开无意识世界是经由认出这是一个宗教和道德的世界,还是经由接受禁忌和宗教规则,都是次要的问题。

胜利意味着男性特质的自我生成。而且,像屠龙者一样,胜利者将得到奖赏——公主。现在,他已经是成年人了,他可以有性行为了,爱人代替了母亲。他现在需要扮演一个性别角色,在追求个体目标的同时实现集体目标。

在前半生中,他主要在适应外部世界的力量及这些力量的超个人要求。单是初始父母原型的投射、阿尼玛和阿尼姆斯的投射,就可以使意识朝着尘世方向发展。正是原型意象的魔力在外部现实的诱惑"背后"运作。而外部现实给予了心灵向外变化的梯度,这就是这一阶段正常发展的显著特征。

这一阶段发展的标志是,意识的逐渐显露和其与现实关系的增加。基本趋势是天性赋予的,相当于那些与生俱来的本能和心理机制。这些心理机制可以促进意识的发展,提高它的稳定性。这一趋势的实例是:当无意识在青春期被激活时,它确实可以通过自然的同化和投射过程翻出"内在的东西"。[①]

在青春期之后,正常的成年人会有一个坚固且有弹性的自我意识,有较多的自由力比多可供其使用,可以很好地与无意识的损害隔绝,而不会被压缩。而且,自我意识与其能力和力比多负荷成正比,它或多或少能够积极地适应客观世界。无论在外倾者还是在内倾者身上,意识和人格都会通过提升其对世界的掌控和适应来形成。但创造性个体是一个例外。在他们身上,无意识活动是超负荷的,但是其意识能力能够抵挡这种状态。不过,在神经症患者身上,不管出于什么原因,其意识的发

---

① 对成年生活中的发展困难和神经性干扰的分析,同样证明了这一发展的自然性。

展都会受到干扰。

我们的文化缺乏设定好的仪式和习俗，如青春期仪式，所以青少年不能通过某种通道顺利地融入世界。这是年轻人神经症发作的原因之一。这些人的共同点是，他们很难面对生活的需求，也很难适应集体和同伴。仪式的缺失在更年期也会带来同样的恶果。后半生更年期神经症患者很难从世俗依附中解脱出去，而这对成熟的老年人来说是必需的，也是这个年龄阶段个体的任务。这些神经症产生的原因与前半生的有所不同。确切地说，它们产生的原因刚好相反。

在前半生中，自我的中心位置不允许中心化倾向作用于意识。中年阶段的特点却是人格的决定性变化。中心化倾向开始变得有意识。自我被暴露于一个颇为痛苦的过程中。这个过程始于无意识，渗透了整个人格。这是一种心理上的成熟，荣格把其症状和象征意义描述为个性化过程。他在关于炼金术的著作中引用了大量材料，对其进行了详述。

于是，我们可以说，伴随着后半生的现象，个人的中心化倾向发展进入了第二个阶段。它的初始阶段带来了自我的发展和心灵系统的分化，它的第二阶段便是自性的发展和自性系统的整合。尽管这个转化过程与前半生的发展方向正好相反，但自我和意识没有解体。相反，意识因为自我的反思而扩张了。自我好像恢复到了它原来的位置：它挣脱了偏执的自恋，再一次成为总体性功能的载体。

自性的无意识活动支配着整个生命，但是只有在后半生，这种活动才是有意识的。在儿童早期，自我被建立，意识逐渐成为中心，自我也成了完整性的代表器官。在青春期，个体作为一个自我，会感到自己是集体的完整性的代表。他成为对集体负有责任的一员，而且在二者之间存在着类似自我与无意识之间的创造关系的那种关系。从青春期到更年期是一个积极扩张的时期，但这种扩张在个体的后半生走向了相反的方向。因此，个体和集体之间出现了向外的辩证。于是，随着个性化进程，自我和集体无意识之间内在辩证的掌控出现了。

在这个整合过程中，人格回到分化阶段的老路上。现在的问题是，意识心与心灵（即自我和自性）要综合为一个整体。这样，一种新的完整性才可能在完全对立的意识与无意识系统之间群集。随着意识的发展，所有在前半生形成的分化和人格成分，现在都被破坏了。然而，它采取的形式并不是退行。这一点与大众再集体化中的现象有所不同（参见附录），它是一种整合。在这种整合中，意识的扩张和发展朝着新的方向继续着。

这个变形的过程不仅出现在个性化进程的意识形式中，而且通过心灵的自我调节，它还掌控着所有人格的成熟。在这个过程中，自我到达了自性的意识。随着自我对自身的觉知的日益增长，自性也从其无意识活动中演化而来，到达了意识活动的阶段。个体遵循的变形之路与炼金术中的密闭过程极为相似。它是一种新的龙战形式，其高潮是意识的质变。当意识心体验到心灵的统一时，被我们称为"变形或奥西里斯"的神话阶段便成为一种心理现实。

先前，无意识缩小了，分化出现了，朝向集体的外在倾向也形成了。而现在，世界缩小了，整合了，形成了朝向自性的内在倾向。在前半生中，儿童期的非个人生活和无意识生活不得形塑自身，进入成年人的个人生活。而成年人为了维持他在集体中的位置，必须将自我领域的事物置于中心位置，无论是个人成就、人际关系、权力，还是创造性工作。紧跟着这一受自我支配的人格发展阶段而来的，是另一个阶段：超个人和超人类内容将中心从个人自我（也就是意识中心）移位至自性这个总体心灵的中心。

在总体心理统一体中，所有人格权威的整合连接到了意识心的那些分裂或从来未被附加的部分。这一过程不仅激活了情感成分，还为二次个性化画上了句号。虽然这一发展通常不会削弱意识的完整性，但是涉

第七章 中心化倾向和人生各阶段

入其中的危机和危险与那些威胁原始自我的危险是相似的，而且，如果语气不好，甚至可能摧毁人格。同样地，在这里，情感和原型的侵入威胁到自我，正如在人格去往地下世界的英雄之旅中，它会自愿抛弃意识发展的限制和防御一样。举例来说，父母无意识意象后面的原始原型隐约可见。随着旅途一路向前，个体遇到的形象会更多样、更复杂、更神秘和更模糊。正如经由同化阿尼玛和阿尼姆斯，人格会放弃特定的首要性别，重获其原始的雌雄同体性，原型也会在多种矛盾意义中失去它们的明确性。然而，与原始情境相比，现在，意识能够在所有的多价性和矛盾性中体验它们，而不会像以前那样，因为原型的存在而灭亡。在人类的进化之中，无意识最初会通过自然象征自发地表达，但是现在，我们遇到了被荣格称为"统一象征"和"超越功能"的现象。[①]

统一象征是特殊情境下的产物。其中占主导地位的不再是无意识的创造力。在自然象征出现的地方才是这样，重要因素变成了意识自我的态度，以及其面对无意识的稳定性。作为一种超越功能的产物，统一象征消除了能量和内容的张力。这一张力存在于意识的自我稳定性与相反的无意识吞没意识的倾向之间。

因此，统一象征是中心化倾向、个体完整性的直接表达。在新的、至今还不活跃的因素的创造性影响之下，意识和无意识的阵地被攻克了，也就是说，被"超越"了。统一象征是综合的最高形式，是天生就会努力实现完整性和自我疗愈的心灵的完美产物。它不仅会将冲突转化为创造过程，使所有冲突"成为整体"——只要认真对待这些冲突并忍受到最后——而且会使这一努力成为总体人格新扩张的起点。

荣格观察到："个体性的稳定性和积极性，以及无意识表达的优势力量，仅仅是同一个事实的表征。"[②] 个体性的稳定性和积极性意味

---

① 《心理类型》。
② 《心理类型》。

着意识心的力量和完整，以及意识心的道德节操，即它拒绝自己被无意识和世界的需求压制，但是"无意识表现形式的优势力量"是超越功能，是心灵中的创造因素。而心灵可以发现新的方式、新的价值观或新的意象，在不被意识心溶解的情况下克服冲突情境。两者都表达了一个事实，那就是人格的总体群集已经完成。在这个群集中，心灵的创造性和意识心的积极性不再是分离的、彼此对立的系统，二者已经实现了整合。

心理的综合体常常与一些象征同时出现，如雌雄同体的象征，它们代表了对立面的新统一。乌罗波洛斯的雌雄同体性就在这里重现，只是它已经到达了一个新的层面。

在炼金术中，"原初质料"（prima materia）最初的雌雄同体状态通过不断变形来纯化（升华），直到它变成最终的、再次雌雄同体的哲人石（philosophers' stone），因此，个性化之路经由连续的变形，导向了自我、意识和无意识的高级综合体。一开始，自我的胚芽蕴含在雌雄同体的乌罗波洛斯之中，到了最后，自性成为已经升华的乌罗波洛斯的金核，男性和女性、意识元素和无意识元素结合在一起，成为一个统一体。在其中，自我不会消亡，它会在自性中体验自身，将自己当成一种统一的象征。

在这个过程中，如果自我能够意识到它与自性的联结，它就能够实现"升华"。荷鲁斯与奥西里斯的矛盾身份就不止一次地呈现了这种联结。在自性中，自我知道它是不朽的，而在自我中，它却终有一死。《塔木德经》把这两者之间的联结说成"人与神是双生子"[1]，而在象征意义中，它代表了父亲—儿子和母亲—女儿的双重身份。自我的独特性取代了它的自负，它的中心地位也被自性取代。这时，自我作为自性

---

[1] 《塔木德经》，犹太公会。

第七章　中心化倾向和人生各阶段

的间接代表，变成了"世界之王"，自性也成了"精神世界之王"。

在这个过程的第一阶段，也就是"奥西里斯化"和变形阶段——相当于个性化进程，处于主导地位的仍然是英雄原型。这是龙战阶段，是与阿尼玛"神婚"的阶段。这两者共同构成了变形的初始阶段。这一变形阶段结束于自性的产生，统一的完成。这是自体繁殖和荣耀的内化行为。英雄原型的内摄、与灵魂的结合、"彼岸"王国的创立、国王的诞生，既是炼金术的奥秘，也是个性化进程所蕴含的奥秘。①

自体繁殖的行为会发生在生命开始之时。这时，自我意识将自己从无意识恶龙的吞噬中解放出来。自体繁殖在后半生也有对应物，即自我作为自性得到重生，自我挣脱了世界之龙的束缚。第一阶段的龙战开始于与无意识的邂逅，结束于自我的英雄似的诞生。第二阶段的夜海之旅开始于与世界的接触，结束于自性的英雄似的降生。

意识发展的最后一个阶段不再与原型有关。也就是说，它不再是集体性的，而是个体性的。原型内容可能还是不得不被同化，但是这种同化已经是有意识的了，而且完成这一同化的是一个经由与超个人世界独特而特殊的结合来获得自我体验的个体。现在，支配自我的不再是无意识（那个纯粹集体性的乌罗波洛斯世界），也不再是意识（那个纯粹集体性的团体世界），而是二者以一种独特的方式结合在一起的二者联合体和同化体。碎片化的自我发现它不过是一个原子，被抛掷在主观心灵和客观自然界的巨大的集体世界中。当自我与自性联合之后，它会体验到自己是宇宙的中心。

在经历了所有这些世界—体验和自我—体验的阶段后，个体认识到了他自己真正的意义。他了解了自我心灵发展的开始、过程和结尾。心灵最初表现为自我，然后又被这个自我体验为自性。

---

① 荣格，《心理学与炼金术》。

然而，自我对自己的体验与"永恒"、不朽存在着密切的联系，这一点在奥西里斯神话中也得到了清楚的呈现。完整性是个性化进程的结果。它对应着一种深远的结构化的改变，一种新的人格配置。个体在前半生的倾向是牺牲完整性，以实现分化，不断增加紧张感。与之相反，整合过程却倾向于增强稳定性和降低紧张感。这一发展倾向遵循所有生物结构的自然成熟过程。其在生物学上和物理学上都有等同物。因此，人格的起源、稳定性、构造和巩固与象征意义相关联。这些象征意义的组成部分是完美的、平衡的、和谐的和坚固的。曼荼罗，不管它是圆形、球体、珠状还是对称的花朵，都包含了所有的元素。钻石、石头或岩石，作为自性的象征，代表着不灭和永恒。它们永远不会被对立面分裂。

但是，在不那么强调不灭性、永恒性和不朽性的地方，心灵的稳定性会呈现为生物体的稳定性。这是一个会成长、会发展、会自己更新的生物体。因此，对立面之间张力的变小更多地表明了各种运作的力量是一致的、和谐的。这是一种质变，而不是其力量在数量上的减少。与在其他地方一样，此处所说的成熟意味着一种从量变到质变的转变，也意味着拥有一个更稳定的结构。

结构上的完整性有一个心灵中心——自性，可由曼荼罗、有中心的圆、雌雄同体的乌罗波洛斯来象征。但是现在，这个乌罗波洛斯圆已经有了一个明亮的核心，那就是自性。一开始，乌罗波洛斯只存在于动物层面，自我的胚芽虽然包含在它之中，却无迹可寻。而在展开的曼荼罗花中间，动物性的对立面张力被克服，被自性超越，自性已经在对立面中开出了花朵。在发展的最初，意识会被无意识压倒性的力量消灭；到最后，它却因为与自性的联结而得到了拓展和加强。自性和自我稳定性的结合足以征服所有内容——无论这些内容来自世界还是无意识，来自外在还是内在，并把这些内容结合在一个有魔力的圆中。

第七章　中心化倾向和人生各阶段

世界被对立法则分为外在与内在、意识与无意识、肉体与精神、男性与女性、个体与集体。自我分化的心灵结构就反映在世界的这些分化中。但是，对日渐成熟的心灵而言——它会在雌雄同体的征兆下慢慢整合自己，世界也有一个存在的雌雄同体之环的表现。在其中，一个人类中心正在形成，但它是个体，在内在世界和外在世界之间，或在人类本身中完成了自我实现。无论是整体的人类，还是单个的个体，都肩负着同样的任务，即必须认识到他们是一个统一体。两者都被抛入了一个实相中，一边是与他们对抗的自然与外在世界，另一边是心灵和无意识，即化身为精灵和魔鬼，接近他们的力量。人类和个体都必须把它们体验为这一总体实相的中心。

最初，我们提到的是身处父母乌罗波洛斯之龙的子宫中的自我。在那时，它像胚芽一样蜷曲在内在和外在——无意识和世界——融合的庇护中。最后，像一张炼金图中展示的那样，它克服了原始情境，完成了自身的整合。它的头上悬挂着自性之冠，它的心中是光芒耀眼的钻石。它立于这条龙之上，成为雌雄同体的模样。

但是，只有当人类的意识发展作为一个整体而不是单一的个体，抵达这一综合阶段时，超个体的乌罗波洛斯状态、龙的集体性危机才能被战胜。人类的集体无意识必须被人类的意识体验和理解为所有人的共性。只有当种族、国家、部落和群体的分化，通过整合过程，变成一种新的综合体时，人类才可能避免来自无意识的周期性侵入的危险。未来的人类会认识到这个中心，把它看作人类的自性。时至今日，这一中心还被个体人格体验为自我—中心。这个自性的诞生将最终战胜和驱逐那条古老的蛇，即原始的乌罗波洛斯龙。

附录一

群体与杰出个体

我们已经试图澄清乌罗波洛斯状态的心理意义，并认为它代表自我的原始处境。现在，我们的任务是说明自我和个体是怎样从群体中发展出来的。我们首先将展示群体对个体的积极意义，并指出群体与大众的区别。群体是一个活生生的单位，在其中，每个成员彼此联系，无论这个联系是自然生物学上的，如部落、家庭、家族、原始的民间团体，还是约定俗成的，如图腾、宗派、宗教团体。但是，即使在约定俗成的群体中，成员彼此间也会因为共同经历、入会仪式等建立情感上的联系。因此，群体的形成依赖于成员之间"神秘参与"的存在，依赖于无意识投射过程。关于它的情感意义，我们之前已经讨论过了。在这种情况下，群体成员彼此亲如兄弟姐妹，并以类似的方法再造出原生家庭群体。而在家庭群体中，成员间的这种纽带当然是毋庸置疑的。

另外，群体自然而然拥有一种固定特征，成员间的无意识纽带保证了这种特征的存在。每一个货真价实的群体都是一个永久性的群体，而且，通过这种永久性，它也会获得一种历史特性。就算是暂时性的群体，如学校里的班级、军队等，也会表现出为自己制造历史的倾向，以便使自己成为一个真正的群体。人们试图在群体中制造原始的体验，如青年人中或战争中的相同经历，并通过诸如惯例、集会、记录、记录簿等事物来显示其永久性。

而大众关系，只是一种有名无实的关系。它并不具备群体的特征，也不能被称为一个群体。在其中，始终存在着被格式塔理论称作"附加部分"（additive parts）的问题。这是个体的聚集体。他们之间并没有情感上的联结，也不会出现无意识的投射过程。共乘一列火车或同处一家剧院，因协会、学会、公会、企业、党派等聚集在一起，并不能使人们形成一个群体共同体。当然，这样一种大众关系可能变成次级群体，与真正的群体现象有部分相似之处。但是随后这种分组的偏好性就会显现出来。在紧急情况下，原始群体的凝聚力，也就是说，国家的凝聚力，比党派的凝聚力更大。比如说，社会主义的命运一再证明，政党不过只是一种大众关系，只要原始群体被激活，它就会瓦解。而且，在诸如战争爆发的紧急情况下，效忠于国家的群体会在情感危机中再次显示自己的力量。

同样，源于再集体化现象的关系——我们会在稍后讨论到——也是一种大众关系。原子化的个体在大众活动中失去自控力是一个心理过程，但是这种心理过程从来不能使个体形成一个群体，也没有固定的特征。正如我们会看到的，大众缺乏群体的任何积极特点，尽管大众中的个体可能错把它当作一个群体，认为他正体验着一种统一感。而且这种错觉是十分短暂的。

因此，用我们的话说，群体就是一个具有永久特征的心理单位，不管这种特征是自然的，还是约定俗成的，都与大众关系形成了鲜明的对比。包含着个体的群体代表着一个自然整体，这个整体的各个部分都是互相协调的。这一点我们可以在原始的乌罗波洛斯状况中清楚地看到。这一群体的总体性是至高无上的，凌驾于个体部分之上。这一至高无上也赋予了这个群体以原型的特征。它拥有最高权力，具有一种精神特质，表现出领袖的素质，因此它是神圣的，始终是"全然他者"。这一点在所有约定俗成的群体中都显而易见。在这些群体中，群体的创立者扮演着重要的角色。能反映这一现象——群体完整性的投射——的最清晰的例子便是图腾崇拜。

图腾的精神特质具有一种宗教意义，或从更高层次上说，它具有一种社会的和伦理的意义。它是所有原始生命的形成法则，因为所有的行为、仪式和节日都由它决定，社会等级也由它建立。

单个图腾的获得绝不是规则，如在北美洲；相反，在这里，存在一种集体需求，那就是个体应当通过体验"声音"，通过体验直接的内在启示，完成自己的个性化。这一点与原始人的普通生活刚好相反——他们的图腾是继承得来的。但是即便如此，图腾也常常通过成人仪式来传递，也就是说，人们把图腾当作个体的精神遗产。守护精灵现象尤为有趣，因为我们可以从中观察到，在集体形式中，通常只有杰出个体才有的体验，以及在各地形成图腾崇拜的行为。精神不但存在并活跃于群体心理，即集体无意识中，而且这些集体无意识的精神现象还会呈现在启示里。有天赋的个体可以感知这些启示。正因为这些个体是启示的载体，他们才被证明是杰出个体。

群体的集体无意识通过附身于个体来呈现自己。个体作为群体的一员，其功能是将无意识内容传达给群体。这种表现形式由群体状态决定，也由集体无意识群集的方式决定。

因此，我们有一个揭示心灵深层的完整的现象层级，也有一个对应的启示载体——杰出个体——层级。大体而言，启示载体由两件事来区分：第一件是启示现象中意识参与的程度；第二件是所浮现内容的范围。

这一层次中最低的位置由杰出个体所占据，他只是投射的被动载体，也就是说，他的意识心和人格与投射在他之上的内容没有关系。其中一个例子是广泛的象征性的受难习俗，他们不得不代表神去献身。他们被选用，要么因为他们面容姣好（如在繁殖女神的情形中），要么因为他们具有某种象征性。对我们而言，他们身体上有某种偶然的标志，比如，他们患有白化病，或者皮肤上长有某种特殊的红斑，像中世纪女巫身上的标记一样。在通常情况下，象征载体纯粹是习俗性的，古墨西哥用作祭品的战犯就是如此。这种形式——并没有展示人格与投射在它之上的内容的直接关系——建基于宗教机构和其随行的祭司、先知、巫师。这些人在占卜和其他预测方法的帮助下决定牺牲者，他们才是这种情景下的实施因素。但是，就算在这种情况下，无意识群体内容也会积极地投射到变成杰出个体的那个人身上。英雄的天命所描述的就是这样的故事。他是一个"例外"——那个超凡之人，那些世俗的禁忌在他身上不再适用。

在更高的层次上存在着另一种个体，他们的人格由无意识内容——精灵、魔鬼、上帝——直接占据，就算他们的意识心不参与其同化或诠释也没有关系。被无意识被动催眠是一种极其普遍的现象——广为人知的是萨满教。我们可以看到，所有巫医、先知都会呈现出一种被附体的状态。精神病患者也属于这一分类。在他们身上，集体无意识和精神世界的超个人力量会在完全没有意识心和自我参与的情况下表现出来。正如我们所知道的，在原始人之中，除非有相应天赋的"精神错乱者"出现，否则这种状态会诱使一位部落成员发疯，并使他成为一名巫医。通过这种方式，他成为超个人力量的代言人，将群体所需要知道的内容传达出来，而这些内容已经在集体无意识中被激活了。

这一阶段具有许多形式和变体。因为在被集体无意识内容附体后，人们就可能认同它，开始膨胀，但是它也会带来"象征性生命"，在其中，内容会被实实在在地"呈现"于现实中。希伯来先知的情况就部分地说明了这一点。在神圣人物的生活被"模仿"的地方，这种情况更加明显。

再次地，群体的临时领袖不会作为永久领导者与它产生关联，他只会处理一些特殊情况下的突出事件。因此，他只是暂时的杰出个体。[①]临时领袖是一个典型的例子，说明了无意识附体与人格对群体的重要性之间存在联系。

会巫术的领袖和会催眠的催眠师都被归于低级巫医范畴。对这些巫医来说，杰出个体的妖魔化只是大众实现自我妖魔化的一种方式。他作为个体人格的重要意义被掩埋了，正如发生在精神病患者身上的情形，他只不过是无意识的喉舌罢了。

我们现在要谈到一个重要标准。许多真正的"伟人"从这些低级阶段脱颖而出的方式是，他们的意识心会主动参与到这个过程中，并对它采取负责任的态度。被无意识催眠的催眠师头脑平庸，思考不了问题，这就是他的特点。因为，如果完全被侵入的内容所淹没，意识对任何事都不能提出异议，只能随波逐流，被它占据，无条件地认同它。

此外，杰出个体是真正伟大的人，因为他拥有一个伟大的人格。杰出个体不仅受无意识内容控制，而且他的意识心也积极地控制这一内容。无论他对内容的同化采取的是创造形式，还是诠释或行动的形式，都是无关紧要的。这些方式的共同点是自我对侵入内容负责任的参与态度。重要的不仅是它的参与，还有它有能力采取一种态度。

只有这样，杰出个体才能成为一个有创造力的人。行为不再取决于侵入的超个人力量，而是取决于通过自我意识运作的中心化倾向。换句话说，这里有了一种创造性总体反应。在其中，自我形成的人类特质和意识的苦心加工被保存下来。

这些杰出个体是人类普遍个性化发展的榜样。英雄——创造性杰出个体的确就是一个英雄——的个人命运可能是一个例外，但它也是模范，这一过程随后会对所有个体产生不同程度的影响。

[①] 这自然不适用于"专家"，比如那些发动战争或进行非法调查的专门人士等。

普通自我，也就是普通个体，仍然会固着于群体，尽管在发展过程中他被迫放弃无意识的原始安全性，发展出一个意识系统，并承受着这种发展带来的不可避免的并发症和苦难。他会用群体的二级保护来交换无意识的初级保护。他成为群体成员。普通人至少会花上半生时间——他发展的基本部分——来适应群体，允许自己受集体倾向塑造。

集体在人类文化中所扮演的角色具有决定性。社会被假定是有意识的，能够建立起一种权威，一种精神传统。这种精神传统，不管是说出来的还是未说出来的，都构成了教育的背景。个体被集体塑造，集体用其民族精神、习俗、法律、道德、礼仪和宗教、制度和人物来塑造个体。考虑一下个体最初是被淹没在集体中的，就可以明白为什么所有的集体定位会如此具有约束力，并被毫无疑义地接受。

集体倾向于按照老一辈代表的文化规范塑造普通人并教化自我。除此之外，集体还有一种倾向，即朝向杰出个体的方向发展。

对群体成员而言，杰出个体是主要的投射载体。集体的无意识心灵的完整性被杰出个体体验到。他既是群体自性，又是每一个成员的无意识自性。心灵无意识的创造总体性，也就是自性，存在于群体的每一部分。它会在杰出个体身上显现出来，或者从更高水平上说，它会在个体的人生中得以实现。集体部分仍然存在着幼稚的依赖性，它们没有自我中心，没有责任感，也没有自己的意志，这使得它们不能从集体中被区分出来。因此，杰出个体被认为是一种定向力量，是人生的中心，并按照惯例被尊崇。

因此，他完全不被允许降回个人父亲形象，或者不被认为来源于个人性的父亲。我们发现，正如在人类早期历史中，杰出个体成了原型形象（如自性、超自然人物、英雄和父亲原型的投射载体），在个体的发展过程中，代表权威的人物——在我们的文明中是父亲——常常也会成为这些投射的载体。这绝不是说只有父亲原型才能投射在他身上。实际上，时常会有其他意象投射在他身上，比如魔法师、智慧老人、英雄或与之相反的魔鬼、死亡等。

杰出个体挣脱了原始集体的无名性。如果从天国层面说，杰出个体就是一个神一样的人物；如果从尘世的角度来看，他就是巫医、首领和神王（god-king）。在此处，社会和宗教的发展被捆绑在一起，它们对应着心灵的变化。自我通过心灵分化摆脱了未分化的无意识。这种分化既表现在社会变化中，也表现在人类世界观的神学分化中。

从历史角度来说，我们最易接受的杰出个体是神王以及后来的国王。在最早的楔形文字象形图中，"国王"一词代表着"伟大的人"，这是他通常在古东方艺术中被刻画的形象。法老的字面意思是"伟大的国王"或"大宅"，他是人民的化身和代表。如果象形文字中表达"下埃及国王"的是蜜蜂，而相同的意象也出现在幼发拉底河文化圈中，那么这意味着二者是同一个事物。这只"伟大的"蜜蜂统治着蜂群。在今天，我们把它称作蜂后，而在古代，人们将它称作蜂王。但是，埃及人把国王称为"第一人"或"伟人"已是稍晚时候的事了。这种称呼紧随他的天神身份。那时，依据仪式，他被看作神——与他的人民迥然不同。《金字塔铭文》（Pyramid Texts）称，在世界被创造之前，国王就已经存在了[①]。这种观念后来在与弥赛尔的关系中又再次出现了。[②]

我们已经展示了埃及国王是怎样在自我神化过程中成为不朽灵魂载体的。他是唯一能够在有生之年通过仪式变成神的人。因此，只有他能

---

① 厄尔曼（Erman）和兰克（Ranke），《古埃及与古埃及人的生活》（*Aegypten und aegyptisches Leben in Alterthum*）。

② 之前我们曾经解释过，埃及亡灵崇拜实质上旨在使国王不朽。国王死后，人们会把他的尸体进行防腐处理，并为他修建金字塔，以此作为不朽的象征。最初，只有象征着集体自性的国王可以获得永生。军队几十年如一日地坚守在他的金字塔中，以协助他完成永生。后来，这一过程并不专属于他。

够统一灵魂的各个部分，变成"完美的存在"[①]。也就是说，他是第一个，也是这一阶段唯一的上帝影像。他是一个概念。在犹太教中，在基督教的改良形式中，他成了人类心灵生活中的一个基本因素。

如果我们探查埃及历史，我们就可以用一种独特的方式来追溯自我是怎样摆脱其原始集体同一性的，以及作为集体自性的投射载体，杰出个体是怎样为每一个个体自我的形成铺平道路并启动和协助这一过程的。在一个由不完整的个体组成的集体中，神王是代表群体总体性的原型。这一形象逐级发展出一种调解功能，也就是说，它把越来越多的超自然力量给予群体成员，并因此被分解和"肢解"。这样一个合并和同化的过程，最初只会发生在国王和上帝之间，但是现在，它还发生在个体和国王之间。在这个过程中，国王被个体"吞食"了。他神圣的王权不断流失，但是那些集体中不完整的成员——那些过去只是作为工具神化他的人——却变成了完整的个体。国王现在变成了世俗统治者。他只是一个人，只是一个政治统治者。但是，他的跌落凡尘伴随着一个过程：每一个体都获得了不朽的灵魂，都变成了奥西里斯，并内摄了自性，即将那个神王作为他自身存在的神圣中心。我们发现，当人们对祖先和姓名的个人意识增长之后，神圣内容也被世俗化了。最初，两者都专属于国王，后来，它们却适用于每个个体。[②]

自我意识和个性化的发展需要通过杰出个体来完成，所以这一发展被杰出个体所揭示的内容影响。同时，这些内容也可能成为文化准则的一部分，也就是说，这些内容可能成为用来调节文化和生活的超个人价值观和能动力的一部分。正因为如此，男性团体才责任重大，其对意识发展的父权路线和在心理学上理解英雄神话具有十分重要的意义。

文化发端时，男性团体以秘密组织的形式培育了精神上的发展。后

[①] 莫雷（Moret），《尼罗河和埃及文明》（*The Nile and Egyptian Civilization*）。
[②] 厄尔曼和兰克，《古埃及与古埃及人的生活》。

来，这些秘密组织变成了教派、秘仪和宗教。这些神秘团体似乎从最开始就一直站在母权的反面。科佩斯（Koppers）说道：

> 从历史的角度来说，民族学上的神秘团体是一种十分古老的现象。女性引进农业后不久，与她们对立的男性便创立了这些团体。它们的出现也许可以追溯到旧石器时代。

接着，科佩斯又说道：

> 接下来盛行的民族学状况印证了一个假设，即女性从原始的采集中发展出了农业。通过这种方式，她为土地赋予了价值，并成为土地的主人。因此，女性占据了上风，最开始是经济上的，接着是社会上的。从此，众所周知的母权情结便逐渐形成了。
>
> 在这种情况下，男人们感到不悦和不适，这使得一种反作用力产生了。这种反作用力是有据可循的。男人们成立了秘密团体。顺理成章地，他们的秘仪和恐惧直接并主要针对的是女性。他们试图通过这种方式，在灵性的和宗教巫术的帮助下，弥补他们在经济领域和社会领域的损失。①

科佩斯错误地简化了秘密团体的崛起这样一种历史和灵性现象，将其归结为一种个人仇恨。抛开这一点，这一现象中的主要内容也被忽视了。事实上（正是这个事实需要解释），即便我们接受这种"补偿理论"，男性群体的宗教—巫术和精神内容也与母权在社会和经济上至高无上权同样重要。男性特质所强调的精神性——这是所有神秘团体和

---

① 《宗教仪式的起源》（*Zum Ursprung des Mysterienwesens*）。

秘仪的重心——是其意义所在。在入会仪式的中心，新成员获知，他们一直惧怕的幽灵和面具只不过是他们熟识之人"表演出来的"——这是他们冒着死亡的危险揭开的秘密。如果我们不断地发现这一点，那么实际上，这就是秘密的代代相传。我们没有权力用现代科学的手段去解释它，说新成员从中得到的启示是愚蠢的，就像我们不能告诉小孩子，圣诞老人不过是爸爸或某位叔叔扮演的。

在这里，以及在后来的秘仪中，我们面对的都是一个真正的变形过程，值得认真关注。同样，原始人对图腾的认同并不是一种"呈现"，实际上是其"再现"。在舞蹈中，在面具之下，神秘团体与其守护精灵的联系是神圣的。圣餐面包不过就是华夫饼干罢了。同理，出现在入会仪式中的幽灵也是由人扮演的。

因此，科佩斯这样描述火地群岛雅马纳印第安人的基那节（Kina）：

> "秘密"一词用在这里再合适不过了。因为"基那节"是专为男人设置的，女人不能参加。实际上，所有制度从根本上说都是反女人的。人们相信，涂上颜料，戴上面具扮演幽灵的男人就是幽灵。女人有意识地被男人愚弄和欺骗，至少原则上是这样。如果有人向女人或其他未参加者揭露基那节的秘密，将被处以死刑。

我们从相应的神话中知道：

> 在过去的日子里，女人在月亮女神基那的指引下，做着现在男人所做的事。这意味着男人处于奴隶地位。但这一切被太阳男神打破了。在太阳男神的激励下，男人杀光了女人，只留下了小女孩，

避免威胁到部落的延续。①

这段文字提到了"女人有意识地被男人愚弄和欺骗",如果这不是欧洲人的理解错误,那便是后来这些土著人做出了错误的解释——当然,这种情况是时有发生的。最初,秘仪由这样的事实构成:那些涂上颜料、戴上面具的男人是"真正的幽灵"。他除了作为一名新信徒体验到他真正的超个人性之外,也体验到了少许仪式性的"二次个性化"。青春期的成人仪式使他从无意识中分离出来,而他作为个人,戴上面具这一体验又极大地增强了这种分离。这种做法赶走了恐惧,强化了自我和意识。但是这种认识绝不会否定他与精神世界一体化的经验。相反,双重关系使得个体化的、受到启蒙的自我被看作个体的人,又被看作一个面具,既是个人的,又是超个人的。这种双重关系是神话中英雄的神圣血统的基本形式。

男性团体与所有母权倾向对立,这一点是不可否认的。但是社会因素不能解释这种情况,因为我们发现,在没有男性压迫(即非父权社会)也没有被证明是在母权社会的制度下,也存在这种情形。此外,心理学的解释坚持认为,母权制时代只是一个心理阶段,而不是一种社会因素。这种解释有助于我们弄清情况。在基那神话中,我们发现了月亮女神和太阳男神在原型上的对立。正如科佩斯所说:"普遍的民族学发现证明,图腾的精神性更偏向于与太阳有关的概念。"也就是说,启蒙的集体世界、秘密团体、宗派、秘仪和宗教是一个精神的、男性的世界,而且,尽管它具有公共性,但其重点仍然落在个体之上。每个男人的启蒙都是个体性的,都有自己的体验。这些体验都打上了他的个体性印记。

---

① 这是一个弑母神话,不同于弗洛伊德所说的杀父神话。

这种对个体及其被选中（elective）品质的强调与母权群体形成了极其鲜明的对比。在母权群体中，大母神原型和相对应的意识阶段占据了主导地位，带来了我们在前面描述过的所有特征——神秘参与、情感性等。在与之对立的男性团体和秘密组织中，占主导地位的是英雄原型和龙战神话，即意识发展的下一个阶段。事实上，男性团体同样使团体成员有了社区生活，但支撑这个社区的是个体的品质、男性特质，以及对自我的强调。因此，它会促进领袖和英雄的形成。个性化、自我的形成和英雄主义都属于男性群体的生活。实际上，它们是男性群体的表现形式。从这个角度来说，女性群体的情况似乎非常不同。正是这种对比解释了男性团体的反女性倾向。女人和性，以及任何被女性气质激活的、代表着无意识本能群集的法则，都是危险地带，都是需要"被战胜的龙"。这也是女人不能进入男性团体的原因。从这种意义上说，男人并不自信。他们会诅咒女人，认为她们是危险的，会引诱他们。在很大程度上，这仍然是父权宗教文化中的真实状况。①

集体的男性特质具有创造性价值，是一种有教化作用的力量。每一个自我和每一个意识都由它掌握和形成。通过这种方式，男性面向能够在个体层面帮助发展中的自我度过各个原型阶段，并与英雄神话建立联系。

这些迹象已足够清楚地表明，我们为什么会提及意识发展的父权路线。发展始于母亲却会抵达父亲。一系列集体权威——天国、父亲、

---

① 父权发展导致了对女性的重新评估，其中最著名的例子便是《创世纪》中的创世神话。创造法则是这样的：世界和物质来自抽象世界，产生于精神；女性来源于男性，是后来者。同时，她也是负面的，具有诱惑性的。她是万恶之源，必须服从于男性。《旧约全书》中所描述的世界极大地受到这种重新评估的影响。迦南人原始世界中所有母性神秘莫测的特性都被贬低和重新解释了，并被父权的耶和华—价值取代。这种耶和华和尘世的两极性是犹太人心理的基本因素，除非懂得这种倾向，否则我们将很难理解犹太人的心理。

超我——在协助它。这些集体权威和意识系统本身一样，都强调男性特质。进一步的研究表明，我们所说的"母权"和"父权"，只是小亚细亚和非洲沿岸早期地中海文化中所特有的。但是，这一事实只能修正我们的措辞，不能改变阶段发展的内容和实质。正如父亲情结必须被打破，权威情结必须被厘清，母权和父权之间的对立也是如此。男性和女性的原型象征意义不是生物学和社会学上的，而是心理学意义上的。换句话说，女性也有可能成为男性气质的载体，反之亦然。这始终都是一个关系的问题，而不是一种一成不变的限定。

领袖和杰出个体是集体无意识的投射。这一点并不局限于男性群体。尽管相较于女性群体，男性群体比女性群体更关心这些形象的精神性。女性群体的自我投射寻找的对象是大母神。这一形象更接近自然，而不是精神。然而，事实很可能是，杰出个体的形象对每个单独个体的发展都至关重要。杰出个体形象从集体而来。它的具象化是一种进化式的发展，因为它所制造的个体的渐进分化和自我系统的多样性带来了人类生活的多样体验。正如我们看到的，过去只有"伟人"才拥有意识，伟人以其领袖的角色来代表集体。进一步的进化进程的特征是民主化，这意味着大量个人意识也能够为普通人卓有成效地运用。从这种意义上说，肩负集体重任的领袖是一种返祖现象，民主才是人类未来应该采取的形式，而无须考虑这是否是一种政治上的权宜之计。

这种有意识的民主化是由天才，也就是那些杰出个体所补偿的。从"内在"意义上说，这些杰出个体是领袖和英雄，也就是说，他们是第一次到达意识的力量和内容的真正代表。这些力量和内容正是民主化的意识所缺失的。杰出个体是人类新实验的舞台，他身上群集的内容以后会延伸到人类整个意识领域。

人类民主化的意识是活生生的，它在数以百万计的代表中运作，行使着感知、思考、规划、解释和推断的功能。在这个意识和创造中心，即天才人物之间,存在着一种持续不断的交流。虽然天才在开始时会遭到意识民主主义的追剿,他们饥寒交迫,也没有任何发言权,但是作为人类的精神和文化的面向,他们会形成对抗无意识的统一战线。数百万人有意识地共同协作,并同时关注重大的集体问题——政治上的、科学上的、艺术上的或与宗教相关的,会使得天才更容易被接受。从天才出现到他被意识民主主义同化,其中的时间间隔相对而言是很小的。对天才自身而言,这可能是一个悲剧,但是就人类整体而言,这就不太重要了。

附录二

大众和再集体化现象

从本质上说，把自我和意识从无意识的暴政中解放出来是一个积极的过程，但是在西方发展过程中，这一过程却变得消极了。它已经远远不止将意识与无意识分化为两个系统，而是带来了两者的分裂。它不仅分化和专门化二者，这一发展也已超出单个人格形成的范围，引起了个人的原子化。一方面，我们看到许多过度个体化的人；另一方面，很多人被从原始群体的初级情境中分离出来，参与了历史进程。这两种发展都倾向于降低群体的重要性，把群体看作一个人们有意或无意地聚集在一起的单位，并把大众颂扬为由不相干的个体组成的混合体。

通常，同源的宗族、部落或村庄才能构成一个同质群体，但是现在，城市、办公室或工厂也成了一个大众单位。这些大众单位的发展以牺牲群体单位为代价，这只会加剧人们与无意识的疏远。所有参与其中的情感成分被瓦解，被个人化，也就是说，它们只可能存在于狭小的个人领域。正如我们长期观察到的。在群体和个人中，出现了一个类似国家这样的大众单位。这只是一个名义上的架构，由大量不同的事物以概念的形式组成。它不是一个意象，并不能代表那个从同质群体中涌现出来的理想。那些打算重新评估或扭转这种发展趋势的浪漫尝试，只会带来倒退，因为他们没有考虑其前进倾向，也误解了它与自我和意识之历史性的积极进化之间的关系。

正是因为这种大众群集，原始群体才会仅以家庭的形式继续存在着。但是在这里，我们同样已经看到了一种分裂倾向。这种分裂倾向越来越多地限制了家庭群体的有效性，而且人们认为家庭只是在童年，甚至只在婴儿期，才有一席之地。然而，家庭的存在对儿童的前意识和超个人心理来说具有最重要的作用。

在我们的文化中，小群体和小国一直在持续地分裂，因此，群体的心理基础会被暗中削弱——表现为大众化的思想、个体的原子化和有意识国际化。抛开国家意识形态的冲突不谈，意识扩张的其中一个结果是，每一个现代意识都得面对其他国家和种族的意识形态、其他文化，以及其他经济模式、宗教和价值系统。就这样，曾经被视作理所当然的原始群体心理和主宰它的文化标准，被相对化了，也被极大地扰乱了。现代人的世界观已经到了一种很难被心灵消化的程度。人类漫长的历史——可以追溯至史前时代的动物王国、人类学和比较宗教学的出现、社会变革在全球范围内都朝着同一个目标发展、对原始心理及其与现代心理的关系的认识[①]——背后，其基本驱力是相同的。我们应该感谢荣格，他发现了人类共有的背景和基础，并将之称为集体无意识。这一背景和基础是一个普遍显化的开端，运作于人类自身。现在，群星密布的原型力量之天堂拱悬于人类之上，却总是伴随着一些群集的消失和碎裂。这些群集在单个群体的标准中，被看作整个天堂。对其他宗教的了解，可能会让人体验到运作于人性之中的、普遍的宗教倾向，但这也是对每一种个别宗教形式的相对化。因为从根本上说，宗教始终受制于群体心理的、历史的、社会和种族的土壤，宗教就诞生于此土壤。

全球革命已经极大地影响了现代人。我们会发现，自己就处于风暴的中心。在全球革命中，所有价值观都被重新评估。这在一定程度上完

---

① 奥德里奇（Aldrich），《原始心理和现代文明》（*The Primitive Mind and Modern Civilization*）。

全使人们迷失了方向。每一天,我们在集体的政治生活中,在个体的心灵生活中,痛苦地重新体验着它的影响。

文化发展带来了意识和无意识的分裂。这一分裂是前半生发展的特点,我们已经在前面的内容中描述过了。人格面具的形成、在超我——作为道德法庭代表着集体价值——的指引之下对现实的适应,再加上抑制和压抑的帮助,阴影、阿尼玛和阿尼姆斯在无意识中实现了群集。

然而,人格的阴影部分因为被人格中较低的、未充分发展的古老面向污染,而带有所有原始心灵的特征,并因此与原始群体人(groupman)形成鲜明的对比。

出于这个原因,我们更愿意把存在于我们现代人中的次级人(subman)称为"大众人",而不是"群体人",因为他的心理从根本上说有别于"群体人"。虽然真正的群体人在很大程度上是无意识的,但他生活在中心化倾向的支配之下;他是一个心灵整体——在其中,强大的倾向性发挥着作用,促成了意识化、个性化和精神成长。我们一直追踪这些倾向性,因此可以理解:尽管群体人是无意识的,尽管存在投射和情感性等,但他拥有更大的建设力量、综合力量和创造性力量。这些力量表现在其文化、社会、宗教、艺术、习俗和甚至被我们称为迷信的东西中。

此外,大众人潜伏在现代人的无意识中。他是一个心灵碎片,是人格的一部分。当这部分人格被整合时,会带来极大的人格扩展,但是如果它自主运作,一定会引发灾难性的后果。

这一无意识大众成分是意识和文化世界的对立面。它阻碍着意识的发展,是非理性的和情绪化的,也是反个体的和具有毁灭性的。它对应着神话中大母神的消极面向。它是她凶残的帮凶,是她的敌对者和杀人的野猪。人格这种负面的、无意识的部分是古老的,具有最消极的意义,因为它是陷入绝境的半兽人。他变成了阴影,变成了自我的黑暗兄弟。只有通过整合过程，自我有意识地沉入无意识深处，才能将他找出来并将他与意识心结合。但是，如果相反的情况发生了，也就是说，当他吞没并完全占据了意识，我们就会看到退行至大众人的可怕现象。这就是再集体化的流行病。

在这些情况中，迷失了方向的、理性主义的现代意识变得原子化，从无意识中分裂出来。他放弃了战斗，因为他在大众中——大众再也不会给他提供任何心理支持——被孤立，这是他无法忍受的。对他而言，英雄的任务——他必须沿着先辈的足迹去完成的任务——太过艰巨。曾经支持普通人的原型标准已经坍塌，而真正的英雄，能够肩负起为新价值观而战的英雄，自然少之又少。

于是，现代人的自我变节了，向保守的大众思维低下了头，沦为集体阴影和大众人的受害者。在同质化心灵中，消极元素是有意义的，它代表分解和死亡、混沌和原初物质，或者代表铅灰色的、扎根于大地的平衡物；而在失败主义者（即退行的自我的碎片化）的心灵中，它却成了癌症和一种虚无主义危机。随着自我意识的瓦解，所有在人类发展过程中建立起来的阵地都被摧毁了，一切又回到了原初状态。我们在精神病患者身上看到的情况就是这样。

因此，人类和个人的自我领域都消失了。人格价值不再有任何价值，个体的至高成就——他作为一个独立人所采取的行为——被摧毁了，被集体的行为模式取代。守护神和原型再次成为具有自主性的，个体的灵魂又被恐怖母神吞了回去。摆在人与神面前的，关于声音的体验和个体的责任也失效了。

不言而喻的是，从统计学上说，大众现象是一种回到最低水平的倒退，因为意识自身的地位开始衰减。然而，与此同时，"脊髓人"（medullary man）以及他势不可挡的情感性被重新激活了。一个由文化标准来定位的意识瓦解了，道德心的、超我的有效力量也被摧毁了，意识失去了其男性特征。这时，"娇柔之态"从无意识面向侵入，突破了情结、劣势功能和阴影，把自己呈现了出来，并最终显化于半疯癫的原型爆发中。意识心的整个防御阵地坍塌了，与之一起坍塌的还有价值观的精神世界。个人的自我范围慢慢缩小，人格的自主权也一点点消失，当然，中心化倾向的基本特征也不能幸免。

上述的每一个现象，我们都可以在今天的大众情境和再集体化现象中找到。①

这种再集体化的独特和可怕之处在于，它不是，也不可能是，一种真正的重生。退行不会重新制造出原始的群体状态，它只会制造出之前并不存在的大众。从心理学上说，大众是一种新奇现象。

大量的城市居民退回到无意识状态中。这并不能创造一种可以与原始群体及其心理相提并论的心理单位。我们必须再一次强调，在原始群体中，意识、个体性和处于萌芽状态的精神，会通过群体的集体无意识努力表达自身。现在，这个无意识——人民顺从地回归其中——还是原来那个无意识，但它已经不会再朝着这个方向努力了。在大众心理中，无意识是至高无上的自治者，它与潜伏在无意识人格中的黑衣人（阴影）沆瀣一气。此时，中心化倾向暂时不能介入，文化标准也不能起到调整群体的作用。因此，大众是一个更复杂的退化单位，并没有变得更原始，而是进入一种没有中心的聚合状态。退化到大众人只会使人的自我意识和无意识的分裂走向极端，并导致中心化倾向的丧失。缺少了整体的调节，混乱在所难免。

即便在这样的情况下，人们也可以运用心理疾病的类比来证明中心化倾向的行为。对个体而言，严格地将无意识排除在外，系统地漠视其

---

① 阿尔弗雷德·鲁宾（Alfred Rubin）的预言书《另一边》（*Die andere Sette*）。这本书作于1908年，不仅预言了德国许多年后发生的大事，而且不可思议地觉察到它们与集体无意识之间的联系。

化的个体。群体却自带调节器。这种调节器不仅有准则的形式，还包含着所有成员彼此之间的认识。个体在大众中是匿名的，这会强化其阴影面的行为。一个值得注意的事实是，为了实施残酷的处决，纳粹们不得不清除自己群体中的暗杀者。就算他们下得了手，一个村庄要清除村落中的犹太人也是无比艰难的。这并不是因为群体更加人道——我们已经学会不要把人道作为基本行为准则之一，而是因为个体没有胆量在群体众人的注视之下完成这番举动。然而，当他离开群体，受制于恐怖主义时，他便真的能够去做了。

但是，即便在大众中，个人的素质仍然是很重要的一环，因为大众的组成部分决定着其行为。西盖勒（Sighele）[①]仍然相信，一群人是崇尚暴力还是爱好和平，这取决于其中的不法之徒或那些专业"嗜血"的成员。深度心理学对此的观点却完全不同。决定性因素是"其中的大众人"，是阴影，而不是意识及其取向。诚然，决定性因素是个人的素质，但个人素质更多是靠整体的人格品质，而非意识品质形成的。正因如此，整体人格定会成为新思潮的心理基础。

道德心的成长、超我的形成都是通过适应集体的、老一辈的价值观来完成的。然而，在文化标准坍塌、其超个人基础丧失了集体裁决功能时，这种成长就会停止。于是，道德心变成了一个犹太人的、资本主义者的或社会主义者的"发明"。但是向内的"声音"仍然表达着自性的话语，它永远不会以一种分裂的人格，用一种枯竭的意识和一种碎片化的心灵系统来表达自己。

---

① 雷瓦尔德（Relwald），《大众精神》（*Vom Geist der Massen*）。